当代杰出青年科学文库

火灾风险与保险

孙金华　褚冠全　刘小勇　编著

科 学 出 版 社

北 京

内 容 简 介

本书运用数理统计理论、风险分析理论、系统安全理论等，建立了建筑火灾财产损失风险、人员伤亡风险预测模型和方法，进而基于火灾风险的预测结果提出了火灾财险和第三者公众责任险费率的厘定模型，最后对火灾保险与消防互动中的若干问题进行了探讨。

本书可供火灾科学与消防工程、金融保险、建筑等领域的工程技术人员和研究人员参考，也可作为高等学校安全工程、金融保险等相关专业高年级本科生和研究生的参考教材。

图书在版编目(CIP)数据

火灾风险与保险/孙金华，褚冠全，刘小勇编著. —北京：科学出版社，2008

(当代杰出青年科学文库/白春礼主编)

ISBN 978-7-03-020650-3

I. 火… II. ①孙… ②褚… ③刘… III. ①火灾-风险分析 ②火灾保险-基本知识 IV. TU998.12 F840.64

中国版本图书馆 CIP 数据核字(2008)第 031079 号

责任编辑：王飞龙 胡 凯/责任校对：陈丽珠

责任印制：徐晓晨/封面设计：王 浩

科 学 出 版 社 出版

北京东黄城根北街 16 号

邮政编码：100717

http://www.sciencep.com

北京中石油彩色印刷有限责任公司 印刷

科学出版社编务公司排版制作

科学出版社发行 各地新华书店经销

*

2008 年 5 月第 一 版 开本：B5 (720 × 1000)

2019 年 2 月第四次印刷 印张：16

字数：301 000

定价：98.00 元

(如有印装质量问题，我社负责调换)

《当代杰出青年科学文库》编委会

前　　言

目前，火灾风险评估方法已经获得了很大的发展，适用于各行业的火灾风险评估方法不断被提出或改进，已经能够实现对火灾风险的合理量化。但是，基于火灾风险评估来厘定火灾保险费率的研究才刚刚起步，都还比较粗略，局限于定性或半定量方法，主观因素成分比较多，缺乏科学依据，目前保险公司还主要是通过对火灾保险业务进行分类统计来厘定火灾保险费。此外，基于火灾风险评估来厘定火灾公众责任险费率的方法国内外尚未见完整的报道。

将火灾风险评估应用到火灾保险和火灾公众责任险费率厘定当中，可以充分发挥费率的杠杆作用，达到促进减灾防损的目的。通过将现有的火灾风险评估方法进行适当改进，实现对投保标的的火灾风险的合理量化，并将火灾风险评估结果应用到火灾保险和火灾公众责任险费率厘定当中，使标的的保险费率与其火灾风险状况相一致。同时，科学地厘定火灾财险和火灾公众责任险的费率，有利于鼓励更多的单位和个人购买火灾保险及火灾公众责任险，真正实现消防与保险的良好互动，这对改善我国目前火灾事故发生频繁、群死群伤及重大经济损失的恶性事件时有发生的现状，保障人民的生命财产安全，减轻政府的压力和经济负担具有重要意义。

《火灾风险与保险》一书从火灾科学应用基础理论出发，运用数理统计理论、风险分析理论、系统安全理论，对建筑火灾财产和人员风险进行了预测，进而基于火灾风险预测的结果提出了火灾财险和第三者公众责任险费率的厘定模型。作为一门应用科学，火灾科学的根本目的是解决工程中存在的主要问题，而火灾风险评估方法学的发展对于采取合理有效的防灭火措施，防治火灾发生发展，降低火灾造成的人员伤亡和财产损失的社会需求具有重大意义。

本书共分八章，由孙金华教授、褚冠全博士、刘小勇工程师共同编著，孙金华教授对全书进行了统稿。第 1 章由孙金华教授和刘小勇工程师执笔，主要介绍了目前我国火灾的形势和特点，国内外火灾保险的发展历史、火灾风险及保险的研究现状以及本研究的背景、目的和意义。第 2 章由孙金华教授和褚冠全博士编写，介绍了燃烧基础知识、火灾动力学演化机理、烟气运动规律以及火灾防治关键技术。第 3 章由褚冠全博士编写，主要介绍了概率论与数理统计的基础知识，火灾中的常用概率分布、统计数据分析方法。第 4 章由孙金华教授和褚冠全博士执笔，主要介绍了火灾风险的基本概念、火灾危险源辨识方法及其在风险评估中的应用以及一些量化的火灾风险评估的模型。第 5 章由褚冠全博士和孙金华教授编写，主要基于火灾动力学特性和消防设施的防灭火效能，建立了建筑火灾直接财产损失的预测模型，提出了火灾诱发建筑坍塌的评价方法。第 6 章由刘小勇工程师和孙金华教授编写，介绍了国内外保险公司火灾保险费率厘定的一般方法，提出了基于建筑火灾财产损失预测的火灾财产保险费率厘定模型和方法。第 7 章由孙金华教授和褚冠全博士编写，介绍了火灾公众责任险的定义和概念，以及火灾动力学、防灭火设施的效能和火灾环境中人员的行为规律，建立了火灾人员伤亡预测模型，并在此基础上建立了火灾公众责任险保费的厘定模型。第 8 章由孙金华教授编写，针对当前消防与保险认识上的误区与火灾保险费率与消防分离的问题，对火灾保险与消防互动若干问题以及消防与保险互动机制的措施进行了探讨。

在撰写本书的过程中，作者得到了火灾科学国家重点实验室范维澄院士、廖光煊教授等诸多老师的大力支持，并引用了中国科学技术大学火灾科学国家重点实验室同事们以及国内外同行的相关研究成果，在此一并向他们表示感谢。本书是作者诸多科研项目研究成果的结晶，如："十一五"国家科技支撑计划课题《建筑性能化防火设计关键技术及应用示范》(2006BAK06B02)、中国科学院"百人计划"和"百人计划"优秀后续支持项目、国家重大基础研究项目(973 项目)《火灾动力演化和防治基础》第 6 课题——火灾风险评估方法学(2001CB409606)、国家自然科学基金重点项目《多参数耦合的火灾动力学演化与突变研究》(50536030)，以及"985 工程"二期等。在此衷心感谢国家科技部、中国科学院、国家自然基金委员会等部门在研究经费上给与的大力资助。

虽然我们在撰写过程中尽了自己最大了努力，但由于水平有限加上时间仓促，错误和疏漏在所难免，敬请读者批评指正。

作　者

2008 年 2 月

目　　录

第1章 绪 论

1.1 火灾现象及火灾的危害性

1.1.1 火灾及其危害性

火的使用是人类迈向文明的重要标志。可以说，火在人类文明和社会进步中起着无法估量的重要作用。它不仅改善了人类的饮食和取暖条件，而且不断促进社会生产力的发展，使人类创造出了大量的社会财富和现代文明。

然而火若失去控制，让它在具备燃烧条件的地方自由发展，它就会四处蔓延，吞噬那里的各种可燃物质，这就是火灾。火灾是人们所不希望的一种失去控制的由燃烧造成的灾害。凡是具备燃烧条件的地方，如果用火不当，或者由于某种事故或其他因素，造成火焰不受限制地向外扩张，就可能形成火灾。往往由于一把火，人们辛苦多年创造和积累的财富瞬间化为灰烬，千百年来形成的茂盛森林几天内变成荒野。火还可能无情地夺取许多人的生命，如 1987 年 5 月，黑龙江大兴安岭特大森林火灾，过火面积一百多万公顷，死亡 200 余人；2004 年 12 月，湖南常德桥南市场特大火灾，经济损失逾 2 亿元；再如 2000 年 12 月，河南洛阳东都商厦特大火灾，死亡 309 人；2004 年 2 月，吉林中百商厦特大火灾，造成了 53 人死亡。这就是火灾的恐怖。

火灾对人类和社会造成的破坏非常大。其造成的损失大大超过其直接财产损失。直接、间接财产损失，人员伤亡损失，扑救消防费用、保险管理费用以及投入的火灾防护工程费用统称为火灾代价。根据世界火灾统计中心以及欧洲共同体研究的结果，大多数发达国家每年火灾损失占国民经济总产值 2‰左右，而整个火灾代价约占 1%。根据联合国世界火灾统计中心提供的资料，近年来，在全球范围内，每年发生的火灾就有六七百万起，有 65000~75000 人死于火灾。由此可见，火灾防治是人类社会一项长期、重要的任务。

目前，我国正处于经济转型、城市化建设高速发展的时期，火灾形势比较严峻，火灾的次数和损失均居高不下，尤其是发生了多起特大和重大火灾，造成了严重的群死群伤的恶性事件。例如新疆克拉玛依友谊馆火灾、河南东都商厦火灾中的死亡人数均超过 300 人，衡阳特大火灾死亡消防队员 20 人，其影响震惊中外。图 1.1 是我国 1998~2005 年火灾直接财产损失(不包括港、澳、台地区和森林、草原、军队、矿井地下发生的火灾) 与 GDP 增长的关系曲线以及人员伤亡情况[1]。表 1.1 则列出了最近几年来我国发生的一些特大火灾概况及其原因。

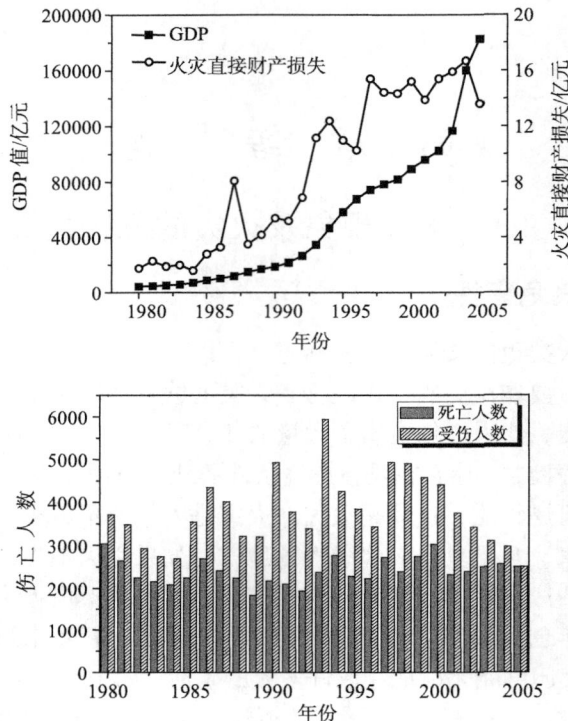

图 1.1　1998~2005 年我国火灾统计数据

　　从图中可以看出，虽然由火灾造成的直接财产损失在个别年份有较大波动，但整体上与 GDP 呈同步增长。并且从发展趋势来看，在当前和今后一段时间内，火灾将有所增多，危害相应增大的趋势不可能完全避免。对于人员伤亡情况，虽然由于火灾导致的受伤人数波动较大，但死亡人数居高不下，每年均维持在 2000 人左右。

表 1.1　1995~2006 年我国城镇部分特大火灾概况

时间	失火单位	火灾原因	直接财产损失 /(万元)	死/伤/人
1995.1.20	河南郑州天然商厦	电线短路	2096.1	0/9
1995.10.15	山东胶州青岛世原鞋业公司	电缆短路	2785.8	–
1995.12.8	广东广州芬兰浴中心	吸烟引燃	145	18/0
1996.4.2	辽宁沈阳商业城	纵火嫌疑	5519.2	–
1996.8.9	河南濮阳中原油田输油管	哄抢漏油引燃	1.6	40/57
1996.12.8	湖南安乡县大富豪夜总会	电线故障	20	11/0
1997.1.29	湖南长沙市燕山酒店	酒精炉取暖	97	40/89
1997.6.27	北京东方化工厂乙烯储罐	燃气泄漏静电	11700	8/40
1997.11.17	新疆喀什工贸中心大楼	电热毯过热	400	15/21
1998.1.31	黑龙江佳木斯华联商厦	电热管加热	3638	1/5
1998.3.5	陕西西安煤气公司	液化气泄漏遇火花	477.8	11/30
1999.1.9	北京丰台区华龙灯具批发商场	电气	1736	–
1999.1.10	四川达川市通州百货商场	违反规定	3163.1	–

续表

时间	失火单位	火灾原因	直接财产损失/(万元)	死/伤/人
2000.1.11	安徽合肥市城隍庙市场庐阳宫	电气	2178.9	–
2000.1.12	江苏省盐城市招商场	纵火	1289.9	1/13
2000.4.1	云南省昆明市南窑商品批发市场	玩火	1821.3	0/2
2000.12.25	河南省洛阳市东都商厦	违章电焊	150	309/7
2001.6.5	江西广播电视艺术幼儿园	蚊香失火	–	13/4
2001.12.19	内蒙古呼和浩特宾馆	电器线路故障	910	5/19
2002.4.21	三亚市阳光购物城	电线接触不良	–	7/20
2002.6.16	北京市蓝极速网吧	纵火	–	24/13
2002.7.11	安徽佳通轮胎有限公司仓库	纵火	2692	无
2003.11.3	湖南衡阳市衡州大厦	火灾坍塌	–	20/11
2003.4.2	海口社会福利厂泡沫包装分厂	用氧气焊肢解	100	无
2004.2.15	吉林中百商厦	烟头引燃	400 余	54/70
2004.2.15	浙江海宁市黄湾镇五丰村	失火引燃草棚	–	40/3
2005.1.7	北京京民大厦	野蛮施工	–	11/38
2005.6.10	汕头市华南宾馆	电线短路	–	31/21
2005.12.15	辽源市中心医院	不合格电器	821	37/95
2006.5.19	汕头市创辉织造公司	电线短路	–	13/1
2006.9.14	湖州市织里镇福音大厦	–	–	15
2006.9.16	沈阳市苏家屯制衣作坊	–	25.11	9/1

火灾在造成巨大经济损失的同时，还会对环境和生态系统造成不同程度的破坏，特别是一些重特大森林火灾。燃烧产生的大量烟雾、二氧化碳、一氧化碳、碳氢化合物、氮氧化物等有害气体，不仅对环境产生不良影响，而且影响地面光照质量和数量，从而影响农作物的生长和收成。高强度火会影响土壤结构，破坏营养元素循环，使土壤微生物减少。森林大火能够烧死大量植物，使植物难以再生，生态系统失去自我调节能力，同时使受伤林木生命力下降，病虫害易于发生，进一步导致林木死亡，加速生态系统崩溃。此外，海面上的油轮以及傍海而建的大型油库火灾，伴随着原油泄漏，对海洋环境和生态也会造成不良的影响。同时，火灾还会给社会带来不安定因素。

因此，充分认识火灾的基本现象和危害，掌握火灾发生、发展和蔓延的基本规律，以火灾安全工程学为理论基础，依靠科技进步，在有限的防火安全投入下，采取切实可行、有效的火灾防护措施，降低火灾发生概率及火灾发生后的损失是广大科学与消防工程研究工作者的共同目标。

1.1.2 火灾的分类及特点

根据火灾发生的场合，火灾主要可分为建筑火灾、森林火灾、工矿火灾及交通工具火灾等类型[2]。

一、建筑火灾

在各类火灾类型中，以建筑火灾对人们的危害最严重、最直接。因为各种类型的建筑物是人们生产和生活的主要场所，也是财富高度集中的场所。可以说，建筑火灾一直是火灾防治的主要方面，在各个国家、各个历史时期都是如此。

我国建筑火灾一直比较严重，这与我国的建筑结构形式、人民的生产和生活特点、我国的地理位置、气候条件、社会习俗等诸多因素有关。建筑物发生火灾时产生大量的烟雾，烟雾中有毒有害气体是火灾伤亡的最主要原因。在火灾中，材料分解产生大量的热量，引起建筑物内温度升高，混凝土在一定温度下将分解成无黏结力的石灰和二氧化碳，从而造成了楼层坍塌，使建筑物遭受灾难性的毁坏。

造成当前建筑火灾比较严重的因素是多方面的。应当注意，其中有不少因素与目前我国经济快速发展的状况有着密切关系：随着我国城市化水平的迅速提高，建筑业得到了突飞猛进的发展，不仅各种建筑物的数量大大增加，而且出现了许多新型、大型、高层等特殊类型建筑，如高层建筑、地下建筑、奥运场馆及大型商场、剧场、仓库、车间、候车厅等。这些建筑的使用功能和所使用的建筑材料也发生了巨大的变化，建筑物内使用的电力、热力设施大大增加，从而使火灾危险程度发生了很大变化。

二、森林火灾

火灾不仅吞噬生命财产，而且破坏人类赖以生存的自然资源。我国人均森林面积不到世界人均的1/4，却是森林火灾频发的国家。据统计，从1952年到2001年我国共发生森林火灾68万次，累计受灾面积占全国森林面积的23.6%，年均森林受害率达0.63%，高居世界首位。近年来，我国森林火灾呈现出愈加频繁的趋势，危害加重，仅2004年就发生森林火灾13401起，比2003年增加28.1%，2006年发生在黑龙江和内蒙古的三起特大森林火灾，过火面积达3820平方公里，是我国自1987年大兴安岭特大火灾以来最严重的森林大火。

对于森林而言，林火是经常发生的现象，微小的火并不会给森林造成明显的损失，有时甚至益大于弊。因此，所谓森林火灾确切的说是指森林大火造成的灾害。其主要特点有：

1. 延烧时间长，大多为几天、十几天甚至更长；

2. 火烧面积大，大多为数百、数千公顷、数十万公顷或更大；

3. 火强度大，有明显的对流柱。当有飞火和火旋风出现时，那就更容易跳跃和飞越各种障碍(防火线、道路、河流等)；

4. 受可燃物种类、环境、地形、气象等条件影响大。在长期干旱的末期，森林含水量约在15%以下，有大风时发生的森林火灾是一种十分复杂而且异常可怕的灾害现象；

5. 对林木的危害严重，可使70%以上甚至100%林木被烧死，同时对生态和环境也构成不同程度的破坏。

三、工矿火灾及交通工具火灾

在我国，随着煤炭资源的不断开采，频繁发生的煤矿安全事故也使得煤矿安全生产成为当前威胁最大、最为突出的一个问题。从2001年到2005年，我国每年煤矿事故的死亡人数一直在6000人左右，事故起数也一直居高不下(如图1.2所示)。2005年，全国共发生煤矿事故3306起，造成5938人死亡，平均每天死亡16人。尽管事故起数和死亡人数相比2004年分别减少335起和89人，但一次死亡10人以上的特大事故和一次死亡30人以上的特别重大事故均有大幅度上升。由瓦斯爆炸引发的特大煤矿火灾屡有发生，如2003年5月23日，云南丽江煤矿瓦斯爆炸24名矿工遇难；2003年11月14日江西丰城煤矿瓦斯爆炸死亡48人；2004年2月11日，贵州六盘水煤矿发生瓦斯爆炸24人死亡。特别是2004年在河南和陕西以及2005年在辽宁接连发生的三起死亡人数超过150人的特大矿难，造成了巨大损失，给社会造成了极其恶劣的影响，引起了国内和国际社会的高度关注。

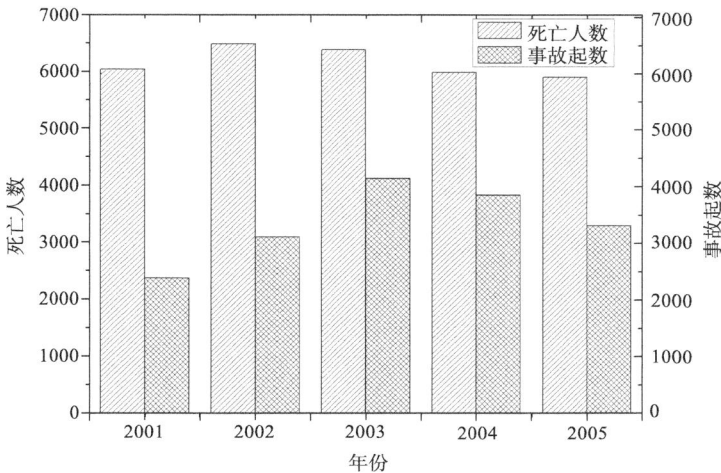

图 1.2 近年我国煤矿事故及死亡统计

生产和交换的发展带动了交通运输业的迅猛发展。众多可燃物的流通和调配，大量人员的转移，使交通工具火灾明显增多。例如2000年山东省共发生交通工具火灾 940 起，死 3 人，伤 8 人，造成直接财产损失 940 万元，分别占全省火灾发生总数的 5.5%、总死亡人数的 1.4%、总的直接财产损失的 11%。再如，2001年北京市汽车拥有量为 166.4 万辆，共发生汽车火灾 637 起，直接损失 400 余万元。近年交通工具火灾发生起数和财产损失的额度增长趋势迅猛。

1.1.3 我国目前的火灾形势

近年来，随着我国经济建设的快速发展，导致火灾发生的因素也大量增加，火灾形势日趋严峻。据统计，1998 年至 2005 年之间，全国共发生火灾 986565 次，造成死亡 12881 人，受伤 21076 人，直接财产损失 73.3 亿人民币(以上统计数字均不包括港、澳、台地区和森林、草原、军队、矿井地下发生的火灾，下同)。火灾次数逐年增多，火灾损失也居高不下。仅 2002 年，全国就发生火灾 258315 次，死亡 2393 人，受伤 3414 人，直接财产损失 15.4 亿元。与上年相比，起数上升 19.2%，死亡上升 2.5%，受伤下降 9.7%，直接财产损失上升 10.1%。当前我国火灾主要有以下特点[3]：

1. 重特大火灾时有发生

2002 年，全国发生重大火灾 344 起，造成 477 人死亡，202 人受伤，直接财产损失 1.396 亿元；发生特大火灾 25 起，造成 70 人死亡，44 人受伤，直接财产损失 12188 元。其中，一次死亡 10 人以上的特大火灾 3 起，造成 61 人死亡，36人受伤。重特大火灾的发生不仅对人民的生命财产造成巨大损失，而且影响到国家经济建设和人民群众安居乐业。多年来，我国消防工作者殚精竭虑，致力于预防和减少重特大火灾的发生。

2. 公众聚集场所火灾比较严重

尽管近几年来我国各级人民政府加大了对商场市场、宾馆饭店、歌厅舞厅、医院学校等公众聚集场所消防安全治理力度，但这类场所的火灾仍然比较突出。2002 年，全国共发生各类公众聚集场所火灾 9499 起，造成 333 人死亡，分别占全年各类火灾总数的 4% 和死亡人数的 14%。

3. 物质储存场所及各类堆场火灾突出

近几年，这类场所的火灾日趋增多，造成的财产损失越来越严重。2002 年，全国发生的这类火灾达 34457 起，直接财产损失 18580.3 万元，起数和直接财产损失都是近几年较多的一年。

4. 私营企业、个体工商户等小型经营场所火灾所占比例较大

2002 年，全国私营企业、个体工商户共发生火灾 79955 起，造成 1529 人死亡，2096 人受伤，直接财产损失 54065.5 万元。四项数字分别占各类单位火灾总数的 95.0%、死亡人数的 93.3%、受伤人数的 86.8% 和直接财产损失的75.3%。

5.　城乡居民住宅火灾呈多发态势

2002 年，全国城乡居民住宅共发生火灾 51711 起，造成 1622 人死亡，1341 人受伤，直接财产损失 21118.0 万元。四项数字分别占 2002 年火灾总数的 20%、死亡人数的 67.8%、受伤人数的 39.3% 和直接财产损失的 14%。与上年相比，起数和死亡人数分别上升 4.8% 和 9.7%。

6.　放火案件不容忽视

2002 年 6 月 16 日发生的北京市"蓝极速"网吧和 2002 年 7 月 11 日发生的安徽省佳通轮胎有限公司成品仓库等特大放火案件，对人民生命安全和国家财产都造成惨重的损失。2002 年全国共发生放火案件 8415 起，约占当年火灾总数的 3.3%。

1.1.4　未来我国的火灾形势

我国目前正处于经济起飞阶段，借鉴世界发达国家(包括美国、日本等)经济起飞阶段的火灾规律，可以预见在我国经济发展的这一进程中，将出现以下趋势[4]：

1.　经济的发展使热力、电力的使用大大增加，在生产过程中，多种易燃、可燃的新物品新材料得到了大量使用，多种电气产品、塑料与化纤产品、燃油与燃气在各行各业中的使用范围越来越广。这都造成火灾危险性大大增加，不仅容易失火，而且容易演化为大火或爆炸。

2.　由于生产或经营的需要，修建了许多新型建筑物。主要表现在高层建筑、地下建筑及大型商场、剧场、仓库、车间、候车厅等迅速出现。与普通建筑相比，这些建筑物的火灾危险性具有很多新特点，不仅容易造成火灾蔓延，而且灭火难度增大。人们还缺少有效地预防与扑救的措施和经验。

3.　经济的高速增长还带动交通运输事业的迅速发展。大量可燃物的运输，众多人员的转移，都引起转运过程中火灾危险性增大，商业、服务行业等第三产业的迅速崛起也使人员和可燃物高度集中，也增加了起火因素。

4.　在经济起步时期，企业的经营者容易滋生片面追求利润而忽视安全的思想，尤其是那些基础较差而又急于快速发展的企业。一方面这类企业的建筑和设备差，还往往因资金缺乏而使用一些质量较差的材料，从而埋下了较多的火灾隐患；另一方面保证正常生产与生活的安全设施不足，加上人们的安全意识薄弱，这都为火灾的发生开了方便之门。

5.　在城市(镇)迅速膨胀过程中，容易出现规划上的缺陷，这主要表现在城市的市政工程、安全防灾设计和设施、环境保护等方面存在先天不足，或严重滞后于城市的扩展。

因此，在我国未来经济建设过程中，火灾必将成为一种不容忽视的灾害。有必要对那些危险场合，尤其是近期涌现的特殊建筑(如高层建筑、地下建筑、奥运场馆及大型商场、剧场、仓库、车间、候车厅等)进行火灾风险评估，并开展性能化防火分析和设计，以降低其危险性，从而达到减少火灾发生次数及降低火灾损失的目的。

1.2   火 灾 保 险

火灾保险(fire insurance)：简称"火险"，保险人对承保的财产因遇火灾而遭受的损失，或由此进行施救所造成的财产损失以及所支付的合理费用负赔偿责任。

随着社会的进步，人们对风险保障的需求增加，为了迎合客户的需要，火灾保险所承保的风险也日益扩展，承保责任由单一的火灾扩展到地震、洪水、风暴等非火灾危险，保险标的也从房屋扩大到各种固定资产和流动资产。所以火灾保险已逐渐为各种综合性的财产保险所替代，如我国目前开办的企业财产保险、家庭财产保险均是以火灾保险为基础发展起来的。有的国家一直沿用了火灾保险的说法，而在我国，火灾保险已经改称为财产保险。在本书的研究中，火灾保险只单纯考虑火灾风险。

1.2.1   世界火灾保险史[5]

火灾保险起源于 1118 年冰岛设立的 Hrepps 社，该社对火灾及家畜死亡损失负赔偿责任。但真正意义上的火灾保险是在伦敦大火之后发展起来的。1666 年 9月 2 日，伦敦城发生大火，牙科医生尼古拉斯·巴蓬开始办理火灾保险，开创了近代保险的先河。18 世纪末到 19 世纪中期，英、法、德等国相继完成了工业革命，物质财富大量集中，火灾保险获得了迅速发展。进入 19 世纪，在欧洲和美洲，火灾保险公司大量出现，承保能力有很大提高。19 世纪后期，随着帝国主义的对外扩张，火灾保险传到了发展中国家和地区。

中世纪的欧洲，一些手工业行会就有了火灾相互保险会。15 世纪，在北德意志的石勒苏益格–荷尔斯泰因等地，成立了以保障遭遇火灾的财产为目的的互助共济团体。1591 年，德国汉堡的酿造业者，为了筹划重建烧毁的造酒厂的资金，兴办了世界上最早的火灾保险组织。1676 年在德国出现影响较大的汉堡火灾保险社，会员遭受火灾损失后，行会给予一定的补偿。这仅仅是火灾保险的序幕。

1666 年 9 月 2 日，伦敦城发生大火。这场大火延续了 5 天，致使市内 448 公顷的地区，有 373 公顷化为瓦砾，有 13200 户住宅毁于一旦，财产损失达 1200多万英镑，20 多万人无家可归。1667 年，牙科医生尼古拉斯·巴蓬开始承保房屋火灾保险，开创了近代保险的先河，被称为"现代保险之父"。巴蓬的火灾保险公司根据房屋租金计算保险费，并且规定木结构的房屋比砖瓦结构房屋保费增加一倍。

18 世纪欧洲的工业革命改变了欧洲的面貌、社会财富急剧增加，对火灾保险的需求也急剧上升，大量火灾保险公司涌现出来。1683 年，成立了相互保险公司——友爱社。友爱社的会员必须在入会时交纳一笔保证金，当会员遭遇火灾需要赔偿时，所有会员再额外交纳按每 100 英镑保额计算的份金。保险届满时，会方须将保证金退还给会员。友爱社也规定木结构房屋保险加倍增收份金。1708 年，查理斯·波维开办了"太阳火险公司"的前身"贸易交易所"。它对动产、房产分别签订火灾保险单。其保险金额以 500 英镑为最高限额，每 3 个月收取 3 先令的保险费，以其中的 1 先令转存损失赔偿基金。

同时，为了控制风险、降低保险赔付，催生了各种旨在促进减灾防损的组织和机构。1832 年，伦敦各火灾保险公司组成了一支共同的消防队。1861 年 6 月 22 日，泰晤士河岸的码头和仓库发生火灾，火灾保险公司为了鼓励货主采取防火措施，采取不同的收费标准，防火不好的受罚、好的受奖励等。1868 年，成立了"火险公司委员会"，对火险业务分类和费率等方面进行协调。1935 年 11 月 26 日，英国火险实验所正式开业，专门从保险角度全面研究防火科学的特点。

此外，1873 年，马塞诸塞州首先使用了统一的标准火险单。1846 年，德国成立了科仑再保险公司，这是第一家专门的再保险公司。

经过三百多年的不断发展，火灾保险目前已经成为世界各国政府和人民应对火灾事故的重要武器，是社会稳定、经济发展的后备保障。火灾保险不仅是最古老、也成为最重要的财产保险险种之一。表 1.2 列出了 1998 年世界上主要的财产保险公司。

表 1.2　著名财产保险公司(1998 年)　　　　　　单位：亿美元

世界市场			美国市场		
财产保险公司	国别	收入	财产保险公司	毛保费	市场率
Allianz	德	649	State Farm Insurance	343	11.8%
Assicurazioni Generali	意	485	Allstate Insurance	194	6.7%
State Farm Insurance	美	446	AIG	111	3.8%
Zurich Financial ervice	瑞	391	Farmers Insurance	105	3.6%
CGU	英	376			
Munich Re	德	355			
AIG	美	333			
Allstate	美	259			
Royal & Sun Alliance	英	254			

1.2.2　中国保险的产生与发展现状[6, 7]

保险作为一种补偿和分担意外损失的经济手段，在中国其思想的雏形可以追溯到中国古代的储粮备荒的荒政思想和系统的仓储制度。在西方现代保险传入中国之前，中国各地已经出现了一些具有原始互助性质的民间保险组织。例如，经营陆路运输的镖局、经营船舶运输的船会、商号伙计互助性质的父母轩等等。

1805 年，由东印度公司鸦片部经理达卫森(W S Davidson) 发起，在广州设立谏当保险行，这是中国土地上出现的第一家保险企业。

在中国保险发展史上，魏源在《海国图志》中首次介绍了西方的保险思想和实务。其后，传播西方保险思想的人物和著作不断出现，著名的有洪仁玕的《资政新篇》、郑观应的《救时揭要》、王韬的《弢园尺牍》、钟天纬的《扩充商务十条》和陈炽的《保险集资说》。其中，洪仁玕是中国近代最早提出自办保险事业的思想家，在他的著作《资政新篇》写道"外国有兴保人物之例，凡屋宇、人命、货物、船等，有防于水火者，先与保人议定，每年纳银若干，有失则保人赔其所值，无失则赢其所奉。若失命，则父母妻子有赖；失物，则已不致尽亏。"

随着外商保险业抢占中国保险市场和西方保险思想的传入，催生了中国的民族保险业。1865 年，创立于上海的华商义和公司保险行是中国第一家民族保险企业。1886 年，合并成立的仁济和水火保险公司，是中国近代最早的、有影响的、较大规模的保险公司。1912 年，吕岳泉在上海成立的华安合群保寿公司，是中国历史上纯粹华资、专家管理、规模最大的寿险公司。1929 年，金城银行创办了太平水火险保险公司，逐步发展成为旧中国最大的民营保险公司。开业之初，办理水险、火险、船壳险、汽车险等，并酌量办理玻璃险、邮包险、茧纱险等。新中国成立后，金城银行暂停了中国内地的保险业务，但仍保留了香港、新加坡等地的财产险业务。

随着中国民族保险的产生和发展，关于保险理论的研究工作和法律法规的制定也相继在中国开展起来。1903 年，清政府颁布第一部独立的商法《钦定大清商律》，规定商业中包含保险业，并对保险公司的设立作了规定，这是中国第一部带有保险内容的法律。1907 年，徐锐草拟的《保险业章程草案》，是中国历史上最早的以保险为名的专门法规。1925 年，王效文编著，商务印书馆出版的《保险学》，是中国第一部保险学著作。该书共分寿险、水险、火险、法律四部分。在火险部分，对火险的意义、沿革、利弊、功效，保费、损失估计、投资、组织等进行了系统的阐述。保费的计算中，提到了图标计算法、经济计算法等保费决定办法。1935 年，中国保险学会成立，这是中国第一个保险学术研究团体。

新中国成立以来，我国保险业经历了一个坎坷曲折的发展历程，大致分为三个历史时期。

1. 创建时期(1949~1959 年)

新成立的中国人民保险公司，经过改造和整顿，逐步统一了国内保险市场，外商保险公司逐步退出中国保险市场，并由太平保险公司专营海外保险。

2. 发展停滞时期(1959~1979 年)

由于对保险的认识问题，国内保险业务被迫停滞，我国保险业发展陷入停滞。

3. 全面恢复和快速发展时期(1979 年至今)

在改革开放思想的指导下，中国人民保险公司开始恢复国内业务，并且平安、太平洋等股份制保险公司相继成立。截至 2003 年底，我国共有保险公司 61 家(其中，中资 24 家，外资 37 家；财险 24 家，寿险 32 家，再保险 5 家)，保险中介公司 705 家(其中，代理 507 家，经纪 115 家，公估 83 家)，保险总资产达到 9122.8 亿元。2003 年，实现保费收入 3880.4 亿元(其中，财险 869.41 亿元，寿险 2669.5 亿元)，支付赔款和给付 841 亿元。我国的保险市场进入了快速发展的良性轨道。

同时，相比发达国家，我国的保险市场仍然存在市场规模仍然偏小、市场竞争不充分、保险资源配置效率低下、资金应用收益偏低等问题。另外，保险功能及作用还没有充分发挥，以 2003 年为例，我国的保险深度 3.33%，比世界平均水平低 5 个百分点；保险密度 35 美元，仅为世界平均水平的 7% 左右。

随着我国加入世贸组织，将逐步开放我国的保险市场，我国的保险事业将迎来新的机遇和挑战。

1.3　火灾公众责任险

1.3.1　火灾公众责任险定义

公众责任险又称普通责任险，它主要承保被保险人在公共场所进行生产、经营或其他活动时，因发生意外事故而造成的他人人身伤亡和财产损失，依法应由被保险人承担的经济赔偿责任。随着我国法律制度的逐步健全，机关、企事业单位及个人在经济活动过程中常常因疏忽或意外事故造成他人人身伤亡或财产损失，依照法律须承担一定的经济赔偿责任，伴随着公众索赔意识的增强，此类索赔逐渐增多，影响当事人经济利益及正常的经营活动顺利进行。公众责任险正是为适应上述机关、企事业单位及个人转嫁这种风险的需要而产生的，它可适用于工厂、办公楼、旅馆、住宅、商店、医院、学校、影剧院、展览馆等各种公众活动的场所。其形式多样，主要有普通责任险、综合责任险、场所责任险、电梯责任险、承包人责任险等。

近年来公共营业场所，如商场市场、宾馆饭店、歌舞娱乐场所等公众聚集场所由于火灾致使公众伤害的问题非常严重，火灾事故不断造成重大人员死伤和财产损失，以公共营业场所为主要承保对象的火灾公众责任险就是在这样的背景下出现的。火灾公众责任险是"责任保险"的一种，它主要承保被保险人在公共场所进行生产、经营或其他活动时，因火灾发生意外事故而造成的他人人身伤亡和财产损失，公众聚集场所发生火灾后，将由保险公司向受害第三方及时提供赔偿。它与普通家财险或企财险中的火灾险并不一样，后者是保险公司对于家庭或企业发生火灾后所造成的财产损失的补偿。火灾公众责任险其特点是以单一火灾责任作为保险责任的一种保险，具有保险责任针对性强的特点。

1.3.2 我国火灾公众责任险的发展现状

火灾公众责任保险是社会公益性很强的险种，公众聚集场所的所有者或经营者投保了该险种后，一旦发生火灾事故，将由保险公司向受害第三方及时提供赔偿，这对保障公民和消费者的合法权益，维护社会稳定具有重要意义。中国保监会副主席吴小平说，我国需大力发展火灾公众责任保险，实质性推动保险与消防的互动协调机制。他呼吁有关各方借消防法即将修改之机，共同探讨将公共场所火灾公众责任保险明确为法定保险的必要性和可行性。

建立健全保险与消防的互动协调机制，有利于实现消防事业与保险业的双赢。保险公司可以与消防部门建立信息资源共享，通过积极主动的风险管理，减少和防止火灾事故的发生。各级政府和行业主管部门应不断探索保险与消防互动协调发展的方法和措施，通过运用市场规律和经济手段，切实履行好社会管理和公共服务功能。

为充分利用保险业的经济补偿和辅助社会管理功能，进一步发挥保险在火灾防范和火灾风险管理方面的作用，1995年以来，我国政府出台了一系列"意见"和"通知"，如国务院和国务院办公厅先后转发了公安部《消防改革与发展纲要》和《关于"十五"期间消防工作发展指导意见》，对推行火灾保险和建立消防与保险良性互动机制提出了要求。2002年，全国人大常委会消防法执法检查组提出了"实行单位消防安全强制保险制度，鼓励保险公司介入消防工作，利用市场经济机制调节火灾风险"的建议。

2006年3月24日，公安部、中国保险监督管理委员会联合发文《关于积极推进火灾公众责任保险，切实加强火灾防范和风险管理工作的通知》（公通字〔2006〕34号）要求积极推进火灾公众责任保险，切实加强火灾防范和风险管理工作。为贯彻落实国务院《关于进一步加强消防工作的意见》和公安部与中国保险监督管理委员会联合下发的《关于积极推进火灾公众责任保险切实加强火灾防范和风险管理工作的通知》，充分利用保险业的经济补偿和辅助社会管理功能，进一步发挥保险在火灾防范和火灾风险管理方面的作用，许多省、直辖市的公安厅（局）与中国保险监督管理委员会各省直辖市的监管局联合发出通知，部署在全省（直辖市）推进火灾公众责任保险工作。如上海市在2006年12月发布了《关于本市开展火灾公众责任保险试点工作的实施意见》。

1.4　火灾风险及保险研究的背景、目的和意义

1.4.1　研究的背景

　　最近一二十年，我国处于火灾形势比较严峻的时期，火灾的次数和损失均居高不下，尤其是发生了多起特大和重大火灾，有的还造成了严重的群死群伤事件。火灾发生造成巨大的财产损失和群死群伤事件，可以通过两种方式来避免：其一，是通过加大安全投入，来降低火灾发生的可能性和抑制火灾发生时造成的损失，但安全投入不可能无限加大，需寻找安全投入和安全效益的最佳的切合点；其二，是购买保险，通过缴纳保费将火灾风险(财产损失和人员伤亡) 转嫁给保险公司来承担。通常的做法是将两者结合起来，通过一定的安全投入将火灾风险降低到一定程度，并将剩余的风险转移给保险公司，如图 1.3 所示。

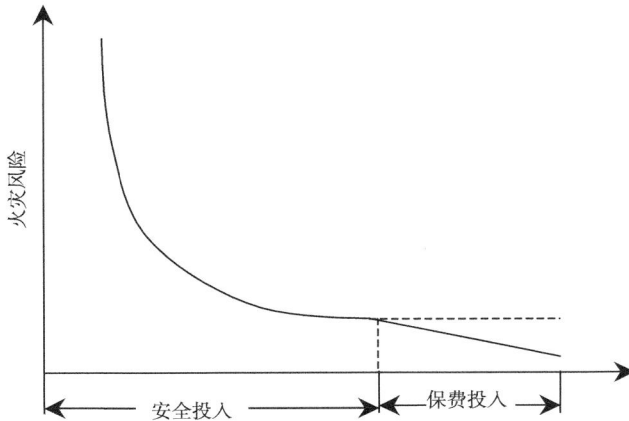

图 1.3　火灾风险防范示意图

　　在保险业发达国家，火灾保险开展比较普遍，火灾损失主要由保险公司进行赔付。而在我国，火灾保险(特别是火灾公众责任险) 的投保率还比较低，保险赔付所占的比重微乎其微。目前的火灾事故赔偿处理中，绝大部分是由失火单位自己承担，或者转嫁给政府承担。结果，很多失火单位从此一蹶不振，对国家也造成了沉重的财政负担，受害人难以得到及时足够的赔偿。表 1.3 为几次影响重大的特大火灾财险赔付情况，财产保险赔付远低于直接财产损失，失火单位受到沉重打击，短时间内很难恢复，特别是受害的第三者也没有得到应有的赔偿，表 1.4 则列出了我国火灾事故中财险赔付数额较大的案例。

表 1.3　　几次特大火灾财险赔付情况

时间	失火单位	直接财产损失	死亡人数	财险赔付
1995.12.8	新疆克拉玛依友谊馆	210.9 万元	323	没有或极少
2000.2.15	吉林中百商厦	800 余万元	54	129 万
2000.12.25	河南洛阳东都商厦	275 万元	309	没有或极少
2003.11.3	湖南衡阳衡州大厦	—	20	383 万 保险金额近亿
2004.12.21	湖南常德市场	约 1.8 亿元	—	人保首付 896 万

表 1.4　　近年我国火灾保险赔付案例

时间	火灾事故	财险赔款/万元	其他
2005.8.14	广东汕头澄海某塑料厂火灾	146.22	
2005.6.24	成都市饮食公司陈麻婆豆腐店火灾	67	
2005.5.31	义乌市滨成印刷有限公司火灾	575	
2005.5.15	兰州市龙马商城火灾	161	
2005.5.13	平凉宝马纸业有限责任公司火灾	73	缴保费 3200 元，保额 80 万
2005.3.9	慈溪市三北镇一毛皮生产企业火灾	212	
2005.2.15	吉林市中百商厦火灾	129	直接财产损失 800 余万
2005.11.23	深圳金宝湖包装材料公司火灾	280.10	
2005.10.29	广东汕头万顺玩具厂火灾	119.89	
2005.1.17	东莞沙田某化工厂火灾	475	
2004 年	中国储备棉管理总公司爆炸	1367	
2004.7.16	东莞信兴塑胶玩具厂的仓库火灾	1500	
2004.3.22	福建石狮市光华电子钟表公司火灾	710	
2004.2.20	泉州恒强鞋塑有限公司火灾	480	
2004.12.31	湖南常德市场火灾	首付 896 万	保额近亿
2004.11.16	"辽海号"客货滚装轮火灾	1680	人保
2004.10.5	广东惠州 LG 电子厂厂房火灾	1100	
2004.1	上海大康公司火灾	75.6	大众保险
2003 年	广东省新昌鞋业有限公司火灾	1460	
2003.4.5	山东青岛正大火灾	6607	
2003.3.31	武汉晨鸣汉阳纸业公司火灾	194	
2003.2.7	南京日升纺织集团有限公司火灾	253	
2003.11.3	衡阳火灾	383	
2003.1.15	深圳龙岗葵涌橡胶厂火灾	272	
2002.9.6	上海制动重大火灾	13000	
2002.5.11	青岛蜜友鞋制品有限公司(韩企)	185	
2001.8.13	广东中山某塑料厂火灾	107.8	
2001.7.6	普宁市永昌隆服装织造厂火灾	1410	
2001.7.19	张家口桥西大市场、人民商场火灾	588	
2001.7.11	广东顺德一家具厂火灾	297	
2001.12.19	呼和浩特宾馆火灾	487	
2000.12.13	山西大同云中商城火灾	500	
2000.1.30	山西太原泰式按摩宫火灾	438	
1999 年	浙江国宏经编工业有限公司火灾	1016	
1999.7.20	山西太原变电站火灾	491	
1998.11.2	通化市银都商厦火灾	900	平安江西
1995 年	九江"大中大"商场火灾	773	

时间	火灾事故	财险赔款/万元	其他
1990.6.20	南昌针织厂成品仓库火灾	212	
1987.5	大兴安岭特大森林火灾	120000	

资料来源：百度及谷歌搜索

　　火灾事故赔付是火灾保险的主要职能，然而火灾保险并不仅仅是起"收保费、付赔款"的简单"蓄水池"作用。同样火灾公众责任险的主要目的也不是单纯对受害的第三者进行经济补偿，减轻政府的负担。促进保户加强减灾防损，减少火灾事故的发生，以及降低火灾发生时造成的损失及人员伤亡是火灾保险的另一个重要职能。促进减灾防损职能的实现，主要有两种途径：其一，加强火灾风险管理，这包括承保前的风险识别以及承保后的风险检查，必要时投入相应的资金，采取有效措施减少风险、抑制风险、转移风险等。其二，通过经济杠杆作用，调动或激励投保户自动加强减灾防损，这包括设立免赔额、实行共保，即保户也承担部分损失责任，以及厘定差别费率，使保户所承担的保费与其标的的风险状况相一致。

　　火灾风险评估是通过分析影响火灾发生和发展的各种因素，充分利用历史数据，对系统发生事故的危险性进行定性或定量的分析，评价系统发生危险时的可能性和严重性，以合理量化火灾风险。通过火灾风险评估，一方面可以为核保提供正确的决策依据，核保人根据标的的风险情况，决定是否承保，进而确定保险费率。另一方面，通过承包前的风险评估服务，可以提出整改意见，从而降低标的的火灾风险[6]。

　　将火灾风险评估应用到火灾保险(包括火灾公众责任险) 费率厘定当中，科学地预测由火灾造成的财险损失和第三者人员伤亡风险，科学地厘定保险费率，充分发挥费率的杠杆作用，达到促进减灾防损的目的是本书的出发点。

1.4.2　研究现状及目标

一、火灾风险评估研究现状

　　国外关于火灾风险评估方法的研究主要是从 20 世纪 70 年代开始，是以一些发达国家开始系统研究性能化防火设计为背景开展的。我国关于火灾风险评估的研究相对一些发达国家起步较晚，但是随着近些年来与国外的相关研究机构的交流，也已经开展了火灾风险评估方面的研究工作，并取得了不少的成果，并且在消防安全设计及评估中有了一定的应用。目前，中国科学技术大学火灾科学国家重点实验室，公安部天津、上海、四川和沈阳四个消防研究所，中国建筑科学研究院建筑防火研究所，中国安全生产科学研究院，以及清华大学，中国人民武装警察部队学院等科研单位和高校都在开展火灾风险评估相关方面的研究工作。此外,《国家重点基础研究发展计划》(973)"火灾动力学演化与防治基础"的立项给予火灾风险评估的研究很大的支持,已经出版了国内第一部系统介绍火灾风险评估方法学的著作。

目前,火灾风险评估方法已经获得了很大的发展,这些方法大体可分为三大类:定性分析方法、半定量分析方法和定量分析方法[2]。

定性分析方法是对分析对象的火灾危险状况进行系统、细致的检查,根据检查结果对其火灾危险性做出大致的评价。如安全检查表(safety check list)、预先危险分析法,用于建筑火灾风险的定性评估。对于化学工业火灾还有 Hazop, what-if 等方法。定性分析方法主要用于识别最危险的火灾事件,但难以给出火灾危险等级。

半定量方法以火灾风险分级系统为基础,通过对火灾危险源以及其他风险参数按照一定的原则赋值,然后通过数学方法综合得到系统值,从而估算出系统的相对火灾风险等级。适用于建筑火灾风险评估的半定量方法主要有 NFPA101M 火灾安全评估系统[8, 9]、SIA81 法(gretener 法)[10, 11]、火灾风险指数(fire risk index)法[12, 13]、古斯塔夫法、模糊数学分析法、层次分析法等。半定量方法具有快捷简便的优点,其不足在于,该方法是按特定类型建筑进行分级的,方法不具有普适性;且评价结果与研究者知识水平、以往经验和历史数据积累有关。

定量分析法综合考虑建筑物发生火灾事故的概率以及火灾产生的后果,以风险大小来衡量系统的火灾安全程度。主要的定量分析方法有:建筑火灾安全工程法[14](BFSEM,L 曲线法)、Crisp II[15, 16]、FiRECAM™[17]、CESARE-Risk[18]、事件树方法、事故树评估方法等。该方法需要依据大量数据资料和数学模型,所以只有当数据较充足时,才可采用定量评估方法进行火灾风险评估。

人员安全是火灾发生时首先保证的目标。尤其是随着近年来性能化设计的发展、人员疏散模型与人员疏散行为的研究,国内外很多专家学者开展了火灾时人员生命安全风险评估的研究[19-31]。类似于设计火灾场景和设定火灾曲线(design fires)的火灾建模过程,Horasan[32] 根据不同建筑物内的人员特征(年龄分布、当前状态、职业、对建筑物的熟悉程度等因素)分别选取合适的数值设计人员群体(design occupant groups)的火灾探测时间,人员疏散准备时间与运动时间。He[33] 通过概率的风险评估方法对人员生命安全预期的火灾风险进行量化。在评估过程中,该方法除了包含确定性因素之外,还通过对人员疏散过程考虑用泊松分布的形式表示其随机特性,并利用计算得到的火灾对生命造成的预期风险值 ERL 与可接受火灾风险水平比较来衡量消防设计是否合理。通常情况下,评价人员能否安全疏散的标准是比较所需安全疏散时间 RSET 与可用安全疏散时间 ASET 的相对大小。如果前者小于后者,则可以认为在火灾危险状态来临之前,该建筑物的人员是可以疏散至安全区域的。但是 RSET 比 ASET 大多少才算安全呢？由于火灾与人员疏散过程中的随机因素很多，因此这些不确定性为疏散安全评估提出了更高的要求。Magnusson 和 Frantzich [34] 考虑了人员疏散计算中的一些不确定性因素，运用一次二阶矩(FOSM) 可靠指数 β 法对人员安全疏散可靠性进行了评价。这种考虑可靠性指数的方法被 Hasofer 与 Beck[35] 用来估计着火房间死亡人数。Hasofer 和 Odigie[36]提出了离散危险函数(discrete hazard function)，该函数通过随机建模的方式考虑了危险状态与人员逃生中变化因素的相互作用，并以预期死亡人数为目标函数评估人员的安全性。

二、保险费率厘定方法的研究现状

基于火灾风险评估来厘定火灾保险费率，确保火灾保险标的的费率同其风险状况相一致，将使火灾保险费率厘定更加科学合理，有利于防灾减损。一些学者开始了这方面的初步探讨[37~40]，但都比较粗略，还局限于定性或半定量方法，主观因素成分比较多。文献[41]统计确定四大类十二子类建筑的基本费率，并对建筑结构、防火设备、消防管理等 18 个影响建筑火灾风险的因素，给出了费率的调整标准，这些调整标准多出于经验估计，缺乏科学的依据。文献[42]对商场建筑风险评估等级及保险费率的相关性进行了探讨，应用模糊数学分析法对商场火灾发生概率设立了评估标准，并应用层次分析法对商场火灾后果严重程度进行了评估，最后根据系统火灾风险等级调整保险费率。该方法简单易用，但仅适用于商场，且评价指标的设立和评分标准只是出于作者个人的经验判断。

保险公司目前还主要是基于概率统计理论，通过对火灾保险业务进行分类统计来厘定火灾保险费。随着火灾风险评估方法的发展，保险公司在厘定火灾保险费率时，也开始考虑标的的风险状况，但多局限于安全检查表法，而且各地评估方法和标准及普及程度差别也比较大。我国是由财产保险来承保火灾风险的，财产保险费率的确定按占用性质分为三大类 13 小类[37]，而忽略了建筑物的结构设计、消防设施，以及投保者的安全管理情况等因素对费率的影响，十分的粗略。虽然青岛等地开始了根据风险状况调整费率的试点，但由于起步较晚，还没有得到广泛的应用。中国台湾地区开展的比较好，由产物保险商业同业公会制定了《台湾火灾保险费率规章》[42]，不仅对建筑分类很细，而且制定了高楼加费比率、消防减费比率标准，还详细规定了消防设备的安装标准；美国的 FM global 公司不雇佣精算师，而是由防损工程师依据风险状况核定费率，"严格受控风险(HPR)"的大型工商企业，可以获得低保费、高赔付的保险，并且和消防部门合作制订消防规范及技术标准等。

火灾公众责任险是根据近年来公共营业场所，如商场市场、宾馆饭店、歌舞娱乐场所等公众聚集场所由于火灾致使公众伤害的问题非常突出，火灾事故不断造成重大人员死伤和财产损失，火灾公众责任险是专门以公共营业场所为主要承保对象设计的。它主要承保被保险人在公共场所进行生产、经营或其他活动时，因火灾发生意外事故而造成的他人人身伤亡和财产损失。它与普通的火灾保险并不一样，是针对公众聚集场所发生火灾后，由保险公司向受害第三方及时提供赔偿。就火灾公众责任险的费率如何厘定，目前国内外尚未见相关研究报道。

三、研究目标

从以上分析可以看出，将火灾风险评估应用到火灾保险和火灾公众责任险费率厘定当中，可以充分发挥费率的杠杆作用，达到促进减灾防损的目的。同时，科学厘定火灾财险和火灾公众责任险的费率，也有利于鼓励更多的单位和个人购买火灾保险及火灾公众责任险，改善我国目前火灾事故发生频繁、群死群伤及重大经济损失的恶性事件时有发生的现状，保障人民的生命财产安全，减轻政府的压力和经济负担。

目前，火灾风险评估方法已经获得了很大的发展，适用于各行业的火灾风险评估方法不断被提出或改进，已经能够实现对火灾风险的合理量化。与此同时，基于火灾风险评估来厘定火灾保险费率的研究才刚刚起步，都还比较粗略，局限于定性或半定量方法，主观因素成分比较多，缺乏科学依据，目前保险公司还主要是通过对火灾保险业务进行分类统计来厘定火灾保险费。此外，基于火灾风险评估来厘定火灾公众责任险费率的方法国内外尚未见完整的报道。

由于火灾风险评估是以性能化防火设计为背景展开的[43]，因此，将现有的火灾风险评估方法通过适当改进，实现对投保标的的火灾风险的合理量化，并将火灾风险评估结果应用到火灾保险和火灾公众责任险费率厘定当中，使标的的保险费率与其火灾风险状况相一致，便成为本书的研究目标。

参 考 文 献

[1] 公安部消防局. 中国火灾统计年鉴[M]. 北京：中国人事出版社，2006.
[2] 范维澄，孙金华，陆守香，等. 火灾风险评估方法学[M]. 北京：科学出版社，2004.
[3] 陈家强. 我国的火灾形势与发展趋势[C]//第九届国际消防设备技术交流展览会学术研讨会论文集. 北京：[出版者不详]，2002. 1-5.
[4] Guo Tienan, Fu Zhimin. The fire situation and progress in fire safety science and technology in China [J]. Fire Safety Journal, 2007, 42: 171-182.
[5] 严庆泽,等. 世界保险史话[M]. 北京：经济管理出版社，1993.
[6] 吴申元，郑韫瑜. 中国保险史话[M]. 北京：经济管理出版社，1993.
[7] 吴定富. 中国保险业发展改革报告[M]. 北京：中国经济出版社，2004.
[8] NFPA. SFPE Handbook of Fire Protection Engineering [M]. 2nd ed. One Batterymarch Park, Quincy, MA, USA, 1995.
[9] NFPA. NFPA 550 Guide to the Fire Safety Concepts Tree [M]. 1995 ed. MA, USA, 1995.

[10]　Watts J R, John M. Fire Risk Assessment using Multi attribute Evaluation [C]//International Association of Fire Safety Science. 5th International Symposium on Fire Safety Science, 1997, Melbourne: IAFSS, 679-690.

[11]　Erik D S. FRAME-Fire risk assessment method for engineering. http://www.framemethod.be/indexen.html.

[12]　Larsson Daniel. Developing the structure of a fire risk index method for timber-frame multi-storey apartment buildings, Report 5062 [R]. Lund University: Department of Fire Safety Engineering, 2000.

[13]　Magnusson S E. Rantatalo Tomas. Risk assessment of timber frame multi-storey apartment buildings, Internal Report 7004 [R]. Lund University: Lund Institute of Technology, 1998.

[14]　Fitzgerald R W. Building fire safety engineering method [M]. Worcester: Worcester Polytechnic Institute, 1993.

[15]　Fraser-Mitchell J N. An object orientated simulation (CRISPII) for fire risk assessment [C]//International Association of Fire Safety Science. 4th International Symposium on Fire Safety Science, 1994, Ottawa: IAFSS, 793-804.

[16]　Fraser-Mitchell J N. Risk assessment of factors related to fire protection in dwellings [C]//International Association of Fire Safety Science. 5th International Symposium on Fire Safety Science, 1997, Melbourne: IAFSS, 631-642.

[17]　Yung D, Hadjisophocleous G V, Proulx G. Modelling concepts for the risk-cost assessment model FIRECAM and its application to a canadian government office building [C]//International Association of Fire Safety Science. 5th International Symposium on Fire Safety Science, 1997, Melbourne: IAFSS, 619-630.

[18]　Beck V R. CESARE-RISK: A tool for performance-based fire engineering design [C]//Society of Fire Protection Engineering (SFPE) . 2nd International Conference on Performance-based Codes and Fire Safety Design Methods, 1998, Hawaii: SFPE, 319-330 .

[19]　Copper L Y, Stroup W D. ASET – a computer program for calculating available safety egress time. Fire Safety Journal. Vol.9, 1985.

[20]　British Standards Institution. Draft british standard BS DD240 fire safety engineering in buildings, Part 1: guide to the application of fire safety engineering principles. British Standards Institution, 1997.

[21]　Gwynne S, Galea E R, Owen M. et al. A review of the methodologies used in the computer simulation of evacuation from the built environment. Building and Environment, 34(6) : 741-749, 1999.

[22]　Proulx G, Fahy R F. The time delay to start evacuation: review of five case studies, In: Hasemi, Y. (ed.) , Proceedings of 5th International Symposium on Fire Safety Science, Melbourne, Australia, 783-793, 1997.

[23]　Proulx G, Sime J D. To prevent panic in an underground emergency: why not tell people the truth? In: G Cox, B Langford (ed.) Proceedings of the 3rd International Symposium on Fire Safety Science. Edinburgh, UK, 843-852, 1991.

[24]　Shield T J, Boyce K E., A study of evacuation from large retail stores. Fire Safety Journal 35, 25-49, 2000.

[25]　Ashe B, Shield TJ., Analysis and modelling of the unannounced evacuation of a large retail store, Fire and Materials 1999. 23, 333-336

[26]　Meacham B J. Integrating human factors issues into engineered fire safety design [J]. Fire and Materials, 1999, 23(6) : 273-279.

[27]　Bryan J L. Human behavior in fire: the development and maturity of a scholarly study area [J]. Fire and Materials, 1999, 23(6) , 249-253.

[28]　Gwynne S, Galea E R, Hickson J. The collection and analysis of pre-evacuation times derived from evacuation trials and their application to evacuation modelling[J]. Fire Technology, 2003, 39(2) : 173-195.

[29]　陈涛. 火灾情况下人员疏散模型及应用研究. 中国科学技术大学博士论文. 2004, 71-72.

[30]　Chu Guanquan , Sun Jinhua. The effect of pre-movement time and occupant density on evacuation time [J], Journal of Fire Sciences, 2006 24(3) , 237-259.

[31]　Chu G Q, Chen T, Sun Z H,et al. Probabilistic risk assessment for evacuees in building fires [J]. Building and Environment, 2007 42(3) : 1283-1290.

[32]   Mahmut B N. Horasan. Design occupant groups concept applied to fire safety engineering human behaviour studies [C]. 7th International Symposium on Fire Safety Science, Worcester: International Association for Fire Safety Science, 2002, 953-962.

[33]   He Y P, Horasan M, Taylor P,et al. Stochastic modelling for risk assessment [C]. Proceedings of the Seventh International Symposium on Fire Safety Science, 2002, 333-344.

[34]   Magnusson S E., Frantzich H, Harada K. Fire safety design based on calculations: uncertainty analysis and safety verification [J]. Fire Safety Journal, 1996 27(4) :305-334.

[35]   Hasofer A M, Beck V R. Probability of death in the room of fire origin: an engineering formula [J]. Journal of Fire Protection Engineering ,2000 10(4) :19-26.

[36]   Hasofer A M, Odigie D O. Stochastic modeling for occupant safety in a building fire [J]. Fire Safety Journal,2001 36: 269-289.

[37]   李引擎，季广其，邓正贤，等. 建筑物火灾损失统计计算和保险费率的确定[J]. 建筑科学，1998，14(5) ：3-7.

[38]   刘小勇， 孙金华，褚冠全. 基于火灾风险评估的企业火灾保险费率的厘定[J]. 火灾科学，2005，15(2) ：84-88.

[39]   Michel D. Stefan L. Non-life rate-making with Bayesian GAMs [J]. Mathematics and Economics, 2004, 35: 627-647.

[40]   左哲，田宏，高永庭，等. 关于商场建筑火灾风险评估等级与保险费率的相关性探讨[J] . 沈阳航空工业学院学报， 21(3) ：62-65，2004.

[41]   张念. 保险学原理[M]. 成都：四川大学出版社，2000.

[42]   台湾产物保险商业同业公会.台湾火灾保险费率规章[M]. 台北：2002.

[43]   霍然，袁宏永编著. 性能化建筑防火设计与分析[M]. 合肥：安徽科学技术出版社, 2003.

第2章 火灾动力学基础及防治技术

2.1 燃烧基本现象及原理

燃料和氧化剂两种组分在空间激烈地发生放热化学反应的过程叫做燃烧[1]。燃烧是可燃物与氧化剂之间发生的快速化学反应，一般还伴随着放出大量热量。可燃物中含有多种可以发生氧化反应的组分，它们的存在是燃烧的基本条件。通常，为了促使可燃物和氧化剂之间发生反应，还需要一定热源的作用。从另一角度看，燃烧是一种连续的反应过程，就是说燃烧过程中始终存在反应物与燃烧产物的输送、气体流动与热量的传递。因此燃烧是一种多组分的化学反应流问题，而且要比没有化学反应的流体力学问题复杂得多。

2.1.1 燃烧的三要素

物质燃烧过程的发生和发展，必须具备以下三个要素，即可燃物、氧化剂和点火能。只有这三个要素同时具备，才可能发生燃烧现象，无论缺少哪一个条件，燃烧都不能发生。但是，并不是上述三个要素同时存在，就一定会发生燃烧现象，这三个因素还必须相互作用才能发生燃烧。发生燃烧的充要条件是：

一、必要条件

1. 有充足的可燃物；
2. 有助燃物存在：凡是能支持和帮助燃烧的物质都是助燃物，常见的助燃物是含一定氧浓度的空气；
3. 具有一定温度和能量的火源。

二、充分条件

1. 燃烧的三个必要条件同时存在，相互作用；
2. 可燃物的温度达到燃点，生成热量大于散发热量。如果把燃烧比作一个由链体组成的圆环，则三要素是组成圆环的三个链体。如果组成圆环的三个链体缺少一个，或三个链体不相互联结，则将不能构成圆环，即缺少燃烧三要素之一，或三要素不相互作用，就不能形成燃烧现象。

2.1.2 着火形式与过程

从无化学反应向稳定的强烈放热反应状态的过渡过程即为着火过程。着火是可燃物发生燃烧的起始阶段。在日常生活和工业应用中,使燃料着火的方法很多,一般可分为下列三类着火方式:

1. 化学自燃:例如金属钠在空气中的自燃。烟煤因长期堆积在适当通风条件下的自燃等。这类着火通常不需由外界给以加热,而是在常温下依靠自身的化学反应发生的,我们称它们为化学自燃。

2. 热自燃:如果将燃料和氧化剂混合物迅速而均匀地加热,当混合物被加热到某一温度时便着火,这是在混合气的整个容积中着火的,这种着火称为热自燃。

3. 点燃:例如用电火花、电弧、热板等高温源使混合气局部地区受到强烈的加热而首先着火、燃烧。随后,这部分已燃的火焰传播到整个反应体系的空间,这种着火方式成为点燃。

从本质上说,可燃物着火是其氧化反应由慢速加速到一定程度的现象。引起氧化反应的加速,或是由于温度的升高,或是由于活性中心的积累。

下面简要介绍着火过程的热自燃理论和链反应理论。

一、热自燃理论[2~4]

在任何充满可燃预混气的体系中,可燃物能够氧化而放出热量,使得体系的温度升高;同时体系会通过容器的壁面向外散热,使得体系温度下降。

设反应容器的体积为 V,表面积为 F,内部充满可燃预混气。起初,容器壁面温度与环境温度 T_0 相同;在反应过程中,壁温则与预混气温度相同,预混气的瞬时温度为 T;此外认为容器中各点的温度、浓度相同,着火前反应物浓度变化很小,可看为近似不变;环境与容器之间有对流换热,对流换热系数为 α,并认为其不随温度变化。这样该系统的能量方程是:

$$\rho_\infty C_V \frac{\mathrm{d}T}{\mathrm{d}t} = Q_G - Q_L = q_s W_s - \frac{\alpha F}{V}(T - T_0) \tag{2.1}$$

式中,Q_G 代表体系中单位体积预混气在单位时间内由化学反应放出的热量,简称放热速率;Q_L 是体系中单位时间单位体积的预混气平均向外界环境散发的热量,简称散热速度;ρ_∞、C_V、q_s 分别为可燃预混气的密度、定容比热和单位体积预混气的反应热;W_s 是预混气的化学反应速率。

由前可知,化学反应速率 W_s 与温度成指数关系,所以 Q_G 是温度的指数函数。

热自燃理论认为:着火是反应放热因素与散热因素相互作用的结果。如果反应放热占优势，体系就会出现热量积累，温度升高，反应加速，发生自燃；相反，如果散热因素占优势，体系温度下降，不能自燃。这种思想可用图 2.1 表示。根据式(2.1)对不同环境温度 T_{01}、T_{02}、T_{03} 作热生成速率和热散失速率图可得如图 2.1 所示的 Semenov 模型下的体系的热平衡示意图，其中 Q_L'、Q_L 和 Q_L'' 为对应于不同环境温度三条散热直线。

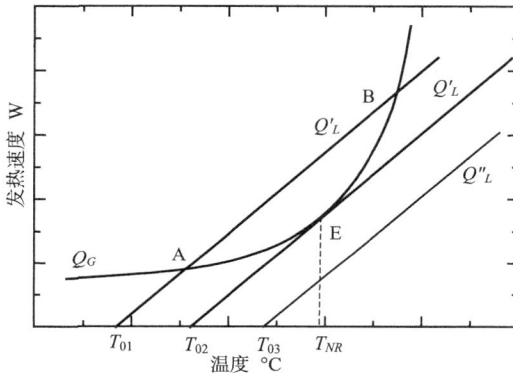

图 2.1　Semenov 模型下热生成和热损失关系图

　　当环境温度 $T_0 = T_{01}$ 时，发热曲线和散热曲线有两个交点 A 和 B，体系间处于稳定状态。此时，热生成速率曲线和热损失速率曲线的每一个交点，都表示放热体系的热生成速率和热损失速率刚好相等，即处于热"平衡"状态。但这种平衡是动态平衡，也就是说，体系虽处于平衡状态，但化学反应并没有停止。热平衡点 A 具有这样的性质：一旦体系温度由于某一位小扰动而偏离平衡点，体系将具有自动返回平衡点的能力。当小扰动后体系有一个偏右的微小升温时，由于此时的热损失率曲线处于热产生率曲线之上，热量损失使体系回到点 A；当小扰动后体系有一个偏左的微小降温时，由于此时热生成速率曲线在热损失率曲线上面，热量积累又使体系回到点 A。因此，平衡点 A 称为稳定热平衡点。用同样的分析，知道点 B 是不稳定平衡点，也就是说，即使体系在 B 点建立了平衡，只要有一个微小的扰动，体系的平衡将被打破。实际上 B 点不对应于实际情况。

　　当环境温度升高至 $T_0 = T_{02}$ 时，发热曲线和散热曲线有一个切点 E，该切点所对应的温度 T_{NR} 为不归还温度(T_{NR}: temperature of no return)。此时散热曲线与温度轴的交点所对应的环境温度 T_{02} 即为体系发生热自燃的最低环境温度。此时的体系处于自发着火的临界状态。也就是说，只要当环境温度略小于 T_{02}，体系将处于稳定状态，只要当环境温度略大于 T_{02}，体系将不断升温直至发生热自燃或热爆炸。当环境温度 $T_0 = T_{03} > T_{02}$ 时，永远有 $Q_G > Q_L$，体系经不断升温直至发生热自燃或热爆炸。

二、链反应理论[2,3]

对于大多数碳氢化合物与空气的反应来说，热着火理论可以很好地解释反应速率的自动加速。但也有一些现象则解释不清，例如氢氧反应的三个爆炸极限，而链反应理论却能给出合理解释。链反应理论认为，在反应体系中可出现某种活性基团，只要这种活性基团不消失，反应就一直进行下去，直到反应完成。链反应一般由链引发、链传递、链终止三个步骤组成。反应中产生自由基的过程称为链引发。使稳定分子分解产生自由基，就是使某些分子的化学链断裂。这需要很大的能级，因此链引发是一个困难的过程。常用的引发方法有热引发、光引发等。

活性基团与普通分子反应时，能够再生成新的活性基团，因而可以使这种反应不断进行下去。链的传递是链反应的主体阶段，活性基团是链传递的载体。如果活性基团与器壁碰撞而生成稳定分子；或者两个活性基团与第三个惰性分子相撞后失去能量而成为稳定分子，链反应就会终止。

链反应分为直链反应和支链反应。在直链反应过程中，每消耗一个自由基同时又生成一个自由基，直到链终止。就是说反应过程中，活性基团的数目保持不变。由于链传递的速度非常快，因此直链反应速度也是非常快的。而在支链反应过程中，由一个自由基生成最终产物的同时，还可产生两个或两个以上的活性基团，就是说在反应过程中活性基团的数目是随时间增加的。因此支链反应速率是逐渐加大的。链反应理论认为，反应自动加速是通过反应过程中自由基的逐渐积累来达到反应加速的。系统中自由基数目能否发生积累是连锁反应过程中自由基增长因素与自由基销毁因素相互作用的结果。自由基增长因素占优势，系统就会发生自由基积累。

2.1.3 燃烧的类型

燃烧按物质形态的不同分为气体燃烧、液体燃烧和固体燃烧。

一、可燃气体的燃烧

可燃气体的燃烧有预混燃烧和扩散燃烧两种基本形式。可燃气体与空气先混合再燃烧称为预混燃烧，两者边扩散混合边燃烧称为扩散燃烧。

1. 预混燃烧

发生预混燃烧的基本条件之一是可燃气体在可燃混合气中必须具有一定浓度。在常温常压下，可燃气体的浓度低于某一值或高于某一值都不会被点燃。通常前者称为该可燃气体的点燃浓度下限，后者称为其点燃浓度上限。

如果由于某种原因致使可燃气体泄露出来，那么就可在室内形成大量的可燃混合气。若同时出现点火源，便可引发爆炸。这种爆炸往往引发火灾，或使火灾进一步扩大。

在充满预混气的容器内，通常是在某一局部区域首先着火，接着形成一层相当薄的高温燃烧区，称为火焰面。火焰面把临近的预混气引燃，使燃烧逐渐扩展到整个混合气中。这层高温燃烧区如同一个分界面，把燃烧完的已燃气体(燃烧产物) 和尚未进行燃烧的未燃混合气分隔开来。在它的前方是未燃混合气，而在它的后方是已燃的燃烧产物。随着时间推移，火焰面在预混气中不断向前扩展，呈现出火焰传播的现象。

由可燃气体和氧气组成的可燃混合气在燃烧过程中不断流入火焰面，依靠向进入火焰面的未燃混合气传入活性中心和热量使燃烧反应持续进行，火焰面才能继续存在和向前发展。火焰面进入未燃混合气的快慢，称为火焰传播速度。预混火焰实际上是一种高温反应区的传播过程。随着气体流动状态的不同，预混火焰速度亦可分为层流传播速度和湍流传播速度两种。层流火焰传播速度定义为火焰面向层流可燃混气中传播的法向速度，它给定了可燃混合气的基本性质参数。而湍流火焰传播速度不仅与预混气的性质有关，而且与气体的流动状况有关。

预混火焰可以向任何有可燃混合气的地方传播。如果可燃混合气从某个装置流出的速度过低，则火焰可传进装置内，从而引起混合室内的可燃混合气发生燃烧，这称之为预混火焰的回火。回火可造成混合室或与其相连的管道内的温度和压力急剧升高，从而发生爆炸，其破坏性很大，因此对于预混燃烧应当格外注意防止回火。

2. 气相扩散燃烧

若可燃气体是从存储容器或输送管道中喷泻出来的，且立即被点燃，则将呈现射流扩散燃烧。若可燃气体喷出的速度较低，将形成层流火焰，图 2.2 为这种扩散火焰的示意图。层流火焰面大致呈锥形，从喷口平面到火焰锥尖的距离称为火焰长度。它是表示燃烧状况的一个重要参数。简单分析可得，层流火焰高度与可燃气体的体积流量成正比，与其扩散系数成反比，即：

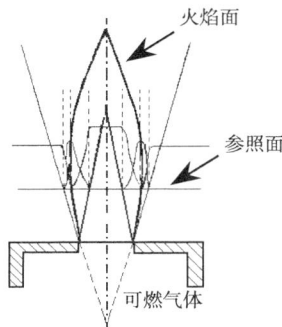

图 2.2   层流火焰示意图

$$L_c = K'_c \times V / D = K_c \times uR^2 / D \tag{2.2}$$

式中，V 为可燃气体的体积流量，D 为气体的扩散系数，u 为可燃气体的平均流速，R 为喷口的当量半径，K_c 为修正系数。

随着可燃气体流速的增大，火焰将逐渐由层流转变为湍流。湍流扩散火焰的高度也是一个重要的参数。实验表明，湍流火焰的高度大致与喷口的半径成正比，与燃料气的流速无关，通常表示为：

$$L_T = K_T \times R \tag{2.3}$$

式中，L_T 为湍流火焰的高度，K_T 为修正系数。

由于火焰部分的温度较高，可以对临近的物体或建筑造成严重破坏，因此在火灾防治中，需要关注火焰可能达到的高度。

二、液体的燃烧

液体燃烧主要包括液体蒸发和蒸气燃烧两大阶段。液体蒸发是发生燃烧的先决条件。可燃液体的燃烧主要是液体蒸发而成的蒸气的燃烧。可燃液体蒸气的浓度也是影响着火的重要条件，它要受到液体的温度及可燃液体性质的影响。

1. 液体的蒸发与沸腾

实际上，液体分子的能量是不一样的。当能量大的分子运动到液面时，它可以克服邻近分子的吸引力脱离液面而进入上方空间，变成蒸气分子。其液体的温度一定，蒸发速率一定。与此同时也有一部分蒸气分子可能撞到液面而重新凝结为液体。

在一定温度下，蒸气的凝结速度和液体的蒸发速度将会相等，即液体与其蒸气达到动态平衡。这时，蒸气所具有的压力称为该温度下的饱和蒸气压。饱和蒸气压是体现液体蒸发特性的重要参数。

液体的饱和蒸气压与外界压力相等时的温度称为液体的沸点。到达此温度时，气化将在整个液体中进行；而在低于此温度时的气化，则仅限于在液面上进行。很明显，液体的沸点同外界气压密切相关。外界气压升高，液体的沸点也升高。当外界压力为 1.01325×10^5 Pa 时，液体的沸点称为正常沸点。

根据道尔顿的分压定律，在多组分混合气中，各气体的压力分数、体积分数和摩尔分数相等。即：

$$\frac{P_A}{P} = \frac{V_A}{V} = \frac{n_A}{n} \tag{2.4}$$

式中，P_A、V_A、n_A 分别为组分 A 气体的分压、分体积和摩尔数；P、V、n 分别是混合气体的总压力，总体积和总摩尔数。

2. 液体的闪燃与点燃

当液体温度较低时，液面上方的蒸气浓度将较低，这时蒸气与空气生成的混合气不能用小火焰点燃。随着温度的升高，蒸气浓度逐渐增大，当其大到一定值时，使用小火焰接触可燃混合气就可出现一闪即熄的火焰。这种燃烧称为闪燃。在规定的实验条件下，液体表面能产生闪燃的最低温度称为该液体的闪点。

液体的闪点越低，表明其火灾危险性越大。为了便于防火管理，有区别地对待不同火灾危险性的液体，一般把闪点低于 45℃ 的液体称为易燃液体，闪点高于 45℃ 的称为可燃液体。在建筑防火设计中，还常以 28℃ 和 60℃ 为界，将易燃和可燃液体分为甲、乙、丙三类，它们各自的代表液体分别为汽油、煤油和柴油。

随着液体温度的升高，其蒸气浓度进一步增大，到一定温度再遇到明火时，便可发生持续燃烧。这一温度称为该液体的燃点。与可燃气体的爆炸浓度极限类似，可燃液体的着火温度也有上限与下限之分。着火温度下限是指液体在该温度蒸发生成的蒸气浓度等于其爆炸浓度下限，即该液体的燃点。着火温度上限是指液体在该温度下蒸发出的蒸气浓度等于其爆炸浓度上限。

三、固体的燃烧

在工程燃烧中，通常以煤作为固体燃料的代表。但在火灾燃烧中，可燃固体不仅包括各种煤，而且包括多种建筑构件和材料、生产所用的原材料与产品、家具、衣物、乃至仍在生长的植物等。不过通常人们最关心人工聚合物和木材的火灾燃烧特点，因为它们是火灾中经常遇到的可燃物，然而在工程燃烧中研究得较少。

可燃固体的燃烧过程大体为：在一定的外部热量作用下，物质发生热解，生成可燃挥发分和固定炭；若挥发分达到燃点或受到点火源的作用，即发生明火燃烧。明火焰出现后又可向固体的燃烧表面反馈热量，从而加强其热解，这时撤掉点火源后燃烧仍能持续；当固体本身的温度达到较高值后，固定炭也将发生燃烧。

有些可燃固体受热后，先熔化为液体，再由液体蒸发生成可燃蒸气，然后以可燃气体的形式发生燃烧。这类固体的分子量较大，总会产生较多的固定炭，故其燃烧后期也存在固定炭的燃烧阶段。

多数可燃固体是由外部火源点燃的。固体在明火点燃下刚刚可以发生持续燃烧时，其表面的最低温度称为该物质的燃点。应当指出，由于固体的挥发性较差，而且其性质不够稳定(尤其是天然固体)，因而其燃点不易准确测定。有些固体还可以发生自燃，例如草堆、煤堆、烟叶、棉纤维包等。在规定条件下，可燃物质发生自燃的最低温度称为该物质的自燃点。物质的自燃点越低，发生火灾的危险性越大。不少火灾正是由可燃物自燃引起的。由于自燃具有一定的隐蔽性，因而容易造成出乎意料的损失。

如果空气中的可燃固体粉尘浓度达到一定值，则遇到明火它也能像液雾那样迅速燃烧，以至发生爆炸。粉尘爆炸与该物质热解产生的可燃气体量有关。在实用上采用粉尘的浓度极限作为爆炸危险性大小的依据。浓度极限也有上限和下限。不过由于其浓度上限值很大，在大多数场合下都达不到，从火灾安全角度出发，主要关心其浓度下限。

1. 木材的燃烧

(1) 木材的结构特点

木材是天然高分子物质的混合物，一般其中的纤维素约为 50%、半纤维素约为 25%、木质素约为 25%，这些组分的比例随木材种类和产地的不同而不同。

纤维素是所有高秆植物的主要组分，主要是己糖、D 葡萄糖的聚合物，典型的 b-D 葡萄糖结构以及由其结合成的线性结构见图 2.3。这种线性结构使其分子排列成束状；半纤维素的结构与纤维素类似，主要由戊糖组成；木质素的结构却复杂得多。在植物木质化的过程中，微纤维素被约束在一起，而半纤维素和木质素则在它们之间存积下来。

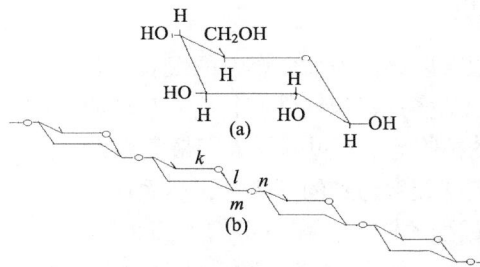

图 2.3　β-D 葡萄糖的稳定结构及纤维排列

半纤维素、纤维素和木质素析出挥发分的温度不同，它们各自的代表性温度为 200~260℃、240~350℃与 280~500℃。纤维素的生成的炭渣较少，木质素加热到 400~450℃的温度，只能得到约 50%的挥发分，其余的为炭渣。木材燃烧或加热超过 450℃时，一般可产生 15%~25%的炭渣，这些炭渣大部分来自木质素。由纤维素或半纤维素生成的炭渣量变化很大，其生成量不仅与燃烧速度有关，而且与存在于木材中的无机盐的性质和浓度有关。

(2) 木材的燃烧

木材具有条纹结构，因此它的许多性质是随方向而变的。例如平行于条纹方向的导热系数约为垂直于条纹方向的两倍，而透气性的量级可相差 10^3。在燃烧表面下的木材热解生成挥发分的溢出速度，顺着条纹流向表面比垂直于条纹要快得多。

一般当温度超过 300℃后，木材的物理结构便开始被破坏，首先其表面的炭渣层出现了许多垂直于条纹方向的小裂纹，见图 2.4。这允许从木材内层中析出的挥发分比较容易的从表面逸出。随着炭渣的增厚，裂纹逐渐变宽。

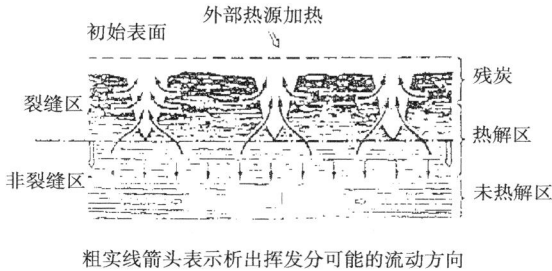

粗实线箭头表示析出挥发分可能的流动方向

图 2.4　木板燃烧或热解时表面形状

木材的燃烧速率主要有质量燃烧速率和线燃烧速率两种表示法。前者是单位质量木材在单位时间内燃烧所消耗的质量，它适合于可以对试样进行整体称重的场合。后者指单位时间内木材燃烧时其表面的炭化厚度的变化。这是根据木梁或木柱在标准火灾试验中生成焦炭层的结果得出的。有些文献中，常把木材的线燃烧速率引述为 0.6mm/min 左右，不过应当指出，木材的燃烧速率并不是常数。木材本身的密度、含水量、比表面积等都对燃烧速率有一定影响。

2. 忌水性物质的燃烧[5]

遇水或吸收空气中的水分时发热且有着火危险的物质称为忌水性物质，也称遇水燃烧物质。它们能与水发生剧烈的化学反应并放热，往往反应时会放出可燃性气体，从而引起燃烧。此类物质遇酸或氧化剂反应更加剧烈，发生燃爆的危险性比遇水更大。

忌水性物质主要分为以下五类：

活泼金属及其合金，如钾、钠、锂、铷、钠汞齐、钾钠合金等；还有某些金属的氢化物，如氢化钠、氢化钙、氢化铝钠等。它们遇水都会发生剧烈反应，放出氢气与大量热，其热量能使氢气自燃或爆炸。

金属碳化物，如碳化钙、碳化钾、碳化钠、碳化铝等。它们遇水反应剧烈，放出可燃气体和热量，引起可燃气体自燃或爆炸。

硼氢化合物，如二硼氢、十硼氢、硼氢化钠等。它们遇水反应剧烈，放出氢气和热量，能发生燃烧和爆炸。

金属磷化物，如磷化钙、磷化锌等。它们遇水反应成磷化氢并放热，磷化氢在空气中易自燃。

其他的如生石灰、苛性钠、发烟硫酸等遇水反应并放出大量的热，很易引燃周围的易燃物。保险粉(低亚硫酸钠) 遇水呈赤热状态并分解出可燃气体，有燃爆危险。

忌水性物质按其燃爆危险性分为二级：

(1) 一级忌水性物质

遇水后发生的化学反应激烈，产生的可燃气体多，发热量大，容易引起燃烧和爆炸。如活泼的碱金属及其合金，碱金属的氢化物等。

(2) 二级忌水性物质

遇水后发生的化学反应较缓慢，放出的热量较少、产生的可燃气体一般需要有火源才能引起燃爆。如铝粉、锌粉、保险粉等。

3. 阴燃

阴燃是某些固体可燃物的一种没有气相火焰的燃烧现象。阴燃的温度较低，燃烧速度很慢，不容易发现，但阴燃有可能发展成明火燃烧。

阴燃过程可以用图 2.5 来表示，其燃烧反应发生在固体可燃物表面。阴燃过程与化学反应、换热过程、气体流动、物质扩散、相变等因素有关，可以推测到：阴燃机理是相当复杂的。作为阴燃燃烧的典型代表就是香烟燃烧。

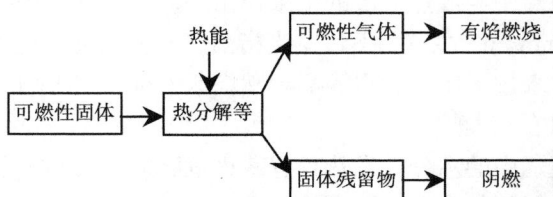

图 2.5　阴燃过程示意图

研究表明，固体可燃物的种类、状态、尺寸和环境条件对阴燃向明火转变有显著影响。一般质地松软、杂质少、透气性好的材料容易发生阴燃。例如棉花、烟草等。

阴燃区周围的氧气浓度增大，有助于阴燃的蔓延，当氧气浓度达到某一值时，就可发生向有焰燃烧的转变。对于由下向上蔓延的阴燃，若空气从下方供应，其流动方向与燃烧产物流动方向相同，有助于提高化学反应速率，对阴燃向有焰燃烧转变有利，故转变为明火的氧气浓度要高一些；而对于由上向下蔓延的阴燃，若仍从下方供应氧气，其流动方向与蔓延相反，不利于对向反应区供氧，也就是说必须在氧气浓度较高的情况下阴燃才能向明火燃烧转变。

阴燃反应后往往要形成一定的松散灰分层。它可以起到阻止氧气进入反应区的作用。如果灰分层脱落，将有利于氧气进入反应区，进而促使阴燃向明火燃烧转变。

阴燃反应区的最高温度和产物浓度是阴燃转变成有焰燃烧的关键参数。阴燃反应的产物浓度与氧气浓度有关，所以氧气浓度是其中最关键的参数。

2.1.4　燃烧化学动力学基础

一、化学反应动力学

对于任何化学反应，按照反应历程的复杂程度可以分为简单反应(simple reaction) 和复杂反应(complex reaction) 两大类，但无论是简单反应还是复杂反应，它们都是由基元反应(elementary reaction) 而组成的。基元反应是指反应物分子在碰撞中一步直接转化为生成物分子的反应，否则就是非基元反应。反应过程中只含有一个基元反应的化学反应称为简单化学反应。

例如：

(1) $H_2 + I_2 \rightarrow 2HI$

(2) $C_4H_6 + C_2H_4 \rightarrow C_6H_{10}$

而对于那些由两个或两个以上的基元反应所组成的化学反应称为复杂反应。

例如：

(3) $H_2 + Cl_2 \rightarrow 2HCl$

(4) $H_2 + Br_2 \rightarrow 2HBr$

反应(3)、(4) 和反应(1)、(2) 在形式虽没有不同之处，但它们的反应历程却大不相同。现在人们普遍认为反应(3) 是由下列基元反应组成的。

a) $Cl_2 \rightarrow 2Cl\cdot$

b) $Cl\cdot + H_2 \rightarrow HCl + H\cdot$

c) $H\cdot + Cl_2 \rightarrow HCl + Cl\cdot$

d) $Cl\cdot + Cl\cdot \rightarrow Cl_2$

也就是说，有 H_2 和 Cl_2 生成 HCl 的反应是由上面的四个基元反应组成的，基元反应 a) 一旦开始，则基元反应 b) 和 c) 就不断交替发生，如同链锁一样，一环扣一环，直到反应物中的 H_2 和 Cl_2 全部转化为 HCl 为止。反应 a) 是链的开始，反应 b) 和 c) 是链的传递，反应 d) 则是链的终止。以上的四个反应均为基元反应。也就是说，反应 $H_2 + Cl_2 \rightarrow 2HCl$ 的反应可以分解成四个基元反应。

同样，H_2 和 Br_2 的反应也是连锁反应，它的反应历程可表示为

a) $Br_2 \rightarrow 2Br\cdot$

b) $Br\cdot + H_2 \rightarrow HBr + H\cdot$

c) H· + Br$_2$ → HBr + Br·

d) H· + HBr → Br· + H$_2$

e) Br· + Br· → Br$_2$

以上的五个反应都是基元反应，由该五个基元反应共同组成了 H$_2$ 和 Br$_2$ 生成 HBr 的反应。反应 H$_2$ + Br$_2$ → 2HBr 本身不是基元反应，也并非简单反应。

对于表达式为

A + B → C 的基元反应，其反应速度的表达式可以用一个比较简单的形式来表示

$$\gamma = kC_A C_B \tag{2.5}$$

这里的 γ 为反应速度；k 为反应速度常数；C_A、C_B 分别为反应物 A 和 B 的浓度。

如果基元反应的表达式为

2A → C

则其反应速度表达式为

$$\gamma = kC_A^2 \tag{2.6}$$

对于一个普遍形式的基元反应，其反应式可以表示为

aA + bB → cC + dD

其反应速度表达式为

$$\gamma = kC_A^a C_B^b \tag{2.7}$$

也就是说，对于一个基元反应，它的反应速度可以用反应物的浓度的乘积来表示，其中浓度的方次就是该基元反应式中相应物质的系数。基元反应的这个规律称之为质量作用定律。式中的 k 叫做反应速度常数(reaction rate constant)，它相当于单位浓度，即反应物浓度等于 1 时的反应速度。不同的反应有不同的反应速度常数，它的大小直接反映了该化学反应速度的快慢和反应的难易程度。就同一反应而言，反应速度常数的大小主要取决于温度的高低。反应速度常数可以用下式来表示

$$k = A\exp(-E/RT) \tag{2.8}$$

式中，A 为指前因子(frequency factor)，其意义为反应物每碰撞一次发生反应的概率；E 为化学反应的活化能(activation energy)，它是衡量该反应难易程度的一个重要参数；R 为气体常数(gas constant)，$R = 8.314$；T 为绝对温度(摄氏温度 +273)。

对于一个反应，如果改变它的反应温度，不言而喻会改变它的反应速度常数。

此外，即便不改变反应的温度，而改变反应的溶剂或在反应中加入催化剂，那么反应速度常数也随之而改变。一般催化剂的加入主要体现在反应的活化能的改变，而溶剂的改变主要体现在指前因子 A 的变化。因此，在实际的化学反应过程中，我们既可以通过改变化学反应温度来控制和调节反应速度的大小，又可以通过改变溶剂或加入催化剂(阻化剂) 来达到控制反应速度的大小和反应的进展方向的目的。例如，在火炸药工业中，我们经常在硝化纤维素中加入一定量的安定剂以降低硝化纤维素的自分解反应速度，以提高它的储存寿命。

一个反应的反应速度表达式一般都是通过实验来确定的，对于基元反应而言，它的反应速度方程式很简单。而对于非基元反应，由于其反应过程较为复杂，所以它的反应动力学表达式(反应速度) 也比较复杂。

例如，反应 $H_2 + Br_2 \rightarrow 2HBr$ 的动力学表达式为

$$\frac{d[HBr]}{dt} = k \frac{[H_2][Br_2]^{\frac{1}{2}}}{1 + k^{'}[HBr]/[Br_2]} \tag{2.9}$$

而对于 $H_2 + I_2 \rightarrow 2HI$ 的反应，由于它是一个简单化学反应，它的动力学方程式为

$$\frac{d[HI]}{dt} = k[H_2][I_2] \tag{2.10}$$

由上面的例子可见，虽然反应方程式的类型相似，但其反应速度的表达式却大不相同，这是由于它们的反应历程不同之故。因而，仅仅知道化学反应计量表达式是不能预言化学反应速度的表达式的。对于一般的化学反应计量式，在不知道化学反应历程的前提下，要获得化学反应的速度的动力学表达式，首先必须要先收集关于反应速度的实验数据，然后归纳整理成适当的反应速度的数学表达式。反过来反应速度的动力学表达式则是确定反应历程的主要依据。

化学反应速度表达式表达了化学反应速度与反应物的浓度之间的关系。基元反应可以由反应式直接写出反应速度的表达式，而对于大多数非基元反应来说，单从反应计量式是得不到反应速度的动力学表达式的。这需要通过实验来推算。

二、化学反应速度的影响因素

根据化学反应速度的表达式

$$\frac{dx}{dt} = kC_1^n \cdot C_2^m \cdots \tag{2.11}$$

可知，一个化学反应的反应速度除了与化学反应速度常数 k 有关外，还与反应物质的浓度有关。而反应速度常数

$$k = Ae^{-\frac{E_a}{RT}}$$ (2.12)

由上面的反应速度常数的表达式可知反应速度常数与该反应的活化能 E_a、温度 T 以及指前因子 A 有关。活化能是衡量反应物质从反应的初态到活化状态所需的能量，它是一个化学反应的特性参数，指前因子是衡量反应物在一次碰撞过程中发生化学变化(反应) 的概率。下面我们就从化学反应速度的表达式入手，来讨论化学反应速度的影响因素。

1. 温度对化学反应速度的影响

温度是影响化学反应速度的重要因素，这已是无可争辩的事实。同时从理论也可以加以证明。历史上范霍夫(Van't Hoff) 曾根据实验事实总结出一条关于反应速度与温度关系的近似规律：温度每升高 10K，化学反应速度将升高 2~4 倍。即

$$\frac{k_{T+10}}{k_T} = 2 \sim 4$$ (2.13)

这是个非常有用的经验公式，特别是当我们手头的数据较缺乏而又不要精确的判定化学反应速度时，我们可以根据该规律来大概地估算出温度对反应速度的影响以及不同温度下化学反应速度的大小。这个近似规律被称为范霍夫近似规律。

但要指出的是并非任何化学反应都符合该近似规律。它只适用于那些反应速度公式遵守阿罗尼乌斯规则的化学反应。实质上温度对化学反应速度的影响比较复杂，有时化学反应温度的升高不一定会加速化学反应速度进行，相反会降低化学反应速度。

温度对反应速度的影响规律大致有以下几种，第一种规律是如图 2.6(a) 所示，其反应速度随温度的升高而渐渐加快，温度和反应速度之间近似有指数关系。在化学工业中，绝大多数反应属于该类型。第二种类型如图 2.6(b) 所示，该类反应可认为是自催化加速反应，也就是说，随着反应的进行，反应生成的产物反过来催化加速反应的进行。炸药的爆炸反应大多属于该类反应。第三种类型如图 2.6(c) 所示，该类化学反应的特点是先随温度的升高反应速度加快，但温度达到一定值时，反应速度随温度的升高而降低。该类反应的典型代表主要是一些受吸附速率控制的多相催化反应，例如催化加氢反应等。第四种类型如图 2.6(d) 所示，该类反应的反应速度与温度的关系较复杂，它先随温度的升高而加快，而后降低，随后又随温度的升高而加快。碳的氢化反应就属于该类型，其原因可能是当温度升高时负反应的出现导致了反应的复杂化。第五种类型如图 2.6(e) 所示，该类反应

也不多，属于反常反应，反应速度随着温度的升高反应而下降。一氧化氮进一步氧化成二氧化氮的反应属于该类。

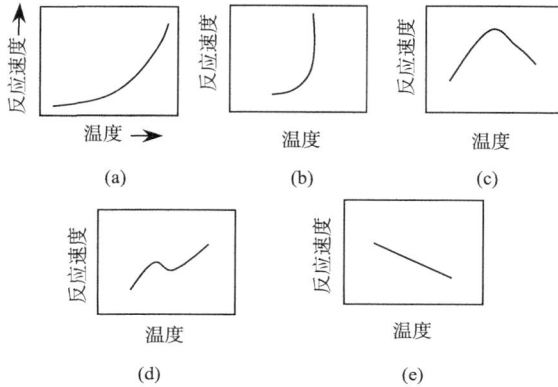

图 2.6 反应速度和温度的关系

2. 活化能对反应速度的影响

(1) 活化能的物理意义

活化能的统计意义是 1mol 的反应物质从初始状态经激发到活化状态时所需要的能量。活化能用 E_a 来表示。对于基元反应，活化能可以赋予较明确的物理意义。化学物质进行反应时的首要条件是分子之间的相互作用，也就是分子与分子间的相互碰撞。根据分子运动理论，虽然分子间彼此碰撞的频率很高，但并不是所有的碰撞都是有效的，只有少数能量较高的分子碰撞后才能起作用，活化能 E_a 表征了反应分子能发生有效碰撞的能量要求。化学反应的能态图如图 2.7 所示。

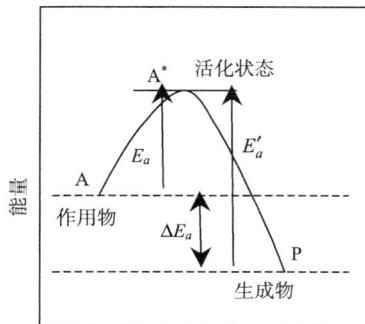

图 2.7 活化能示意图

A 点代表反应物的初始状态，A* 点代表活化状态，P 点代表反应的终了状态。也就是说，反应物 A 必须获得 E_a 能量变成活化状态 A* 后才能越过能垒变成生成物 P。同理对于逆反应而言，反应物 P 必须获得 E_a' 的能量才能越过能垒变成生成物 A。图 2.7 的活化能与活化状态的概念图对反应速度理论的发展起了很大的作用。根据上图的概念，化学反应的活化能可表示为

$$E_a = \overline{E}^* - \overline{E}_r \tag{2.14}$$

式中 $\overline{E}^*$ 表示能发生反应的分子的平均能量，$\overline{E}_r$ 表示反应物分子的平均能量，那么这两个平均能量的差就是该反应物的活化能(activation energy)，用 E_a 来表示。(2.14) 式中的能量单位都是 J/mol。如果对于一个分子而言，则

$$\varepsilon_a = \frac{\overline{E}^* - \overline{E}_r}{N} = \overline{\varepsilon}^* - \overline{\varepsilon}_r \tag{2.15}$$

式中 N 为 1mol 化学物质所具有的分子的个数，称为阿伏加德罗常数。

(2) 活化能对反应速度的影响

根据活化能的物理意义可知，活化能的大小代表了反应物要达到活化状态时所需的能量，该能量越大，反应越难进行。通常，一个反应的活化能 E_a 越大，其反应就越难进行，反应速度常数就越小，反之则相反。另外，从(2.12) 式得反应速度常数公式可清楚地看到，由于活化能 E_a 在指数上，所以活化能的大小对反应速度常数的影响非常大。例如一个在 300K 进行的反应，当它的活化能下降 4kJ/mol 时，它的反应速度就要比原来的快 5 倍，若活化能下降 8kJ/mol 时，则反应速度就要快 25 倍。所以在化学工业中，为了提高生产效率，在短时间内得到更多的产品，通常采用降低化学反应的活化能的办法来实现。选用合适的催化剂是最有效的方法之一。因为催化剂能改变化学反应的机理，从而达到改变化学反应活化能的目的。

通常的化学反应的活化能在 40~400kJ/mol 之间，一般来说，当化学反应的活化能在 40kJ/mol 以下时，则反应能在室温下瞬时完成。若化学反应的活化能大于 100kJ/mol 时，则需要适当加热反应才能进行。活化能 E_a 越大，反应越难进行，要求的反应温度也就越高。

阿伦尼乌斯公式中的活化能是表观活化能(apparent activation energy)，在复杂反应中，表观活化能是各个基元反应活化能的组合。我们用阿伦尼乌斯公式讨论化学反应速度时，是将化学反应的活化能作为常数来讨论的，虽然温度对活化能的影响不大，但严格地讲阿伦尼乌斯公式中的活化能也是温度的函数，希望我们在实际运用中要具备这个概念。

2.1.5 燃烧热

在燃烧反应中会放出大量的热，这实际上是可燃物的化学能转化为热能的结果。无论哪一种燃料的燃烧，其化学反应总是全部地或者部分地在气相中进行。

同时燃烧现象总是伴随着火焰传播和流动，而有的燃烧现象就发生在流动的系统中。燃烧现象中的气体是多组分的，可能有燃料气、氧化剂、燃烧产物、惰性气体，以及各种自由基等。

设反应体系在等温条件下进行某一化学反应过程，若除了膨胀功之外，不作其他功，则此体系吸收或释放的热量称为该反应的热效应。对某个已知化学反应，通常所说的热效应还规定了等压条件，显然这一过程的热效应是该过程的最大放热量。当反应是在 1atm、298K 的条件下进行的，其热效应称为标准热效应。

1mol 的燃料在等温等压条件下完全燃烧释放的热量称为燃烧热。在标准状态下的燃烧热称为标准燃烧热。在火灾研究中，可燃物的燃烧热是一个经常使用的重要参数。表 2.1 列出了一些代表可燃物的燃烧热。

为了使用方便，在进行工程计算时，可燃物的量还经常使用质量(kg) 或体积(m^3) 作基本计量单位，用这种形式表示的燃烧热通常称为热值。

表 2.1　部分可燃物的燃烧热(1atm、25℃、产物 N_2、$H_2O(l)$ 和 CO_2)

名称	状态	燃烧热(kJ/mol)
碳(石墨)	固	−392.88
氢气	气	−285.77
一氧化碳	气	−282.84
甲烷	气	−881.99
乙烷	气	−1541.39
丙烷	气	−2201.61
丁烷	液	−2870.64
戊烷	液	−3486.95
庚烷	液	−4811.18
辛烷	液	−5450.50
十二烷	液	−8132.43
十六烷	固	−1070.69
乙烯	气	−1411.26
乙醇	液	−1370.94
甲醇	液	−712.95
苯	液	−3273.14
环庚烷	液	−4549.26
环戊烷	液	−3278.59
醋酸	液	−876.13
苯酸	固	−3226.7
乙基醋酸盐	液	−2246.39
甲苯	液	−3908.96
一甲苯	液	4567.67
氨基甲酸乙酯	固	−1661.88
苯乙烯	液	−4381.09

高位热值是指常温(一般为 25℃)下的燃料完全燃烧后，将燃烧产物冷却到初始温度，并使其中的水蒸气凝结为水所放出的热量。低位热值是指常温下的燃料完全燃烧后，将燃烧产物冷却到初始温度，但水分仍以蒸汽形式存在时所放出的热量。

固体和液体燃料的热值通常使用氧弹式量热计测定，气体燃料的热值通常用水流式气体量热计测定。但是，通常量热仪是在等容下进行反应热的测定，但在实际的反应过程中，绝大部分的反应是在等压下进行的，为了要描述实际的反应过程，我们必须弄清等压热效应 Q_p 和等容热效应 Q_V 之间的关系。

如果一个反应体系从不同的途径到达终态，即反应分别从等压和等容两个途径到达终态。反应分别经过等压和等容过程所达到的反应终态虽然其生成物相同，但它们的压力和体积是不一样的，如图 2.8 所示，我们可以假定这样一个途径，即等容反应过程的生成物状态经过程(Ⅲ)(等温压缩或膨胀)使生成物回复到等压过程的生成物状态。

由于 H 是状态函数，故

$$\Delta H_1 = \Delta H_2 + \Delta H_3$$

由于过程(Ⅲ)是一个等温膨胀过程，假定反应物为理想气体，根据热力学第一定律可得

$$Q_p = Q_V + \Delta(pV)_{\text{Ⅲ}} = Q_v + \Delta nRT$$

上式即为等压热效应与等容热效应的关系。

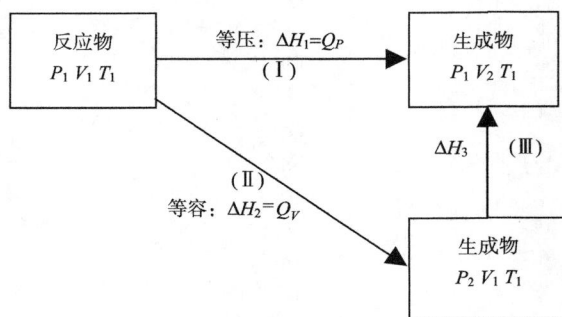

图 2.8　等压反应热效应和等容反应热效应的关系

需要指出的是，在火灾中，可燃物的燃烧经常是不完全的。一方面是可燃物没有消耗完毕，另一方面是造成了大量的不完全产物。因此，在计算放热量的时

候，直接引用燃烧热的数据可能不符合实际情况。不过燃烧热毕竟是可燃物放热特性的最基本参数。火灾时的实际放热状况一般是以燃烧热为基础，结合燃烧场景的特点通过适当修正来确定。

2.2　火灾动力学基础

2.2.1　火灾的形成与发展[6, 7]

整个火灾过程大体上可以分为初期增长、充分燃烧和减弱三个阶段。

1. 初期增长阶段

火灾中的可燃物是多种多样的，不过最常见的是固体可燃物。在某种点火源的作用下，固体可燃物的某个局部被引燃，着火区逐渐增大。若火灾发生在建筑物内，火灾的发展可能出现三种情况：

(1) 初始可燃物全部烧完而未能延及其他可燃物，致使火灾自行熄灭。这种情况通常发生在初始可燃物不多且距离其他可燃物较远的情况下。

(2) 火灾增大到一定的规模，但是由于通风不足使燃烧强度受到限制，于是火灾以较小的规模持续燃烧。若通风条件相当差，则在燃烧一段时间后火灾也会自行熄灭。

(3) 如果可燃物充足且通风良好，火灾将迅速增大，乃至将其周围的可燃物引燃。起火房间内的温度也随之迅速上升。

2. 充分发展阶段

当起火房间温度达到一定值时，室内所有的可燃物都可发生燃烧，这种现象通常称为轰燃。轰燃的出现标志着火灾充分发展阶段的开始。此后室内温度可升高到 1000℃以上。火焰和高温烟气常可从房间的门、窗窜出，致使火灾蔓延到其他区域。在轰燃之前还没有从建筑物中逃出的人员将会有生命危险。

在充分发展阶段，室内温度逐渐升至某一最大值。这时的燃烧大多由通风控制，燃烧状态相对稳定。室内高温可使建筑构件的承载能力急剧下降，甚至造成建筑物的坍塌。火灾充分发展阶段的持续时间取决于室内可燃物的性质、数量和建筑物的通风条件等。

3. 减弱阶段

随着可燃物的消耗，火灾的燃烧强度逐渐减弱，以致明火焰熄灭。不过剩下的焦炭通常还将持续燃烧一段时间。同时由于燃烧释放的热量不会很快散失，着火区内温度仍然较高。

着火区的平均温度是反映火灾燃烧状况的重要参数。一般用着火区温度随时间的变化来表示上述这三个阶段，见图 2.9。

　　以上描述的是火灾的自然发展过程。实际上人们是不会听任火灾自由发展的，总会采取各种可行的措施来控制或扑灭火灾。不同的措施可以在火灾的不同阶段发挥作用。例如，在火灾早期，启动喷水灭火装置可以有效控制温度的升高，使得室内不能发生轰燃，并且火灾也会较快地被熄灭。图2.9说明了这种情况。

　　将火灾控制或扑灭在初期增长阶段是减少火灾损失最有效的途径。为了有针对性地采取防治措施，应当清楚地了解火灾的早期特征。同时，了解火灾的早期特征对于组织人员安全疏散也具有重要意义。

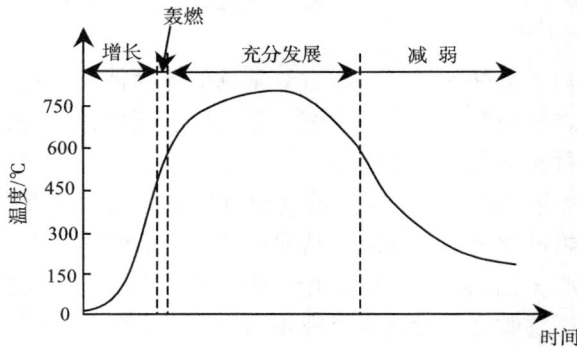

图 2.9　室内火灾的发展过程

2.2.2　火蔓延及突变[8,9]

　　大火总是由小火发展而来的。在起火房间内，火区由起火点向其他可燃物的扩展可以靠直接延烧，也可以靠火焰的辐射引燃；火区由起火房间向其他区域的蔓延可以通过可燃物连续延烧，但主要的是靠热辐射和热对流等方式而扩大的。预防火灾的扩大和蔓延的重要途径就是切断相关热传递的途径。

　　一、火区在可燃物表面上的蔓延

　　火区沿固体可燃物的蔓延是火灾扩大的主要形式。固体着火是一种立体燃烧，随着起火部位的不同，固体火灾可以是由上向下蔓延、由下向上蔓延或由中间向两边蔓延等，不过由下向上蔓延的速度最快。这是因为燃烧产生的高温气流可流经未燃部分的表面，有利于未燃烧部分的热解、气化，所以火的蔓延速度快。

　　固体的厚度、周围的风速都对火区的扩大具有重要影响。例如，薄片固体单位质量不大，但表面积很大，且热容也较小，受热后升温很快，其质量燃烧速率几乎等于固体可燃物的热解速度。而风速的增大可为燃烧区提供较多的氧气，但也加强了对流换热，可以助长火势，但当风速大到一定值却可以将火吹灭。

　　固体可燃物的结焦效应也可影响火灾的扩大。焦壳一般都具有较强的隔热性，可使内层物质不受高温影响。这表明可以通过改变材料的热解性能来阻止火灾传播。

二、火区向起火房间外的蔓延

　　火区向起火房间外蔓延大多是在火灾发生轰燃之后出现的。这种情况下产生的烟气不仅具有较高的温度，而且含有相当多的可燃组分。在其流动过程中，可能将沿途的可燃物点燃，从而造成火灾的扩大。

　　火焰从窗户窜出的现象在很多火灾中都出现过。这种现象常常与室内不完全燃烧有关，若可燃气体不能在室内完全燃烧，当它随高温烟气流到外界时就有可能继续燃烧。托马斯等人分析了大量实验数据后得出计算火焰尺寸的经验公式。

$$z + H = 12.8(\dot{m}/B)^{2/3} \tag{2.16}$$

$$x/H = 0.454/n^{0.53} \tag{2.17}$$

式中，H 和 B 分别为窗口的自身高度和宽度(m)，z 为火焰尖部距通风口上边缘的距离(m)，x 为火焰尖部距建筑物外表面的距离(m)，$\dot{m}$ 为质量燃烧速率，n 为窗口的形状因子($n = 2B/H$)。见图 2.10。

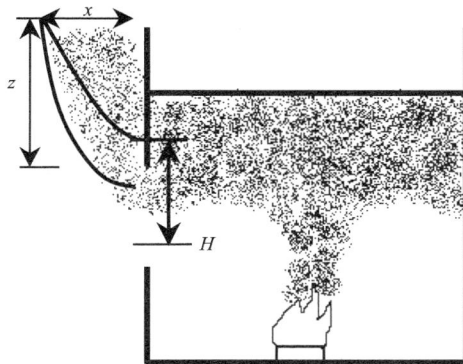

图 2.10　室内火灾充分发展阶段的火焰外窜

三、突变现象——轰燃

　　轰燃(flashover) 的出现标志着火灾充分发展阶段的开始。一般说，发生轰燃后，室内所有可燃物的表面都开始燃烧。不过应当清楚，这一定义在范围上是有限制的，它主要适用于接近于正方体且不太大的房间内的火灾，显然在非常长或非常高的受限空间内，所有可燃物被同时点燃是不可能的。

1. 轰燃的机理

轰燃的出现是燃烧释放的热量在室内逐渐积累与对外散热共同作用的结果。托马斯等指出，轰燃是室内热力不稳定状态的一种结果。假设着火初期热释放速率随温度的升高而升高，但到达一定程度由于受到空气供应速率限制便不再升高了，与此同时起火房间还会向其周围散发热量。热释放速率 R 与温度 T 呈指数关系，而热损失速率 L 与温度 T 呈线性关系，并受到房间壁面传热性质的影响。在火灾过程中，R 与 L 的位置是随 T 的变化而变化的。改变 T 可以得到一组热释放速率曲线和热损失速率曲线，见图 2.11。

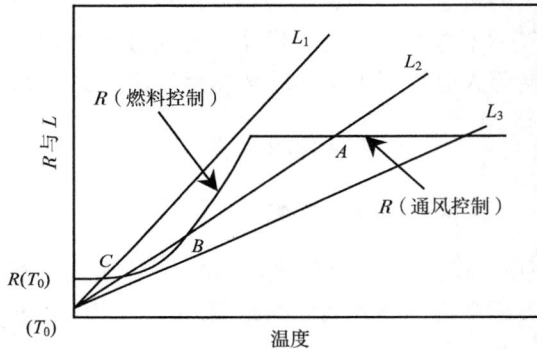

图 2.11 轰燃的热力不稳定模型

图中的三条热损失速率曲线 L_1、L_2 和 L_3 分别相应于三种不同的散热情况。比较热释放速率 R 与热损失速率曲线 L 可知，通常它们有三个交点，即 A、B 和 C。A 对应于稳定状态的通风控制燃烧，C 对应于小的局部火灾，B 则是一种不稳定状态。在 B 点，温度升高可导致燃烧强化，使热释放速率增大，而温度降低则使燃烧减弱到小火状况。对于可持续燃烧的室内火灾来说，往往燃烧速率的微小增加，就会造成热释放速率急剧地由 B 点跳到 A 点。轰燃的出现就是这样一种热力不稳定现象。

2. 发生轰燃的临界条件

确定发生轰燃的临界条件对火灾防治具有重要的意义。现在，定量描述轰燃临界条件主要有两种方式：一种以到达地面的热通量达到一定值为条件。通常认为，处于室内地面上可燃物所接受到的热通量达到 $20kW/m^2$ 就可发生轰燃。不过实验表明，这一数值对于引燃纸张之类的可燃物是足够的，而对于其他可燃固体来说就显得太小了。在普通建筑物中发生轰燃时地面处的临界热辐射通量在 $15\sim35kW/m^2$ 变化。

另一种方式是以顶棚下的烟气温度接近600℃为临界条件。这种观点强调了烟气层的影响，实际上是间接体现热辐射通量的作用。这一温度是根据高度为3m左右的普通房间火灾结果得出的。对于较高的房间，发生轰燃时的烟气温度理应较高，反之亦然。例如在1.0 m高的小型试验模型内，测得发生轰燃时的顶棚温度仅为450℃。由于温度的测量较为方便，因而在火灾试验中，人们还经常采用测量烟气温度来判定轰燃是否发生。

此外，轰燃发生前的燃烧速率必须要达到一定的临界值，并且维持一段时间。试验表明，在普通房间内，如果燃烧速率达不到40g/s是不会发生轰燃的。

四、突变现象——回燃

回燃(backdraft)是建筑火灾的另一种危害严重的燃烧现象。如果火灾发生在基本密封的房间内，则空气难以满足旺盛燃烧的需要，这时的燃烧规模较小。同时燃烧很不完全，烟气中会含有大量的可燃成分。但是如果房间突然形成通风口，例如门被突然打开或者窗户碎裂。以致新鲜空气突然进入，则热烟气和新鲜空气可以发生较大范围的混合。这种可燃混合气很容易被小火源点燃，并发生猛烈的燃烧，大团的火焰往往可以窜到建筑物之外。图2.12给出了火灾科学国家重点实验室翁文国博士等关于回燃现象的两幅实验照片。这种有突发性的燃烧可对人员安全，特别是救火人员的安全构成很大的威胁。

图 2.12　发生回燃时喷射的火团图像

回燃本质上是烟气中的可燃组分再次燃烧的结果。因此可燃组分浓度必须达到一定程度。一般认为在室内火灾中，可燃组分浓度大于10%才能发生回燃；当其浓度大于15%时，就可形成猛烈的火团。

回燃是一种发生在烟气层下表面附近的非均匀预混燃烧。在起火区间产生的可燃烟气积聚于室内上半部，而后期进入的新鲜冷空气一般会沉在其下面。两者在交界区扩散掺混，生成可燃混合气。若气体扰动较大，混合区将会加厚。这种可燃混合气一旦被点燃，火焰便会在混合区传播开来。接着在燃烧引起的扰动的作用下室内气体的混合加剧，于是整个起火房间很快全部充满火焰。

通常，可燃混合气达不到自燃温度，必须由点火源点燃。因此，点火源的存在是引发回燃的另一个基本条件。起火建筑物内原有的火焰、暂时隐蔽的火种、电器设备产生的电火花等都可以成为引发回燃的点火源。

五、突变现象——火旋风

火旋风是大尺度城市或森林火灾中在复杂环境条件下可能发生的一种剧烈火行为。火旋风通常是由于浮力火羽流和周围环境的相互作用而形成。火旋风一旦形成将使火灾的危害成倍增加。

实际火灾中的火源往往是随机分布的，在火的主羽流周围随机分布其他火源的情况，只有一些布局能够诱发火旋风，而在另一些布局下，则没有火旋风产生。如果火源间隙决定的主要气流通道沿着增加主羽流角动量的方向，就会使主羽流旋转起来，形成火旋风。由于类似的机理，具有特殊几何形状的地形和周围火焰共存时也有可能诱发火旋风。火旋风形成后，火焰的温度将明显升高，其高温区在轴线方向会拉长，而在径向方向会紧缩；在旋转速度较高时，火焰的最高温度并不是在底部的轴线上，而是在底部接近轴线的某一环线处和较高位置的轴线处。图2.13是中国科学技术大学火灾科学国家重点实验室刘乃安博士等实验拍摄的图片(a)大型火旋风结构，(b)多火点融合形成火旋风。

(a) 大型火旋风　　　　　　　　(b) 多火点融合形成火旋风

图 2.13　火旋风及多点火融合实验图片

2.2.3　火灾烟气的生成与输运

几乎在所有火灾中都会产生大量的烟气。贴面胶合板、纤维板、大芯板、塑料装饰板、塑料地板革、墙纸、簇绒地毯、腈纶地毯、普通纸等典型火灾可燃物燃烧后将生成 CO、CO_2、CH_4、NH_3、HCl、HCN、NO、NO_2、SO_2 等有毒有害气体。研究人员还发现，木材热解过程中会产生数量可观的醛类和酸类物质，它们有强烈刺激性作用，但是在有焰燃烧情况下，这些物质容易被焚烧和分解。一些典型可燃物燃烧时生成的毒害气体如表 2.2 所示。火灾烟气是多种物质混合物，主要包括：(1) 燃烧产生的气相产物，如水蒸气、CO_2、CO、多种低分子的碳氢化合物及少量的硫化物、氯化物、氰化物等；(2) 在流动过程中卷吸进入的空气；(3) 多种微小的固体颗粒和液滴。

表 2.2　典型可燃物燃烧时生成的毒害气体

物质名称	主要毒害气体
棉花、人造纤维	CO，CO_2，HCN，H_2S，NH_3
聚乙烯	CO，CO_2，醛
聚氯乙烯	CO，CO_2，HCl，$COCl_2$(光气)，Cl_2
聚苯乙烯	CO，CO_2，CH_3CHO(乙醛)，C_6H_6(苯)，$C_6H_5CH_3$(甲苯)
聚四氟乙烯	CO，CO_2
酚醛树脂	CO，CO_2，NH_3，XCN
三聚氰胺树脂	CO，CO_2，NH_3，XCN
环氧树脂	CO，CO_2，CH_3CH_2CHO(丙醛)
乙基纤维素	CO，CO_2，醛
尼龙	CO，CO_2，HCN，NH_3，XCN(氰化物)，CH_3CHO
人造丝	CO，CO_2，HCl
羊毛	CO，CO_2，HCN，H_2S，NH_3
木材	CO，CO_2，CH_4，C_2H_2，醋酸
纸张	CO，CO_2，醛，醋酸
绢	CO，CO_2，HCN，NH_3，HCl，醛，光气

调查表明，在火灾中，85%以上的死亡是由于烟气的毒性和窒息造成的，其中约有一半是由 CO 中毒引起的，另外一半则由直接烧伤、爆炸压力创伤以及吸入其他有毒气体引起的。在火灾遇难者的血液中经常发现含有羧基血红蛋白，而这是受 CO 影响的结果。烟气是火灾中的主要产物之一，它对火灾蔓延、人员伤亡和财产损失有着重要作用。因此，对火灾烟气特性及其危害的认识是火灾防治的重要基础之一。

虽然在尸体解剖数据中常有报道说，在火灾遇难者的血液中含有氰化物(暴露于氰化物造成的)，但经常发现的是死者血液中含有碳基血红蛋白，而这是暴露在 CO 中的结果。现有的火灾数据无法提供其他有毒气体对人员死亡的可能影响。尽管如此，多数研究机构都强调应当对其他有毒气体的作用进行研究。因为根据分析化学可知，火灾燃烧的副产物可能对人存在极大的危害，而这并不一定需要医疗方面的证据加以证实。缺氧是气体毒性的特殊情况。有数据表明，若仅仅考虑缺氧而不考虑其他气体影响，当含氧量降至 10% 时就可对人构成危害。然而，在火灾中仅仅由含氧量减小造成危害是不大可能出现的，其危害往往伴随着 CO、CO_2 和其他有毒成分的生成。火灾烟气的毒性不仅仅来自气体，还可来自悬浮固体颗粒或吸附于烟尘颗粒上的物质。

一、火灾烟气的毒性

(1) 典型火灾毒性气体

不同毒害气体对人体的毒害机理和毒性大小各不相同，在火灾烟气中的常见浓度也不同，因此对人员的伤害效果也有较大差异。研究结果表明，火灾烟气中最常见、对人员伤害最大的毒害气体(称之为首要毒害气体) 是一氧化碳(CO)、氯化氢(HCl)和氰化氢(HCN)。

CO 是火灾烟气中最重要的毒害物质，是致死的首要毒害气体。建筑火灾的死因调查结果显示，在大多数死亡人员的血液中都检测到了足以导致死亡的一氧化碳血红蛋白浓度，因此吸入 CO 被认定为人员死亡的主要原因。CO 为窒息性气体，单位浓度 CO 的毒性并不大，但是在火灾烟气中的浓度相对较大而且最为常见，因此成了火灾烟气中的头号杀手。CO 的毒性大小主要取决于浓度，浓度越高毒性越大。人员吸入 CO 后的中毒效果与吸入剂量直接相关，浓度越大、吸入时间越长则中毒越严重。

以 HCl 为代表的刺激性气体，如果存在，则是最早被人感知、最早达到临界值的首要毒害气体。在火灾发生、发展过程中存在的对人的各种伤害中，如烟浓度(影响逃生)、热伤害(烧伤)、烟气中窒息性气体伤害和烟气中刺激性气体伤害，最早达到伤害临界值的通常是烟气中刺激性气体伤害。人对刺激性气体的中毒效果与其浓度直接相关，吸入后会立即产生中毒现象，因此刺激性气体伤害会最早被人感知、最早达到临界值。典型刺激性毒害气体为 HCl，主要来自于建筑装修材料(如 PVC) 和材料添加剂(如卤素阻燃剂) 中含有的氯元素。近年来这些材料的使用越来越广泛，增加了相应的潜在危害。

HCN 是导致失能(丧失逃逸能力)的首要毒害气体。它为剧毒窒息性气体，在火灾烟气中的浓度通常很低，但是在特殊情况下，如火灾中燃烧的材料中含有较多氮时(如腈纶等化纤物质)，浓度会显著增加。由于 HCN 毒性强烈、中毒速度快，在火灾烟气中有 HCN 存在的情况下，窒息性气体伤害达到临界值的时间会大大缩短，迅速使人丧失逃逸能力，因此被认定为使人失能的首要毒害气体。

(2) 其他火灾烟气的毒性

CO_2：主要的燃烧产物之一，在有些火场中其浓度可达 15%。它最主要的生理作用是刺激人的呼吸中枢，导致呼吸急促，烟气吸入量增加。并且还会引起头疼、嗜睡、神志不清等症状；H_2S：低浓度时对眼睛和上呼吸道黏膜有刺激作用，高浓度时会引起呼吸中枢麻痹；NH_3：刺激眼睛和上呼吸道黏膜，引起肺气肿；HF：对眼睛和上呼吸道黏膜有刺激作用；SO_2：对眼睛和上呼吸道支气管黏膜有刺激作用，引起肺声门气肿，导致气管堵塞而窒息；Cl_2：对眼睛、上呼吸道和肺组织有刺激作用，引起流泪、打喷嚏、咳嗽和肺气肿，导致呼吸困难而窒息；$COCl_2$：对支气管、肺泡有刺激作用，引起肺气肿，导致呼吸困难而窒息；NO_2：对支气管、肺泡有刺激作用，引起肺气肿，导致呼吸困难而窒息。

二、典型毒性火灾烟气的生成[10]

(1) CO 的释放规律和形成机理

CO 是火灾烟气中最重要的毒害物质，是致死的首要毒害气体，因此备受研究者的关注。在火灾的早期阶段，火焰规模比较小，燃烧过程供氧充分，CO 产率较低，CO 产率与燃料化学成分关系密切，例如木材的 CO 产率为 0.2% 左右，添加了阻燃剂的可燃物的 CO 产率要相对高一些。在火灾的发展阶段，燃料烧失量逐渐增加，火焰规模逐渐加大，CO 产率与燃料化学成分之间的关联程度逐渐减弱，其数值基本上取决于宏观燃空比(global equivalent ratio，指燃料烧失质量与进入烟气的空气质量的比值再除以这一比值在完全燃烧情况下的化学当量值，简称燃空比)。当燃空比超过 0.5 时，CO 产率随燃空比增大而增大。在火灾的充分发展阶段，尤其是当燃空比超过 1.3 时，CO 产率的变化趋于平稳，基本失去了和燃空比之间的关联，甚至也失去了与燃料化学成分之间的关联。多种简单聚合物材料的全尺寸火灾试验结果表明，CO 产率统计平均值为 20% 左右。实际火灾调查结果显示，在火灾充分发展阶段尤其是在轰燃现象发生以后造成的人员死亡最严重，该工况是火灾的最危险工况。因为这时燃空比通常都大于甚至远大于 1，CO 产率最高。

火灾烟气中的 CO 主要是由下列途径产生的：①可燃材料分子受热后发生的(一次) 热裂解过程可以产生 CO，生成的数量与材料的特性和受热状况，如温度、加热速率等有密切关系；②在环境中有氧气存在的情况下，可燃材料分子中的碳会和氧气发生不完全氧化(燃烧) 反应，生成 CO，生成的数量除了与材料特性有关以外，还与环境中的氧气含量关系密切；③实际火灾烟气中存在有大量可燃材料分子的一次热裂解产物，其中的一些可燃大分子气体、液体和固体在高温缺氧的条件下会发生二次热裂解现象(称之为"二次热解过程")，可以生成更多的 CO；④上述可燃大分子气体、液体和固体在高温有氧条件下会发生二次不完全氧化现象，生成 CO；⑤实际火灾过程尤其是在轰燃之后，烟气处于高温缺氧状态，烟气中的碳会发生气化反应，生成 CO；⑥烟气温度较高时，烟气中 CO_2 和 CO 之间的化学平衡会发生转移，生成 CO；⑦在一些特殊情况下会发生一些特殊的热解或者不完全燃烧过程，导致烟气中 CO 浓度比一般情况高很多。例如当房间上部空间存在有木柴类物质时，这些材料在高温缺氧状态下的火灾烟气中会发生特殊的热解或者不完全燃烧现象，生成大量CO。

在火灾各阶段，上述各种途径不一定同时存在，每个生成途径对生成的 CO 总量的贡献大小也不一样，因此实际火灾过程中 CO 的释放过程非常复杂，受到烟气含氧量、火焰规模、烟气温度、燃料特性等诸多因素的影响。上述第①、②两种CO生成途径，是火灾烟气中CO的基本来源。

轰燃后火灾由于燃烧规模较大，有大量可燃物质参与一次热解和燃烧过程，烟温较高，供氧相对不足(燃空比大于或远大于1)，烧失的燃料会有很大一部分转化为焦油存于烟气中。在高温和足够反应时间的共同作用下，这些焦油会发生二次热解现象，通过第③、④两种途径生成大量CO，导致轰燃后较高的CO产率。试验结果表明：二次热解反应不仅存在，而且可以生成大量CO，对CO产率有显著影响，是烟气中CO的重要来源之一。

(2) HCl 的释放规律和形成机理

以 HCl 为代表的刺激性气体，如果存在，则是最早被人感知、最早达到临界值的首要毒害气体。近年来大量采用的 PVC 建筑、装修材料，是火灾烟气中 HCl 的主要来源。

HCl 的释放分为三个阶段：260~330℃的初始阶段、380~430℃的峰值阶段和460~550℃的结束阶段。PVC 燃烧时绝大部分氯元素都转化为HCl，只有1%转化为氯苯、氯乙烯、氯甲苯等有机含氯产物，难以产生氯气和光气(未检测到，氯气和光气的检测精度分别为 0.2 和 0.02 mg/L)，灰烬中氯残留量小于0.1%。

HCl 是一次热解产物，释放过程主要与辐射热流密度有关。辐射热流密度增加时释放起始时间提前、浓度峰值越高、释放时段更集中、HCl 产率增加。终温及升温速率对 HCl 的释放过程也有较大影响，终温越高、升温速率越快时，释放起始温度越低、峰值出现的温度越高、释放结束的温度也越高。燃空比对 HCl 的释放影响不大。火焰的出现可以促进 HCl 的释放，但是80%左右的 HCl 在火焰出现之前已经释放完毕。在高温作用(二次加热)下，烟气中的氯苯、氯乙烯、氯甲苯等有机含氯产物会受热分解释放出HCl，但由于数量有限，HCl 只是略有增加。

HCl 的形成机理(自由基机理)为：PVC 受热后，由烯丙基氯和叔碳基氯等组成的缺陷结构首先在低温下发生 C-Cl 键断裂，生成少量活跃的 Cl⁻(阶段 1)；随后，这些活跃的 Cl⁻从聚氯乙烯分子中夺取 H，形成 HCl 及自由基·CHCHCl(阶段 2)；最后，自由基·CHCHCl 进一步脱除 Cl⁻并形成 CH=CH 稳定结构(阶段 3)。阶段 2 与阶段 3 相互促进，从而使得 Cl 在短时间内脱离 PVC 形成HCl。由于在

这一过程中形成 Cl_2 的活化能远高于 HCl，所以绝大部分 Cl 都转化成了 HCl，难以形成 Cl_2。

(3) HCN 的释放规律和形成机理

HCN 是使人丧失逃逸能力的首要毒害物质，主要来自于含氮材料的热解和燃烧过程。材料中的 N 在热解和燃烧过程中的转化过程非常复杂，升温速率及气氛对 HCN、NO 的生成有较大影响。以腈纶毛线为例，在空气、空气与氮气混合的气氛下，升温速率为 10 和 20℃/min 时热解分为两个阶段，第一个阶段(300~400 ℃) 以产生 HCN 为主，第二个阶段(400~530℃)以产生 NO 为主；升温速率为 40℃/min 时，热解分为两个阶段，第一个阶段产生 HCN，没有生成 NO。升温速率对热解生成 HCN 瞬间最大浓度及其热解温度均有较大影响，升温速率和气氛条件对生成 NO 的瞬间最大浓度起共同作用,在氮气中无论升温速率为多少，均无 NO 生成。氧气有助于热解反应的进行，增加氧气的量能加快热解产生 HCN 的速率。

三、火灾烟气的输运

火灾产生的有毒有害烟气常常是造成建筑内人员伤亡的最主要因素，火灾烟气的运动规律非常复杂，涉及多个学科。从火灾烟气生成与微观析出，到在受限空间内的输运，乃至在外部城市区域和大气环境下的扩散与输运，火灾烟气的生成与释放在各种不同尺度上表现出不同的特征与规律。在烟气输运规律研究方面，我国学者依托大空间火灾实验厅开展了大量缩尺和全尺寸实验，得到了高大空间内烟气分层现象的规律。在烟气运动的模拟技术方面，我国科学家提出并建立了建筑内烟气运动的场区网复合模拟技术，并在 973 火灾项目中进一步发展建立了新的场—区—网复合模拟计算程序 LFZN；同时，结合 RANS 模式对网格要求较低和 LES 模式精度较高的优点，建立了一种新的湍流模型——DES 模型(雷诺平均/大涡模拟混合模型)。下面介绍火灾烟气的几种典型的运动形式。

(1) 浮力羽流[11]

在火灾燃烧中，起火可燃物上方的火焰及流动的烟气通常称为羽流。图 2.14 显示了羽流的结构形态，它大体分为火焰与烟气两个部分。羽流的火焰大多数为自然扩散火焰，当可燃液体或固体燃烧时，蒸发或热分解产生的可燃气体从燃烧表面升起的速度很低，可以忽略不计，因此这种火焰中的气体流动是浮力控制的。

羽流在烟气的流动与蔓延过程中具有重要的作用，进行火灾危险分析时需要了解羽流的重要特性。羽流火焰部分的温度很高，通常可达到1000℃左右。这种火焰可以烧坏与其接触的物品和建筑构件。因此需要控制羽流火焰的高度。研究表明，羽流的火焰高度可用下式给出：

$$Z_f = C_7 \dot{Q}^{2/5} - 1.02 D_f \tag{2.18}$$

式中，Z_f 为火焰平均高度(m)，$\dot{Q}$ 为火源的热释放速率(kW)，D_f 为火源的直径(m)。通常情况下，常数 C_7 的值为 0.235 左右。

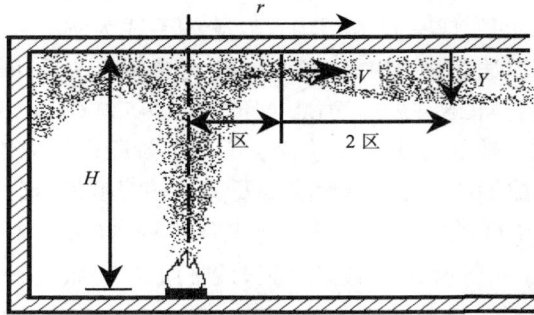

图 2.14　浮力羽流与顶棚的相互作用

在羽流的上升流动过程中，将会把其周围的大量空气卷吸进来。因此随着上升高度的增加，羽流的质量流率逐渐增大。实际上，远离起火点的烟气大部分是卷吸进来的空气。显然，这种情况必然导致烟气的温度和浓度降低、流速减慢。羽流的质量流率随高度的变化可用下式表示：

$$\dot{m} = C_1 \dot{Q}_c^{1/3} (z - z_0)^{5/3} \left[1 + C_2 \dot{Q}_c^{2/3} (z - z_0)^{-5/3} \right] \tag{2.19}$$

式中，$\dot{m}$ 表示羽流在 z 高度处的质量流率 (kg/s)；Q_c 表示火源的总热释放速率 Q 的对流部分(kW)。在一般火灾条件下，可认为 $Q_c = 0.7Q$；z 为烟气羽流离开地面一定高度处(m)；z_0 为虚点源的高度(m)。常数 $C_1 \approx 0.071$，$C_2 \approx 0.026$。羽流中心线处的温度为：

$$T_{cp} = T_a + C_5 \left(\frac{T_a}{g C_P^2 \rho_a^2} \right)^{1/3} \frac{\dot{Q}_c^{2/3}}{(z - z_0)^{5/3}} \tag{2.20}$$

式中，T_a 为 z 高度处周围空气的绝对温度(K)，ρ_a 为 z 高度处空气的密度(kg/m³)，g 为当地重力加速度(m/s²)，常数 $C_5 = 9.1$。

在不受限的或很高的空间内，羽流将一直向上扩展，直到其浮力变得相当微弱以至无法克服黏性阻力的高度。越到上方，羽流的速度越低。而且随着烟气温度的降低，那些不在上升的烟气将发生弥散性沉降。在较高的中庭内生成的烟气就很容易发生这种现象。

　　上述公式是根据火源远离周围壁面的情况下得出，这时羽流的竖直向上运动是轴对称的。如果火源靠近墙壁或者墙角，则固壁边界将对空气卷吸状况产生限制。由于空气只能从没有固壁的方向进入羽流，火焰将向壁面一侧偏斜。这可加强火焰在竖直壁面上的扩展，就是说这种情况下的火焰比不受限情况下的火焰高。由于羽流与空气的混合速率比不受限情况下弱，因而随着羽流高度的增加，其温度的下降亦将变慢。若壁面材料是可燃的，还可以形成竖壁燃烧，从而大大加强火势。

　　(2) 顶棚射流[11]

　　如果浮力羽流受到顶棚的阻挡，则热烟气将形成沿顶棚下表面水平流动的顶棚射流。顶棚射流是一种半受限的重力分层流。当烟气在水平顶棚下积累到一定的厚度时，便发生水平流动，图 2.14 为这种射流的发展过程示意图。试验发现，当烟气的水平流动不受限且热烟气不会在顶棚下积累时，在离开羽流轴线的任意径向距离(r)处，竖直分布的温度最大值在顶棚之下的 $Y \leqslant 0.01H$ 的区域内，但并不紧贴顶棚壁面；在 $Y \leqslant 0.125H$ 区域内，温度急剧下降到环境值 T_0。

　　在顶棚之下 $r > 0.18H$ 的任意径向范围内，顶棚射流中心最高温度可用下式计算：

$$T_{\max} - T_0 = \frac{5.38}{H}\left(\dot{Q}_c / r\right)^{2/3} \qquad (2.21)$$

　　如果 $r \leqslant 0.18H$，即表示处于羽流撞击顶棚所在区域内，其中心最高温度用下式计算：

$$T_{\max} - T_0 = \frac{1.69 \dot{Q}_c^{2/3}}{H^{5/3}} \qquad (2.22)$$

式中，$\dot{Q}_c$ 是热释放速率中的对流分量(kW)，H 为烟气层高度(m)，r 为顶棚射流的半径(m)。

　　目前，建筑中的许多火灾自动探测报警和自动喷水灭火装置都安装在顶棚的下方。由于顶棚射流的作用，使安装在顶棚的感烟探测器、感温探测器和洒水喷头产生响应，进而报警并启动喷水灭火。因此在这些系统的设计与选型中，为了保证其有效工作，应当了解顶棚射流的温度分布和速度分布的特点。

　　如果房间的顶棚较低，或者火源的强度较大，则扩散火焰可以直接撞击到顶棚上。这时火焰也会发生沿顶棚的水平蔓延，并可扩展相当长的距离。这是由于温度较高的烟气在温度较低的空气之上流动，两者的结构形式稳定，导致顶棚射流对其下方空气的卷吸速率较低，从而使烟气中的可燃气体经过较长的距离才能烧完。

(3) 烟气溢流[11]

在大空间建筑中，如果裙房或者中庭内的小房间起火，火灾烟气将会在起火房间内充填。当烟气层的高度下降到房间开口的上沿时，将会从房间中溢出到中庭内，从而形成烟气的溢流。见图2.15。

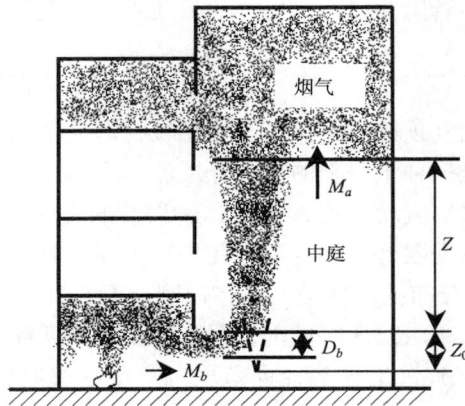

图 2.15　裙房起火时的烟气

从图中可以看出，烟气从起火房间溢出后开始在中庭内沉降，并进入与中庭相连的其他楼层。对于这种烟气溢流，可以采用二维轴对称羽流模型来进行描述，其中高度 z 处羽流的质量流率可以通过烟气从起火房间溢出的质量流率来表示：

$$M_a / Q^{1/3} = C\left[z + D_b + M_b / \left(CQ^{1/3}\right)\right] \tag{2.23}$$

式中，M_a 为高度 z 处的质量流率，Q 为火源功率，C 为与中庭形状及空气密度有关的系数，D_b 为从起火房间溢出的烟气的厚度，M_b 为从起火房间溢出的烟气的质量流率。

这种模型是有一定的适用范围的。当火源功率较小的时候，烟气从起火房间溢出的流速较小，这样烟气羽流就会贴近中庭一侧的墙壁，破坏了羽流的轴对称结构，因此中庭内的烟气羽流采用二维轴对称羽流模型来描述将会造成较大的误差。

四、烟气浓度与能见度的关系[1, 3]

由于烟气的减光作用，火场中的能见度必然有所下降，而这会严重影响火灾中的人员活动。能见度指的是人们在一定环境下刚刚看到某个物体的最远距离，

一般用 V 表示。它主要由烟气的浓度决定，同时还与烟气颜色、物体亮度、背景亮度及观察者对光线的敏感程度等因素有关。能见度与减光系数或单位光学密度的关系可表示为

$$V = R / K_c = R / 2.303D_0 \tag{2.24}$$

式中，减光系数 $K_c = 2.303D_0$，比例系数 R 根据实验确定，它反映了特定场合下各种因素的综合影响。一般对于自发光物体，R 的值为 5~10；对于反光物体，有反射光存在的场合下，R 的值为 2~4。图 2.16 给出了自发光物体能见度的一些试验结果。

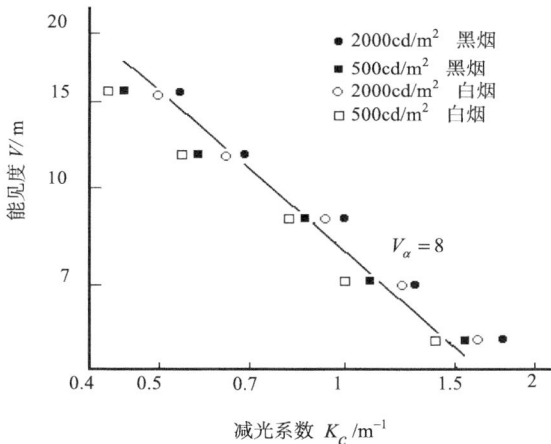

图 2.16　发光标志的能见度与减光系数的关系

2.2.4　火灾中的热危害

火灾是破坏建筑物结构安全的重要原因之一。在火灾产生的高温作用下，建筑构件的力学性能将会迅速变坏，乃至失去支撑或隔断能力。建筑结构耐火的主要作用是保证建筑物遭受火灾时仍然具有足够的整体安全性。所谓整体安全性指的是建筑主体结构不会坍塌、局部结构不受破坏。建筑物一旦发生坍塌，那么预定在该建筑物内进行的各种活动便丧失了开展的可能。在 2001 年美国的"九·一一"事件中，飞机的强烈撞击使钢结构的防护层发生松动，并向建筑物倾倒了大量的燃油。在这种情况下，大楼钢构件和钢框架在燃油迅速燃烧的强烈火作用下快速软化并失去稳定性和承载能力，直至大楼整体坍塌，造成了 2 千多人的死亡及数千亿美元的直接损失。在 2003 年湖南衡阳"一一·三"特大建筑火灾坍塌事故中，20 名消防队员英勇牺牲。其根本原因是：大火燃烧时，在衡州大厦西部偏

北的 5 根柱子损毁比较严重，5 根柱子所处的地方有大量的聚乙烯，燃烧的温度
比其他地方高。这 5 根柱子承载能力下降，在重载的压力下倒塌，继而引起 3000
多平方米的建筑的倒塌。

建筑物是由多种类型的建筑构件组合而成的，柱、梁、墙、地板、隔板等是
一些主要的构件。建筑构件又是若干种建筑材料的复合体。木材、石材、砖瓦是
一些传统的建筑材料。对于现代化建筑来说，钢筋混凝土和钢结构材料已成为最
主要的建筑材料，它们的应用也使建筑业发生了革命性变化。现在，大型、高层
和地下建筑的蓬勃兴起主要借助于这些建筑材料的发展和应用。建筑构件的强度
取决于建筑材料的性能，然而建筑材料的性能会随着温度的升高而发生很大变化。
例如，在 200℃时，混凝土的弹性模量可降至常温下弹性模量的一半；到 400℃时，
更降至常温下弹性模量的 15%左右。又如到 550℃左右时，钢材便会软化到完全
丧失支撑能力。然而在建筑火灾中，起火室的温度往往可高达 1000℃左右，这样
的高温势必对建筑构件的强度产生严重的影响。

一、钢结构受热后的变形和破坏[7,12]

受到火灾作用后，不同建筑构件的性能变化状况是不相同的。对于框架结构，
应力变形是需要考虑的主要方面。建筑构件受到火的加热后，其温度将迅速上升，
并发生膨胀。对于较长的构件，这主要体现为其长度伸长，另一方面可能由于构
件横截面上的温度场分布不均匀而发生弯曲。对于端部不受约束的单体构件来说，
这种变形会自然表现出来；如果构件的端部受到约束，则构件内部便会出现附加
热应力。当火加热速率很高时，这种应力可导致构件屈服强度的降低，乃至受到
破坏。

钢构件的导热性能好，且横截面通常不大，故其横截面上的温度分布也比较
均匀，因而可以不考虑构件由于弯曲而产生的热应力。但是构件的长度变化较大，
如果其端部存在限制伸长的约束，则构件内便会产生很大的热应力。

设某一钢梁的两端分别由带牛腿的柱子支撑。平时，钢梁便存在初应力 σ_0，
相应的应变为 ε_0。当其受到火灾加热后，温度上升到 T_k，由此产生的热应力为 σ_T。
这样在 σ_0 和 σ_T 的共同作用下，构件的应变将变为 ε_T，因热膨胀而导致的构件的
伸长率为 δ，则：

$$\sigma_0 = E_0 \cdot \varepsilon_0 \tag{2.25}$$

$$\sigma_0 + \sigma_T = E_T \cdot \varepsilon_T \tag{2.26}$$

$$\delta = \alpha T - \varepsilon_T + \varepsilon_0 \tag{2.27}$$

式中，E_0 和 E_T 分别为钢材在常温和高温下的弹性模量；α 为钢构件的线膨胀系

数。设构件的横截面积为 A，长度为 L，约束构件的弹性系数 k，则产生的热应力 σ_T 为

$$\sigma_T = \frac{k}{A} \cdot L \cdot \delta = K\delta \tag{2.28}$$

式中的 K 称为构件端部的约束度。因而受到火灾作用时构件存在的应力和伸长率分别为

$$\sigma_1 + \sigma_T = \frac{E_T}{1 + \dfrac{E_T}{K}} \left[(1 + \frac{E}{k})\varepsilon_1 + \alpha T \right] \tag{2.29}$$

$$\delta = \frac{1}{1 + \dfrac{K}{E_T}} \left[(1 - \frac{E}{E_T})\varepsilon_1 + \alpha T \right] \tag{2.30}$$

　　构件的热应力近似随着温度的升高而线性增加，当达到由细长比决定的压曲应力极限时，构件便发生压曲变形。对于一般的构件来说，其变形状况取决于施加约束的构件的力学强度。当 K 值很大时，则构件本身将发生弯曲，即使温度不是很高；当 K 值较小时，则受热构件本身不会发生大的变形，但施加约束的构件却会发生严重破坏。图 2.17 简要说明这两种情况。对于前者，如果无法控制梁的弯曲，势必会造成屋顶坍塌；对于后者，如果不能防止柱体向外侧的变形，就可能导致建筑物墙壁的倒塌。

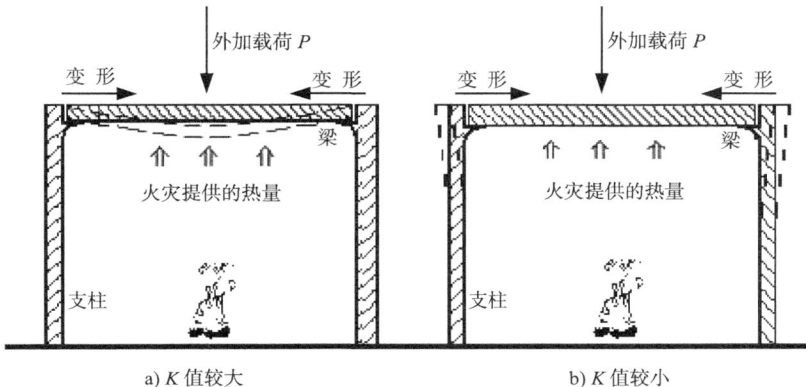

图 2.17　梁的约束度与热变形

二、高温下高强混凝土的力学响应

　　高强混凝土具有耐久性好、强度高、变形小等优点，适应现代工程结构向大

跨、重载、高耸方向发展和承受恶劣环境的需要，同时还能减小构件截面积，降低工程造价，因此得到了越来越广泛的应用，并取得了显著的经济效益。但随着工程应用增多，高强混凝土结构遭遇火灾的可能性也在不断增加。虽然高温下和高温后高强混凝土与普通混凝土都表现出材料性能劣化、强度和弹性模量降低、峰值应变增大等相似的规律，但与普通混凝土不同的是，高温下高强混凝土常常发生爆裂。这主要是因为高强混凝土的内部结构比较致密，孔隙率较小，连通孔的数量更少，当其遭受快速升温时，致密的硬化水泥浆体阻止了水蒸气的及时逸出，致使混凝土内部孔洞里产生相当大的蒸汽压力，当水蒸气压力超过混凝土的抗拉强度时，就导致混凝土瞬间裂成大小不一的碎块而四处飞散，并伴有巨大的响声，这种现象称之为爆裂。

研究结果表明，高强混凝土构件中钢筋保护层的爆裂将直接导致构件截面面积减小，截面温度场发生突变，并致使全部或部分钢筋(包括纵筋和箍筋)直接暴露于高温环境而迅速软化，降低构件的耐火性能，导致结构过早破坏。因此，采取有效措施防止或减轻高强混凝土的高温爆裂是高强混凝土结构抗火研究的一个重要方面。与普通混凝土相比，目前高温下与高温后高强混凝土力学性能的定量研究成果还很少，特别是高温下的定量研究成果更少。

1. 高温下高强混凝土的爆裂

(1) 爆裂临界温度

由于试验方法和所用原材料的差异，不同文献中有关高强混凝土爆裂的研究结果不尽相同，不同情况下高强混凝土的爆裂临界温度差别较大。一般来说，升温速度越快，构件的截面温度梯度就越陡，发生爆裂时构件的表面温度也就越高，即爆裂临界温度越高。

通过对实验结果的分析发现，虽然不同文献所用的原材料和加热曲线各不相同，但爆裂临界温度却主要集中在 350~500℃在右。

(2) 初爆时刻与持续时间

对高强混凝土初爆时刻与持续时间的试验结果分析可以看出，升温速度越快，爆裂发生的初始时刻一般越早，而持续时间则一般越短；升温速度越慢，混凝土内部孔隙达到饱和蒸汽压力所需的时间就越长，初爆时刻就越晚，爆裂的持续时间也就越长。

高强混凝土发生爆裂的初始时刻主要集中在 10~20min 左右，平均约为 15min；持续时间则主要集中在 10~25min 左右，平均约为 20min。

(3) 影响爆裂的主要因素

影响高强混凝土高温爆裂的因素十分复杂，有含水率、升温速率、水灰比、混凝土强度等级、外加预应力、构件截面积尺寸、骨料种类、钢筋保护层厚度、养护方式、养护时间等。目前国内外学者虽然进行了大量试验，但试验结果比较离散，尚无法较准确地建立起爆裂发生时间及爆裂深度与各主要影响因素的定量关系。

2. 高强混凝土爆裂对构件内部温度场的影响

高温下高强混凝土构件的表面混凝土发生爆裂，直接导致构件截面积减小，截面温度场发生突变，致使全部或部分钢筋(包括纵筋和箍筋) 直接暴露于高温环境而迅速软化，降低了构件的耐火性能。研究爆裂对高强混凝土构件截面温度场的影响，是十分必要的。ISO834 标准升温曲线下，高温爆裂对四面受火高强混凝土构件(截面尺寸 800mm×800mm,加热时间 120min)截面温度场的影响见图 2.18。

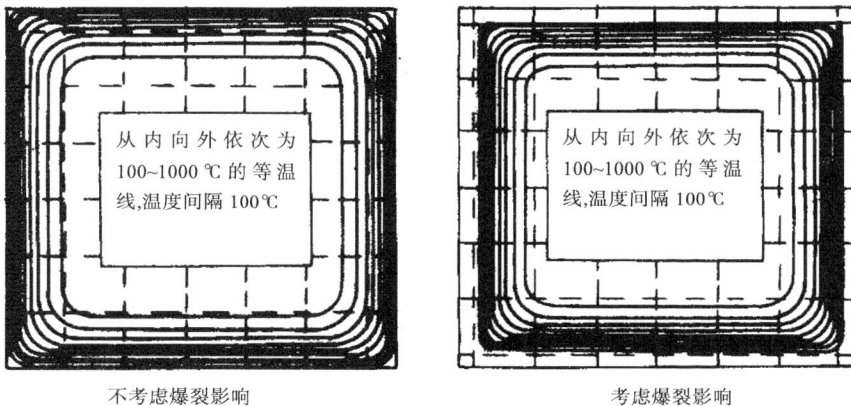

不考虑爆裂影响　　　　　　　　　　　　　　考虑爆裂影响

图 2.18　爆裂对截面温度场的影响

从图中可以看出，考虑高温爆裂后，构件截面温度场发生变化，距截面中心相同距离处的温度升高。例如不考虑爆裂时，截面中轴线上距中心点 350mm 处的温度为 415℃，而考虑爆裂后该处的温度升为 652℃。越靠近构件表面，爆裂导致的温度升高效应越为明显。

2.3　火灾防治技术

2.3.1　性能化设计技术[13]

性能化防火方法是一种新型的防火系统设计思路，是建立在更加理性条件上的一种新的设计方法。它不是根据确定的、一成不变的模式进行设计，而是运用消防安全工程学的原理和方法首先制定整个防火系统应该达到的性能目标，并针对各类建筑物的实际状态，应用所有可能的方法去对建筑的火灾危险和将导致的后果进行定性、定量地预测与评估，以期得到最佳的防火设计方案和最好的防火保护。当然，这一切都必须通过科学的评估模型进行系统的评估计算，以验证所采用的设计方法能够保证既定目标的实现。

性能化防火方法涉及性能化防火分析、性能化防火设计和性能化设计规范三个方面。性能化防火分析是火灾风险分析的一种形式，它以建筑物本身的结构为基础，通过定量计算，用某些物理参数描述出火灾的发生和发展过程，并分析对建筑物内人员、财产及建筑物本身的危害程度，从而以此为依据采用合理的消防对策。性能化防火分析更加注重量化分析，可以更加客观、准确，所以它是性能化防火方法的核心部分。只有合理、准确地进行火灾风险评估，性能化防火设计才能达到预期的目标。

经过长时间的研究，很多研究人员认为，进行建筑物的火灾危险分析应当包括以下一些主要方面：

1. 确定分析对象的现场状况(condition in building)

分析建筑物的火灾风险首先需要弄清有关建筑的结构特点，例如应了解建筑构件的耐火性能、典型构件的防火保护、防火分区的划分、防止火灾和烟气蔓延的重要措施、通风换气、人员疏散设计等。进而需要识别该建筑物的重大火灾危险源。虽然建筑物中存在着各种各样的可燃物，起火情况千差万别，不过可以根据可燃物的分布与荷载、电器与电力设施、热力设施等因素大体确定主要危险源的位置及其危险程度。进行火灾危险分析时，应当抓住那些最可能发生且危害最大的情形进行重点分析，或者说应当按照可能出现的最危险的火灾状况进行分析，这样就可以保证在任何情况下发生的灾害性后果都不会超过评估中考虑的结果。

2. 设定防火安全目的和目标(fire safety goals and objectives)

分析火灾风险时不可能面面俱到，只能选择若干有代表性的情形进行分析。确定分析对象的防火安全目的和目标是进行分析的出发点。总的来说，基本的防火安全目的可分为与生命安全直接相关的目的和与其他安全相关的目的，前者考虑的是在火灾中的各类人员的安全，包括建筑物的居住者、工作人员、顾客、消防人员等。通常这是大部分建筑物防火安全的主要目标，应当根据烟气的流动特点和人员的行为特点，做好疏散通道、避难区的设计，选用合适的火灾探测报警系统和疏散诱导系统，保证所有人员能在有效安全时间内撤离起火建筑。其他安全目的包括保护财产安全，保证系统运行的连续性和保护环境等。有效控制火灾的发展是实现上述各种安全目的和目标的根本条件，一般可以从以下几个方面抓起：①减少起火的可能性。考虑合理选择建筑材料、室内设备和不同燃烧性能的物品，加强有关材料的阻燃处理，对易燃易爆物品采取必要的隔离防范措施等；②防止火灾蔓延。主要目的是减少火灾产生的高温对建筑物各部分的影响，需要考虑使用具有足够阻燃耐火强度的构件材料，采取合理的防火分隔等。对于内部面积较大的建筑，采用合理的防火分隔对于减少火灾造成的影响尤为重要；③防止火灾扩大。这指的是起火建筑的火灾对相邻建筑或设施造成的危害，必须避免形成城区性大火。实际上这些安全目标都相当大，在开展具体分析时通常只宜选择其中矛盾最为突出的一两个方面进行。

3. 选择合适的定量分析方法(quantitative analysis)

建筑火灾危险的分析方法很多，有定性的，也有定量的，应当根据分析的需要选择合适的方法。需要指出，在为进行性能化设计而开展的火灾危险分析中，火灾过程的计算机模拟是一种十分重要的定量分析工具。使用这种模型可以预测建筑物发生某种火灾后的火区大小、烟气层厚度、室内温度、典型燃烧组分浓度等随时间的变化。这些数据可直接用于建筑物的防火安全设计、人员疏散分析、消防设施的作用分析等方面，也可为其他方面的安全分析方法提供必要的参数。不过对于某些方面的危险分析来说仅有火灾过程模拟计算的结果还不够、往往还需要一些其他方法的分析结果进行充实。还需指出，应当根据所讨论的问题的特点选择最合适的计算方法，只要能满足分析的需要，所用的方法越简便越好。

4. 具体分析影响防火安全目标的因素(influence factors)

深入分析各有关因素对实现防火安全目标的影响，是火灾危险分析的关键一环。主要的影响因素包括：建筑物的结构特点、可燃物的燃烧特性与分布状况、室内外环境对火灾发展的影响、室内消防设施的配置状况、建筑物使用者的特点、消防部门救援的状况等。进行火灾危险分析必须紧密结合建筑物具体情况。对于建筑火灾这种灾害性事件，人们是不会任其自由发生和发展的，有关人员都会在其可能的范围内采取一定措施加以干预，而每种正确措施都可以在一定程度上影响火灾的发展过程，对各种消防措施及其集成应用做出客观正确的分析是体现性能化防火设计的重要方面。

5. 火灾防治有效性与经济性的评价(effective and economical evaluation)

火灾风险分析是为保障建筑物的火灾安全服务的。应当指出，“安全”是一个相对的概念。一幢建筑在一段时间内没有发生火灾，但并不能说它以后不会发生火灾。毫无疑问，多采用一些消防设施一般会有助于减少火灾的直接损失，但所用的设施越多消防投资也越大，因此需要综合考虑。为防止不恰当地增多火灾防治的总投入，现在一般引用火灾代价来表示这一概念。理想的情况是投入的消防费用不太多，又能将火灾危险控制在一个较低的水平。火灾风险综合评价的主要任务就是确定使火灾代价接近到最小的范围。

实际上消防投入是以人们可接受的火灾风险为基础确定的。可接受风险的大小主要是参考历史上人们对类似风险的承受能力，并结合当地当时条件确定的。当公众对火灾风险的认识水平发生了较大变化后，可接受风险的具体大小亦应做出相应调整。

6. 给出分析报告(documents and reports)

每次火灾风险分析结束后，都应当给出客观、全面的分析报告。这种报告应明确指出该建筑是否符合有关防火设计规范的要求、原有设计是否需要进行某些修改及如何进行修改等。接受评估的单位会非常重视这些结论和意见。还应指出，火灾危险分析的结论具有很强的时效性，如果室内的使用状况发生了较大改动，则其火灾危险性亦会随之出现大的变化。这时便不能再简单地使用原先的结论了。

2.3.2 阻燃技术

一、阻燃原理[14]

阻燃，实质上是延缓、抑制燃烧的传播，减少热引燃出现的概率，是一种从根本上抑制、消除失控燃烧的技术。本部分重点就聚合物阻燃进行介绍。

降低聚合物的可燃性主要有两种方法，一种是合成耐热性材料，但成本过高，仅用于某些特殊场合；另一种是利用物理或化学方式，将阻燃性添加剂加入到聚合物的表面或体内。

1. 气相阻燃原理

指在气相中使燃烧中断或延缓链式燃烧反应的阻燃作用，可通过以下方式实现：采用在热作用下能释放出活性气体化合物的阻燃剂，采用在聚合物燃烧中能形成微细粒子的添加剂，选择分解时能释放出大量惰性气体的添加剂，加入受热后可释放出重质蒸气的添加剂。

2. 凝聚相阻燃原理

指在凝聚相中延缓或中断阻燃材料热分解而产生的阻燃作用，主要通过以下方法来实现：阻燃剂在凝聚相中延缓或阻止可产生可燃性气体和自由基的热分解；阻燃材料中添加大比热容的无机填料，通过蓄热和导热使材料不易达到热分解温度；阻燃剂受热分解吸热，使阻燃材料温升减缓或中止；阻燃材料燃烧时在其表面生成难燃性保护层。

3. 中断热交换阻燃原理

这是指将阻燃材料燃烧产生的部分热量带走，致使材料不能维持热分解温度，因而不能持续产生可燃气体，于是燃烧自熄。例如，当阻燃材料受强热或燃烧时可熔化，而熔融材料易滴落，因而将大部分热量带走，减少了反馈至材料本体的热量，致使燃烧延缓，最后可能中止燃烧。

二、阻燃剂种类及分类

根据目前对阻燃剂类别的划分，可以看出，能使聚合物材料起阻燃作用的元素有：元素周期表中第 V 族的 N、P、As、Sb、Bi 元素，第 VII 族的 F、Cl、Br、

I 元素和 B、Al、Mg、Ca、Zr、Sn、Mo、Ti 等的化合物。常用的是 Br、Cl、P、Sb、Zn、Cu、Mg、Al、N 等元素的无机物和有机物。若这些元素是以化学键的形式结合到聚合物链上的，称为反应型阻燃剂；若掺混在聚合物中，则称为添加型阻燃剂。其中添加型阻燃剂又有无机阻燃剂和有机阻燃剂之分。

1. 无机金属氢氧化物阻燃剂

无机阻燃剂中，$Al(OH)_3$ 和 $Mg(OH)_2$ 是主力军，尤其在某些领域是无卤阻燃的第一选择。$Al(OH)_3$ 和 $Mg(OH)_2$ 受热分解放出水分，同时吸收热量降低聚合物的实际温度，抑制聚合物分解和释放可燃性气体。此外，生成的金属氧化物又是耐火材料，覆盖于聚合物表面能提高聚合物抵抗火焰的能力，起到隔绝空气阻止燃烧的目的。它们的优点在于：燃烧时不产生有毒气体，具有阻燃和抑烟的双重功效，但必须大量添加才能达到 UL94V-0 级阻燃要求，而大量添加的后果是材料黏度上升，成型加工性、耐水性以及力学性能降低。

2. 磷系阻燃剂

无机磷系阻燃剂历史悠久，目前仍具有广泛的应用，特别是对近年发展起来的膨胀型阻燃剂，无机磷系阻燃剂中的 APP 是不可缺少的组分之一，具有阻燃效率持久、热稳定性好、不挥发、无卤等优点而广受欢迎。其中，红磷、磷酸铵盐和聚磷酸铵(APP) 等无机磷系阻燃剂应用时间较早、范围较广。

3. 锑系阻燃剂

锑化合物本身不是阻燃剂，而是一种阻燃协同剂，常与卤化合物配合使用。但对卤代磷酸酯来说，锑化合物的协效作用很小。这可能是生成了不挥发的磷酸锑，因而阻碍了锑在气相中发挥阻燃作用。锑系阻燃剂的主要产品有 AO、胶体五氧化二锑及锑酸钠，常用的卤化物为氯化石蜡-70。

4. 卤系阻燃剂

卤系阻燃剂可分为溴系阻燃剂和氯系阻燃剂。它们有阻燃效率高、价格适中、品种多、适用范围广等优点；但其缺点是燃烧或热裂时，生成较多的烟、腐蚀性气体和某些有毒产物。溴系阻燃剂的效率为：脂肪族>脂环族>芳香族，但芳香族的热稳定性最高。氯系阻燃剂与溴系阻燃剂的阻燃机理是相同的，但前者的阻燃效率逊于后者。

有机卤系阻燃剂的阻燃作用，是通过在一定的高温下产生相对密度比空气大的卤化氢，稀释了周围的空气并隔绝了新鲜空气的补充，使被燃物窒息，同时卤化氢还可以捕捉氢氧自由基，从而使火焰减少，达到阻燃的目的。通常只采用含溴或含氯的化合物。由于这两类阻燃剂在很多应用领域中都有高效性以及使材料具有柔韧性等优点，目前生产厂家正在继续扩大生产能力，而且向着改进加工性能及稳定性方面转移(尤其对溴化物)。

三、阻燃材料及应用[15]

1. 阻燃性塑料

塑料是以高聚物为主要成分,再加入填料、填塑剂、抗氧化剂及其他一些助剂,经某种方法加工制成的材料。使塑料阻燃化的主要手段是添加各种阻燃剂。现在应用于塑料的阻燃剂分为有机型和无机型两大类。按塑料的应用,可将阻燃塑料分为三大类:阻燃通用塑料、阻燃工程塑料和阻燃特种塑料,有些新型工程塑料目前还没看到它们的阻燃化产品。

2. 阻燃性橡胶

橡胶广泛应用于电线电缆包皮、传送带、电机和电器工业的橡胶制品、矿山导气用管等。

对橡胶的阻燃处理通常用以下方法:在橡胶中加入可捕捉高能自由基 HO 的物质;加入可阻滞橡胶热分解、并促进形成不易燃炭质层的物质;加入受热分解时可吸收热量或稀释橡胶热分解产生的可燃性气体的物质;加入使橡胶燃烧后形成熔融胶滴,并迅速脱离橡胶主体,从而使其隔离火源的物质;在大分子链上导入卤素、磷等阻燃元素。

3. 阻燃性纤维材料

降低材料的可燃性,是纤维阻燃改性的主要方式。纤维阻燃剂的改性方法一般有以下几种:在纤维合成中应用阻燃共聚单体;在聚合物中应用阻燃添加剂;用阻燃单体对纤维进行接枝共聚;对纤维和织物用阻燃剂处理;用阻燃剂涂层保护基材,这是一种广泛应用的方法。

四、防火涂料

防火涂料又称阻燃涂料,由基料及阻燃添加剂两部分组成,除了应具有普通涂料的装饰作用和对基材提供物理保护外,还需要具有阻燃耐火的特殊功能,要求在一定温度下发泡并形成防火隔热层。因此防火涂料是一种集装饰和防火为一体的特种涂料,同时还具有防腐、防锈、耐酸碱、耐候、耐水、耐盐雾等功能,主要用作建筑物的防火保护,涂覆于建筑物表面。一旦发生火灾,防火涂料具有显著的防火隔热效果,能有效地阻止火焰的传播,阻止火势的蔓延扩大。

防火涂料的类型可用不同的方法来定义[16]:

1. 从所用的基料来分,可分为有机型和无机型。有机型防火涂料是以天然的或合成的有机树脂、有机乳液为其基料;无机型防火涂料是以无机黏接剂为基料。

2. 从防火形式来分,可分为非膨胀型和膨胀型。

3. 从使用范围来分,可分为饰面性防火涂料、钢结构防火涂料、电缆防火涂料、预应力混凝土楼板防火涂料、隧道防火涂料等。

近十几年来防火涂料发展方兴未艾，其品种不断增加，防火性能、耐水性能有了很大改进和提高，应用范围不断扩大。很多国家已制定法律，规定用于学校、医院、电影院等公共建筑内的涂料必须是阻燃的，否则不准兴建。在我国防火涂料的使用也越来越受到人们的重视。

2.3.3　火灾探测与报警技术

一、火灾探测技术

火灾探测报警系统主要包括火灾探测器和报警控制器两个基本部分，大型的探测报警系统往往还会与自动灭火、烟气控制系统等联动。火灾探测器的基本功能就是对火灾烟气的浓度、温度、火焰(光)和燃烧气体等参量做出有效反应，并通过敏感元件将表征火灾特征的物理量转化为电信号，送到火灾报警控制器进行处理。根据探测火灾参数的不同火灾探测器可分为感温、感烟、感光、气体和复合等类型。随着科学技术水平的不断提高，近年来不断有新型火灾探测器问世，如吸气式探测器、光纤火灾探测器、图像式探测器等，它们分别对不同场合的火灾有着灵敏、可靠的反应。

火灾报警控制器是对火灾探测信号加以处理并做出相应反应的设备，它应具有信号识别、报警、控制、图形显示、事故广播、打印输出及自动检测等功能。火灾报警控制器大体可以分为区域报警控制器和中央报警控制器两种。某一相对独立的建筑物或建筑群可设一台中央报警控制器，每台中央报警控制器可管理若干个区域报警控制器；每个区域报警控制器则用于监控一个报警控制区域，这一监控区域不宜超过一个防火分区，一个防火分区往往又分为几个火灾探测分区；一个区域控制器一般控制几十个探测器。当探测到的信号超过某一预设定的阈值时，即认为发生了火灾，然后将火灾信号转换为可看见或可听到的光声信号，向人们发出火灾警告。

1. 火灾探测器工作原理

如何在火灾发生的第一时间，及时、可靠地发现火灾并立即采取自动或手动的报警和灭火措施，是抑制火势蔓延、扑灭火灾的最关键的问题。这就要根据火灾的形成和发展特点，以及具体的环境条件和可能误报警等因素，选择不同的探测器。为确保探测部分能提供可靠的数据信息，一般需要使用多种探测器采用冗余设计的方法，再结合手动报警按钮，组成探测网络，各种探测器分别从不同的侧面来描述火灾时发生的情况，从而保证了系统的可靠性。

随着计算机、集成电路和信号处理技术的发展，探测器也逐渐由开关量式发展为模拟量式和神经网络式。每个探测器都带有地址编码，采用硬件拨码开关，或使用软件编程，并通过两总线地址编码信号传输技术，使得火灾自动报警系统能够迅速确定火灾发生的具体地点，进一步增加了火灾探测的精确性。

火灾报警控制器是火灾自动报警系统的核心，其主要作用是：供给火灾探测器稳定的工作电源，监视连接火灾探测器的传输导线有无断线、故障，当火灾探测器探测到火灾发生时，发出声、光报警并指示火灾发生的具体部位，以及自动或手动控制相关消防设备。其工作原理如图 2.19 所示。

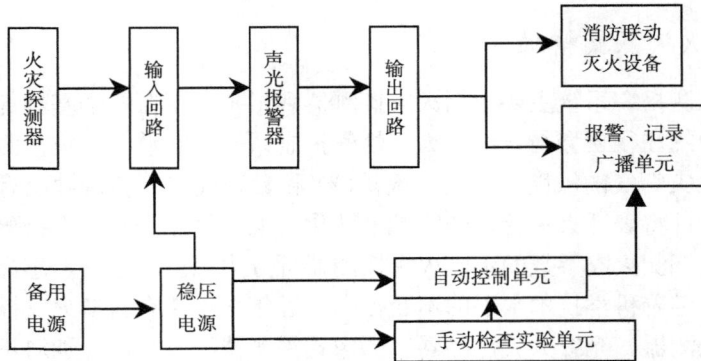

图 2.19   火灾报警控制工作原理

输入回路接收到火灾探测器送来的火灾报警信号或故障报警信号，由声、光报警单元发出声响报警信号和显示其发生的部位，并通过输出回路控制有关消防设备，并将火灾报警事件进行记录、广播和向外部报警求助等。自动监控单元自动巡检系统各类故障，并通过手动检查实验单元，可以检查整个火灾报警系统是否处于正常工作状态。

2. 探测器主要类型[17]

1) 接触式探测

(1) 感温探测技术：灵敏度低，探测速度慢，报警时间迟，易受气温或温度变化的影响，对阴燃火的反应差，不适用于早期报警。

这类探测器是根据火灾烟气的温度进行探测的。根据探测原理，主要有定温、差温和差定温等形式。

定温式探测器中均有某种感受温度影响的元件。常用的感温元件有易熔合金片、易碎玻璃泡、双金属片、水银触点、热敏半导体、铂金丝等。前四类属节点型，后两类属热敏类。差温式探测器通常在可能发生燃烧快速发展的场合使用。当室内的温升速率超过某一界限时报警。差温式探测器的探头主要由两个温度变化系数不同的热敏元件组成。当温度迅速上升时，一个元件的某种性质变化大，而另一种变化小；温度上升速率越大，其差值越大，当其达到一定值便可发出报警信号。

(2) 感烟探测技术：无论是离子感烟探测器还是光电感烟探测器都是对粒子进行探测，易受各种灰尘、水滴、油雾、昆虫等粒子的干扰，误报率高。

火灾烟气中悬浮有大量小颗粒。不同直径烟颗粒的性质亦有较大差别，大于 $5\mu m$ 的颗粒具有较强的遮光性。小于 $5\mu m$ 的颗粒基本上看不见，而小颗粒受重力影响小，容易随气体流动，且易粘结成大颗粒。依据烟气颗粒的这些特点制成的感烟探测器有光电式和离子式两类。

根据烟颗粒对光束的遮蔽和散射作用，光电火灾探测器沿两条途径开发。大多数遮光探测器是光束型的，它主要包括一个光源、一个光束平行校正装置和一个光敏接收器。将光源安装在被保护区的一侧，光敏接收器放在另一侧，当所检测的空间有烟时，接收到的光强度减弱从而启动报警装置。常用散射光型探测器大都是点式的，它主要由光源、与光束垂直的接收元件、与光束相对的捕光器及小暗室组成。捕光器的作用是防止光源射出的光线散漏到光电元件上去。当足够浓的烟气进入到小暗室，烟颗粒就可将光源发出的光反射或散射到光电元件上，从而触发信号发出火灾报警。

(3) 气体探测技术：载体催化型范围小，存在漂移、易中毒；光干涉型选择性差，受温度与气压影响而产生误差；热导型易受水蒸气和氧气浓度的影响，同时受加工精度影响很大；气敏半导体型具有灵敏度高、能耗少、寿命长等优点，但选择性差，线性测量范围窄；红外型气体探测器对红外光有着不同的吸收光谱，灵敏度高，选择性好，精确测量和标定气体浓度的探测器基本采用红外技术。

(4) 静电探测技术：通过探测燃烧生成离子的电荷或电荷极性发现火灾，对无烟火和有机溶剂火灾较灵敏。

2) 非接触式探测

(1) 火焰探测技术：是一种对火焰发出的辐射进行探测的火灾探测器，当响应波长低于 400 nm 辐射磁通量时为紫外探测，波长高于 700 nm 辐射磁通量时为红外探测，响应速度快，可早期报警，但易受电焊弧、雷击、照明、太阳光的干扰。

物质燃烧时，在产生烟雾和放出热量的同时，也产生可见或不可见的光辐射。感光式火灾探测器又称火焰探测器，它用于响应火灾的光特性，即扩散火焰燃烧的光照强度和火焰的闪烁频率的一种火灾探测器。根据火焰的光特性，目前使用的火焰探测器有两种：一种是对波长较短的光辐射敏感的紫外探测器，另一种是对波长较长的光辐射敏感的红外探测器。

(2) 声音探测技术：科学家们研究发现，物体燃烧时的高温可加热周围空气，使之膨胀而产生压力声音，形成可闻声、超声和超低频声波，其中人耳听不见的 $0.05\sim3$ Hz 的超低频范围的声波可作为燃烧声波的探测源使用，这种燃烧音传播速度为声速，因为日常声音中不包含 3 Hz 以下的超低频范围的声音，因此在这个频带进行探测可去除大多数噪声干扰，对燃烧音与背景噪音施行有效分离。

(3) 图像探测技术：是基于数字图像处理和分析的新型火灾图像探测方法，与其他探测技术联合应用会大大提高探测的准确性和可靠性。

二、火灾自动报警系统

早期的防火、灭火都是由人工方法实现的，在发现火灾时组织人力在统一指挥下进行灭火，这是最早的消防系统雏形，由于报警迟滞，消防技术落后，经常造成重大损失。自从 20 世纪 80 年代以来，随着电子、计算机及自动控制等技术的发展，火灾自动报警系统得以迅速发展。这类系统通过对火灾特征进行实时监测，迅速发出声光报警，并采取相应的措施进行灭火，大大降低了火灾发生的概率。

根据现行国家标准《火灾自动报警系统设计规范》[18]规定，火灾自动报警系统的基本形式有三种：区域报警系统、集中报警系统和控制中心报警系统。

(1) 区域报警系统由区域火灾报警控制器和火灾探测器等组成，或由火灾的控制器和火灾探测器等组成，功能简单的火灾自动报警系统称为区域报警系统，适用于较小范围的保护。

(2) 集中报警系统由集中火灾报警控制器、区域火灾报警控制器和火灾探测器等组成，或由火灾报警控制器、区域显示器和火灾探测器等组成，功能较复杂的火灾自动报警系统统称为集中报警系统。适用于较大范围内多个区域的保护。

(3) 控制中心报警系统由消防控制室的消防控制设备、集中火灾报警控制器、区域火灾报警控制器和火灾探测器等组成，或由消防控制室的消防控制设备、火灾报警控制器、区域显示器和火灾探测器等组成，功能复杂的火灾自动报警系统称为控制中心报警系统。系统的容量较大，消防设施控制功能较全，适用于大型建筑的保护。

随着微电子技术和计算机软件技术在消防产品中的大量应用，集成化、智能化和网络化程度的不断提高，火灾自动报警系统的结构和形式越来越灵活多样，很难精确划分成几种固定模式。而微型计算机极强的运算能力、出众的逻辑功能等优势，在改善和提高系统的快速性、准确性、可靠性方面显示出强大的生命力。在火灾报警控制器性能改进方面，产生了可寻址开关量报警系统。与此同时，模拟量探测器的诞生，使得用软件处理火灾信号的能力大大地提高，产生了许多新的算法，推动了火灾自动报警技术的进步。

2.3.4 灭火技术

一、水灭火技术

水是天然灭火剂，资源丰富且易于获取和储存，其自身在灭火过程中对生态环境没有危害作用。水灭火系统包括室内外消火栓系统、自动喷水系统、水幕和水喷雾灭火系统。

水灭火的机理：冷却，利用自身吸收显热和潜热的能力冷却燃烧，水的比热为 4.186J/g℃，汽化热为 2.260J/g，每克水自常温加热至沸点并完全气化，将吸收大约 2.595J 的热量；窒息，水被汽化后形成的水蒸气为惰性气体，且体积膨胀率为 1.725 倍，因此水在灭火中被汽化为水蒸气时将占据燃烧区的空间，排斥空气并窒息燃烧，水呈喷淋或喷雾状时，形成的水滴的比表面积大大增加，增强了水与火之间的热交换作用，强化了灭火时的冷却和窒息作用；此外，水呈喷雾状时，雾滴之间成不连续的喷射状态，雾滴间混夹空气，因此能表现出良好的电绝缘性能，可安全扑救油浸式电气设备火灾，例如油浸式电力变压器等。

自动喷水灭火系统是建筑物最基本的自救灭火设施。除不能用水扑救的场所和部位外，民用和工业建筑均可设置自动喷水灭火系统。由于适用该系统的建筑物种类多、范围广，以及该系统灭火成功率高、造价低廉，其在建筑消防设施中的地位日益提高，正在逐步成为现代建筑不可缺少的必备的消防设施。

自动喷水灭火系统的类型包括：湿式、干式、干湿交替式、预作用式和雨淋式。

湿式自动喷水灭火系统由湿式报警器装置、闭式喷头和管道等组成。该系统在报警阀的管道内充满压力水。湿式系统是自动喷水灭火系统的基本类型和典型代表，具有以下技术特点：系统的管道内充满压力水，一旦发生火灾，喷头动作后自动喷水；闭式洒水喷头在系统中起定温探测器和自控阀门的作用；利用喷头开放喷水后管道内形成的水压差，使水流动并驱动水流指示器、湿式报警器、水力警铃和压力开关动作，实现就地和远传自动报警；系统的启动只能依靠组件间的联动作用全自动操作而无法实现人员干预的紧急启动。

对于湿式系统的供水可以采用高压给水系统或者临时高压给水系统，当采用临时高压给水系统时，系统应设主供水泵和稳压设施。

干式自动喷水灭火系统由干式报警器装置、闭式喷头、管道和充气设备组成。该系统在报警阀的上部管道内充以有压气体。它与湿式系统的区别是：准工作状态下报警阀后的系统配水管道内充有有压气体(空气或氮气)，因此避免了低湿或高温环境水对系统的危害作用；喷头动作后管道内出现气流驱动，要排气充水，导致喷头从动作到喷水有一个滞后时间。为了控制滞后时间，报警阀后充入有压气体的管道容积不宜过大。

预作用自动喷水灭火系统由火灾探测系统、闭式喷头、预作用阀和充以有压或无压气体的管道组成。该系统的管道中平时无水，发生火灾时，管道内给水是通过火灾探测系统控制预作用阀来实现的。它具有以下技术特点：准工作状态下系统报警阀后的配水管道内不充水，因此具有干式系统不会因为低温或高湿环境使水危害系统的特点，且喷头误动作时不会引起水渍损失；与之配套的火灾自动报警系统或传动管系统报警后，预作用阀启动，系统开始排气充水，转换为湿式系统，使系统具有喷头开放后立即喷水的特点；准工作状态下报警阀后系统配水管道内充入气体，起检验管道密封性的作用；为了防止自动报警设备误报警或不报警，系统可适时开放报警阀的多种保障措施，其中包括人为紧急操作启动系统；系统配水管道设有快速排气阀。

雨淋式喷水灭火系统由火灾探测系统、开式喷头、雨淋阀和管道等组成。发生火灾时管道内给水是通过火灾探测系统控制雨淋阀来实现的，并设有手动开启阀门装置。它具有以下技术特点：采用开式洒水喷头，系统启动后由雨淋阀控制一组喷头同时喷水；自动操作系统配套有火灾自动探测与报警控制系统或传动管报警系统。

水幕系统不是灭火设施，而是用于防火分隔或配合分隔物使用的防火设施，包括防火分割水幕和防护冷却水幕两种类型。用密集喷洒形成的水墙或水帘代替防火墙，用于隔断空间、封堵门窗孔洞，起阻挡热烟气流扩散、火灾蔓延、热辐射作用的为防火分隔水幕。

水幕系统采用开式洒水喷头或水幕喷头，由喷头、管道和控制水流的阀门等组成。水幕的有效性不仅取决于喷水强度，还取决于布水方式。

二、细水雾灭火技术

细水雾灭火技术主要通过汽化隔氧、冷却燃料和氧化剂以及吸收部分热辐射等效应与火相互作用，降低燃烧化学反应速率和火焰传播速率，达到控制和扑灭火灾的目的，不会产生"二次性环境污染"，可以达到火灾防治洁净化目标。

火灾产生的大量浓烟及有毒气体形成"一次性环境污染"，而卤代烷系列灭火剂在防治火灾时，产生的自由基则严重破坏大气臭氧层，形成"二次性环境污染"，危及地球生态平衡。联合国环境保护公约——加拿大蒙特利尔公约已明确提出限制和减少卤代烷的用量，并最终全面取消卤代烷。因此，喷水灭火系统、CO_2、惰性气体及泡沫等洁净高新灭火技术的研究备受重视。细水雾灭火技术以其不破坏大气臭氧层、灭火迅速、耗水量低、破坏性小以及适用于特殊火灾(如计算机房、航空器火灾)的特点，在喷水灭火系统中占有极其重要的地位，甚至可以部分取代卤代烷灭火系统，近年来，在国际上得到广泛的研究并受到专家、学者的极大关注。美国、加拿大、英国等发达国家的研究人员对细水雾与多种类型火灾的相互作用进行了模拟的或全尺寸的实验研究及数值模拟，取得了一定的进展。国内的一些科研机构(如公安部天津消防研究所等)对发展该项技术也做了大量的工作。细水雾一般指滴径小于200微米的小水滴，可以通过撞击、气动、高压、静电及超声波等多种方式产生。当细水雾直接喷射或被卷吸进入火焰区时，由于其表面积与体积比较大，吸收热量快，迅速汽化后体积扩大约 1600 倍，直接影响燃烧过程的化学反应速率及火焰的传播速率，达到控制和扑灭火灾的目的。

细水雾对明火的扑灭作用相当明显，但对阴燃的扑灭效果相对较差，而且须防止不完全燃烧时有害气体的影响。主要由于阴燃过程对氧气的依赖性小，汽化隔氧效果不明显。对阴燃物体只能直接喷射细水雾冷却扑灭，但喷雾可以防止阴燃转化为明火，有利于控制火灾发展。

细水雾灭火技术已成功地用来抑制油池火、气相扩散火焰以及受限空间内火灾，对扑灭特殊火灾(如电器火灾)、抑制预混火焰的传播及防止爆炸也颇有效果，其中很多研究成果已产品化，受到用户的欢迎。国内外很多研究机构还在致力于拓展细水雾灭火技术的应用范围和提高其功效。

三、气体灭火技术

以气体作为灭火介质的灭火系统称为气体灭火系统。气体灭火系统的适用范围是由气体灭火剂的灭火性质决定的。尽管卤代烷 1211 和 1301 灭火剂与二氧化碳的化学组成、物理性质、灭火机理以及灭火效能都有很大的差别，但在灭火应用中却具有很多相同之处：化学稳定性好、耐储存、腐蚀性小、不导电、毒性低、蒸发后不留痕迹、适用于扑救多种类型火灾。因此这三种气体灭火系统具有基本相同的使用范围和应用限制。

根据物质燃烧特性把火灾分为四类：A 类火灾、B 类火灾、C 类火灾、D 类火灾。按照这个分类，气体灭火系统系统适用于扑救的火灾类别为：

A 类火灾中一般是固体物质火灾。这类固体物质往往具有有机物性质，一般在燃烧时能产生灼热的余烬，如木材、纤维、纸张以及其他天然与合成的固体有机材料。

卤代烷 1211、1301 和二氧化碳灭火系统都适用于扑救 A 类火灾中一般固体物质的表面火灾。二氧化碳灭火系统还适用于扑救棉、毛、织物、纸张等部分固体的深位火灾。卤代烷在 2010 年以前尚允许在我国使用。

B 类火灾是指液体火灾以及在燃烧时可溶化的某些固体发生的火灾。卤代烷 1211、1301 和二氧化碳灭火系统都适用于扑救常见的液体火灾。

C 类火灾指气体火灾。卤代烷 1211、1301 和二氧化碳灭火系统都适用于扑救常见的气体火灾，但同时应具备能够在灭火前切断可燃气源或在灭火后能立即切断可燃气源的可靠措施。

带电设备和电气线路火灾，由于带电设备和电气线路的过热、短路引发的火灾，气体灭火系统都适用于此。

D 类火灾是指活泼金属的火灾。此时气体灭火系统不适用。

气体灭火系统还不适用于下列类型物质的火灾：过氧化剂、过氧化剂的混合物以及能够自身提供氧而且在无空气的条件下能迅速氧化、燃烧的物质；金属氢化物；能自动分解的物质；能自燃的物质等。

四、泡沫灭火技术

按发泡倍数，泡沫系统分为低倍数泡沫灭火系统、中倍数泡沫灭火系统和高倍数泡沫灭火系统。发泡倍数在 20 倍以下的称低倍数泡沫；发泡倍数在 21~200 倍之间的称中倍数泡沫；发泡倍数在 201~1000 倍之间的称高倍数泡沫系统。

1. 低倍数泡沫灭火系统

低倍数泡沫灭火系统适用于开采、加工提炼、存储运输、装卸和使用甲、乙、丙类液体场所(闪点<28℃的液体为甲类液体，28℃≤闪点<60℃为乙类液体，闪点≥60℃为丙类液体。)，但不适用于船舶、海上石油平台以及存储液化烃的场所。

在选择泡沫液时，首先要看保护对象是水溶性液体还是非水溶性液体。扑救水溶性甲、乙、丙类液体火灾必须选用抗溶性泡沫液。对于非溶性液体火灾，当采用液上喷射泡沫灭火时，选用普通蛋白泡沫，氟蛋白泡沫液或水成膜泡沫液均可。

扑救水溶性液体火灾，当采用液上喷射泡沫灭火时，还必须采用软释放，不能用泡沫直接冲击或扰动燃烧的液面；对于非水溶性液体火灾，当采用液下喷射泡沫灭火时，必须选用氟蛋白泡沫液或水成膜泡沫液。

低泡沫灭火系统由空气泡沫发生器、泡沫比例混合器、泡沫液压力储罐、泡沫液管道消防水加压泵及泡沫自动控制系统等组成。

2. 高倍数、中倍数泡沫灭火系统

高倍数泡沫灭火技术已被各工业发达国家应用到石油化工、冶金、地下工程、大型仓库和贵重仪器库房等场所。尤其在近十年来，高倍数泡沫灭火技术多次在油罐区、液化烃罐区、地下油库、汽车库、油轮、冷库等场所扑救失控性大火时起到决定性作用。我国《高倍数、中倍数泡沫灭火系统设计规范》(以下简称《高倍规》) 已于 1994 年 8 月 1 日起施行，其中第 11014 条对高倍数泡沫灭火系统的应用范围作了明确规定，并在该条文说明中结合我国目前已应用的实例，列举了高倍数、中倍数泡沫灭火系统的应用场所，归纳如下：①固体物资仓库、电气设备材料库、高架物资仓库、汽车库、纺织品库、橡胶仓库、烟草及纸张仓库、棉花、飞机库、冷库等；②易燃液体仓库，如油库、苯储存库等；③有火灾危险的厂房(或车间)，如石油化工生产车间、飞机发动机试验车间、锅炉房、电缆夹层油泵房和油码头等；④地下建筑工程，如地下汽车库、地下仓库、地下铁道、人防隧道、地下商场、煤矿矿井、电缆沟和地下液压油泵站等；⑤贵重仪器设备和物品，如计算机房、图书档案库、贵重仪器设备仓库等；⑥可燃、易燃液体和液化石油气、液化天然气的流淌火灾。

由于高倍数泡沫是导体，所以不能直接用于裸露的电器设备，而应对其进行封闭，使泡沫不直接与带电部位接触，否则必须断电后，才可以喷放泡沫。

高倍数泡沫灭火系统可分为全淹没式灭火系统、局部应用式灭火系统和移动式灭火系统 3 种类型。防护区采用高倍数泡沫灭火系统进行保护时，应根据其防火要求、消防设施配置情况以及防护区的结构特点、危险品的种类、火灾类型等的不同，合理地选择全淹没式、局部应用式、移动式灭火系统 3 种类型，正确地确定泡沫灭火剂、泡沫发生器、配套的比例混合器等主要装置的品种型号，降低灭火系统的成本。

由于高倍数泡沫灭火技术的优越性逐步为人们所认识，在国内该系统已在一些新建、改建、扩建工程中得到应用。从我国消防事业的发展看，高倍数泡沫灭火系统在我国的推广应用前景是广阔的。

五、其他灭火技术

除上述灭火系统外，还有很多其他的灭火系统，如气溶胶灭火系统和凝胶灭火系统等。

气溶胶俗称烟或雾，是固体或液体微粒悬浮于气体介质中的一种物质分散形态。固体微粒主要是金属氧化物和碳酸盐，气体的主要成分是二氧化碳、氮气、水蒸气等。气溶胶灭火的关键在于灭火气溶胶中的固体微粒是灭火剂成分。它的灭火机理是：(1) 气溶胶微粒遇到高温时能发生强烈的吸热分解反应，迅速降低火焰温度；(2) 气溶胶烟雾吸收火焰的热辐射，阻止了火焰与燃烧物之间的热回馈，使燃烧过程受到抑制；(3) 气溶胶微粒以及气溶胶微粒热分解后产生的离子，与燃烧过程中可燃物分解产生的活性自由基 $H·$、$HO·$ 等发生中和作用，阻断了燃烧过程中能量传递作用，从而抑制了燃烧反应。

气溶胶的灭火机理包含了物理吸热和化学阻断的双重作用，这与干粉灭火剂的灭火机理相同。研究表明，干粉灭火剂的灭火效力同干粉颗粒的大小有关，颗粒直径越小，灭火效率越高，一般该类灭火剂的直径约为 10~25 μm，具体直径取决于干粉的组分。气溶胶微粒的直径约 1 μm，所以灭火效率很高，是干粉灭火剂的 6~10 倍。

气溶胶灭火系统的适用场所和常规气体灭火系统基本相同，如计算机房、通讯机房、配电柜、控制室、输变电设备、铁路机车、铁路控制室、印刷机械、汽车、仓库等。主要适用于扑救电气火灾、可燃液体火灾和固体表面火灾。

气溶胶灭火系统无需管网、高压容器等，无需钢瓶间，直接放置在防护区内，体积小，占地少，也可壁挂式安装或在吊顶上安装，相同保护区域其一次性投资额约为 IG541 和 FM200 的一半，可大大节省建筑使用面积和建设费用。同时，无泄压和泄漏问题，在使用年限内无需维护。

气溶胶灭火剂是固体气溶胶发生剂燃烧的产物，含有约 60%的气体和 40%的分散固体。在常规灭火质量浓度下燃烧产物本身对健康没有伤害。当然，气溶胶灭火剂释放时也会产生一些有毒的副产物，如少量的一氧化碳和氧化氮。

2.3.5　烟气控制技术

大型建筑物内烟气控制的两个基本目的：一是对安全疏散通道的保护，二是配合消防队的救援行动。疏散通道的形式和布局、消防设施的特点以及建筑物的用途都决定了采取主动还是被动的烟气控制方式。通常采用的方法包括烟气密闭、前室排烟、正压送风、置换-稀释排烟、直流排烟、负压排烟和混合排烟。

一、多房间建筑物的烟气控制方法

(1) 烟气密闭法

这是一种最简单的烟气控制方法。一般采用防烟门将走道或楼梯间分隔成几段，将烟气控制在某个范围内，不致影响到其他相邻区域。当起火室发生猛烈燃烧时，火灾烟气通过敞开的门进入走道或楼梯间，不到一分钟，走道和楼梯间就充满浓烟，辩不清方向。如果门是关闭的，从门缝中泄漏的烟气也会在 5~15min 内充满走道和楼梯间(视空间大小而定)。当然，如果采用了防火分隔，走道或楼梯间的其余分隔部分受到影响的时间肯定比以上所述的时间要长些。

(2) 前室排烟法

前室通常位于楼梯间和使用楼层之间。在前室顶部采用对外排烟，阻止热气流进入前室，避免由于烟气的热浮力造成室内压力高于室外压力，这样就保证了烟气不会通过门缝进入楼梯间。如果楼梯间门是敞开的，烟气也很容易进入楼梯间，前室本身是不可能通行的。

(3) 正压送风法

向疏散通道，通常为楼梯间等需要防烟的部位送入足够的新鲜空气，使其维持高出建筑物其他部位的压力，足以对抗在着火层上的热烟气浮力，以及由于建筑物内外部温差和风压造成的烟囱效应。这种正压送风技术用途相当广泛，尤其适用于高层建筑中用作疏散通道的中央楼梯间的保护。

二、未分隔大空间建筑的烟气控制方法

以上所述的对疏散通道的保护措施，其隐含的假设是在疏散阶段中，由于楼层间的水平防火分隔使火灾局限在某一楼层中，并且疏散通道也根据以上假设被规定了大小尺寸。这种水平分隔保证了非着火层的居住者在逃生时不受火灾烟气的影响。但是，由于中庭与占用空间连接，火灾产生的高温烟气可能同时影响到许多甚至全部楼层，危及许多层而不仅仅是着火层疏散通道的安全，加重了用于

保护走道、前室、楼梯井等疏散出口的安全措施的负担。对于那些通过中庭连接的楼层，最重要的一点是确保人们从各层向有保护的疏散通道(前室、楼梯井) 疏散时烟和热控制在人员能忍受的范围内。

还需进一步考虑的问题是在逃生过程中，由于报警失败，人员被困在洗手间等封闭房间里或跌倒受伤等各种原因造成的延误。

研究表明，在火灾威胁下，由于逃生者的心理因素导致疏散所需的时间要比计划设计的时间长。同时经验表明，当烟气密度超过一临界值时，也会妨碍逃生速度。

如果居住者对建筑物内的疏散通道极不熟悉，克服以上问题的传统方法主要有：

　　a) 用玻璃或其他方法将居住层和中庭隔开，以防止火灾产生的烟气和热流通过中庭扩散到各居住层；

　　b) 排除起火层产生的烟气，阻止其进入中庭；

　　c) 采用排烟系统，使烟气层保持在与中庭相通的最高居住层上面；

　　d) 以上方法结合使用或全部采用。

如果大楼内居住者对建筑物内各层的疏散通道很熟悉，也可采取上述的 c 方法，但需将烟气层稀释到安全疏散时能忍受的浓度，而不是保持在最低浓度。简单地说就是在一段可接受的时间内，保证环境能被忍受。这种烟气控制方法即是"置换-稀释排烟法"。

●起火室排烟法

阻止烟气向疏散通道蔓延，通常采用的首选方法是把烟气控制在起火室内，防止向其他区域蔓延。起火室排烟可采用专用排烟系统或兼用通风、空气调节系统。如果该防火分区是向中庭敞开的，则必须采用挡烟垂壁，以便在防火分区内形成蓄烟区，或者是在边界顶部设置大功率排烟风机。

●阳台排烟法

发生火灾时，将火灾烟气控制在起火室是很困难的，甚至是不现实的，火灾生成的热烟气会向四周扩散，包括中庭。

为了便于通行，中庭的阳台设计较宽。如果在阳台边设有由感烟探测器启动的活动挡烟垂壁或作为建筑内永久构件的固定式垂壁，那么阳台以下的部分就变成了顶棚烟气库。

阳台烟气库设有专用排烟系统，或者在阳台内安装多个挡烟垂壁以减小烟气库面积的大小，确保烟气能保持热浮力。

●区域分隔法

防止火灾烟气由中庭向相邻房间或由相邻房间向中庭扩散的方法之一是采用所谓的"无菌室"法，即将中庭用防火玻璃或其他类似材料安全密封起来。因此，中庭内的火灾热烟气就没有机会进入相邻房间，而且建筑内的防火措施可按照无中庭建筑类型来设计。

●直流(置换)排烟法

该种烟气控制方法可简单理解为"排烟"。此方法主要在于上升烟柱在建筑内某一点形成烟气层，在烟气层下方形成空气"净"层，进入"净"层的烟气流动量与通过排烟系统排出的烟气流动量相等。

●空间填充法

有些中庭空间很大，能容纳火灾产生的所有烟气，不需采用排烟措施。这种情况是假设火灾是以可预测的状态发展，而且在疏散时火灾生成的大量烟气都被安全地保持在顶棚空间，并且还依赖于对火势发展和人员撤离时间的预测上的。火灾发展的初级阶段是难以预料的，所以只能预测一个大概值，撤离时间尤其不好估计。

●置换-稀释排烟法

如果建筑物内的居住者对逃生路线很熟悉，并且具有一定的逃生知识，如果他们能在受到烟气危害前及时采取行动逃离建筑物，那么火灾对他们人身安全造成的威胁就大大减少了。当建筑物内的能见度不足 8 米时，居住者就不能清醒地选择他们的最佳或拟定的逃生路线，有可能丧失最宝贵的逃生时间，这一点对于那些发生火灾时正好滞留在办公室、商店、计算机房等封闭单元间中的居住者或对于行动不便者或受伤者尤其重要。

当烟气刚刚扩散到中庭，且中庭的内部环境有利于上升烟气层的有效形成，那么在能见度、烟气毒性和温度这些判据不影响人员撤离的条件下，可以允许将烟气层降到居住层以下。

●负压排烟法

有些建筑物按其占用性质、用途或者结构上的设计对中庭立面全部装上玻璃。如果这些玻璃立面不用密封，这样结构上自由度较大，即使中庭的上部充满烟气，也允许烟气泄漏。这类"泄漏的立面"设计包括一些饭店客房的有门通向可以俯瞰中庭的装饰阳台，这些门不作为进出过道或疏散通道用。这些阳台有的使用造价低廉的未封严的窗户；有的在居住区和中庭之间有能使空气流通的小型排风口，但阳台较小，能在几秒钟之内从门撤离。应清楚的一点是没有疏散通道通向中庭的上部。

如果上述门洞和其他缝隙的通道没有被封死，烟气会从中庭扩散进许多楼层的房间，造成房间能见度下降，而且有可能蔓延到远离中庭的疏散通道。

●混合排烟法

许多大型建筑物结构复杂，用途广泛，因此可采用混合排烟法。

参 考 文 献

[1]　傅维镳，张永廉，王清安. 燃烧学[M]. 北京：高等教育出版社，1989.

[2]　伍作鹏. 消防燃烧学[M]. 北京：中国建筑工业出版社，1994.

[3]　范维澄，王清安，姜冯辉，等. 火灾学简明教程[M]. 合肥：中国科学技术大学出版社，1995.

[4]　范维澄，王清安，张人杰. 火灾科学导论[M]. 武汉：湖北科学技术出版社，1993.

[5]　霍然，胡源，李元洲. 建筑火灾安全工程导论[M]. 合肥:中国科学技术大学出版社，1999.

[6]　王学谦，刘万臣. 建筑防火设计手册[M]. 北京：中国建筑工业出版社，1998.

[7]　霍然. 工程燃烧概论[M]. 合肥：中国科学技术大学出版社，2001.

[8]　Weng W G, Fan W C, Wang Q A, et al. Model of backdraft phenomenon in building fires[J]. Progress in Natural Science, 2002, 12:131-135.

[9]　火灾科学国家重点实验室. 973 项目 "火灾动力学演化与防治技术基础" 课题 5 研究报告[R]. 合肥：中国科学技术大学，2006.

[10]　范维澄，孙金华，陆守香，等. 火灾风险评估方法学[M]. 北京：科学出版社，2004.

[11]　Porch M, Morgan H P. Entrainment by two-dimensional spill plumes [J]. Fire Safety Journal, 1998, 30: 1-19.

[12]　Buchanan A H. Structural design for fire safety[M]. John Wiley & Sons, LTD, 2001.

[13]　霍然，袁宏永. 性能化建筑防火分析与设计[M]. 合肥：安徽科学技术出版社，2003.

[14]　薛恩钰，曾敏修. 阻燃科学及其应用[M]. 北京：国防工业出版社，1988.

[15]　王元宏，等. 阻燃剂化学及其应用[M]. 上海：上海科学技术文献出版社，1988.

[16]　覃文清，李风. 防火涂料及其应用[J]. 中国涂料，2005，12：43-46.

[17]　闫卉，张光，等. 建筑设计中的火灾自动报警系统[J]. 工业安全与环保，2004，30：38-40.

[18]　公安部. 火灾自动报警系统设计规范(GB50116-98) [S]. 北京：中国计划出版社，1999.

第3章 火灾事故的统计与分析方法

3.1 统计理论基础

3.1.1 基本概念

一、总体与总体分布

总体是与我们所研究问题有关的对象(个体)的集合。如研究某种功能建筑的火灾损失分布，则总体包括这种类型建筑所有火灾。总体中的个体一般是实在的人或物，而我们关心的并不是实在的人或物，而是个体的某些数量指标，如每次火灾导致的损失。因此，总体是一堆杂乱无章的数据集合。对这样的集合，人们是通过赋予总体一定的分布概率来对不同的对象进行统计推断的。这里的分布称为总体分布。总体分布使得我们有可能把两个背景相异的问题统一在一个数学模型之下，同时总体分布使得我们有可能把总体进行延拓，以便于数学处理。

二、样本

以一定的方式从总体中抽取的若干个体称为样本，样本中所含的个体数目叫样本容量或样本量。为了得到样本的观测值，必须从总体中抽取一部分进行观测，这个过程称为抽样。抽样实际上就是收集数据的过程。由于抽样具有随机性，因此样本也可以看作随机变量，其分布为样本分布，该分布依赖于总体分布、样本容量和抽样的方式。样本所能取的值的全体构成样本空间。

实际问题中的样本 $(X_1, X_2, \cdots, X_n)$，一般来说都具有下列两条性质：(1) 独立性。即 $X_1, X_2, \cdots, X_n$ 相互独立；(2) 同分布性。即每一个 X_i 都与总体服从相同的分布。

凡是具有这两条性质的样本，称为简单随机样本。

三、统计量

样本中的信息是杂乱无章的。为了对总体中某些未知性作统计分析与判断，需要对样本中的信息进行加工提取。在统计学中，这个任务是由统计量来完成的。样本 $(X_1, X_2, \cdots, X_n)$ 中不含未知参数的函数，称为统计量。因为样本是随机变量，所以，作为样本函数的统计量，也是随机变量。

常见的一些统计量有：

(1) 样本均值：$\overline{X} = \dfrac{1}{n}\sum\limits_{i=1}^{n} X_i$

(2) 样本方差：$S^2 = \dfrac{1}{n}\sum\limits_{i=1}^{n}\left(X_i - \overline{X}\right)^2$

(3) 样本标准差：$S = \sqrt{\dfrac{1}{n}\sum\limits_{i=1}^{n}\left(X_i - \overline{X}\right)^2}$

(4) 修正样本方差：$\widehat{S}^2 = \dfrac{1}{n-1}\sum\limits_{i=1}^{n}\left(X_i - \overline{X}\right)^2 = \dfrac{n}{n-1}S^2$

(5) 修正样本标准差：$\widehat{S} = \sqrt{\dfrac{1}{n-1}\sum\limits_{i=1}^{n}\left(X_i - \overline{X}\right)^2} = \sqrt{\dfrac{n}{n-1}}S$

(6) 样本 k 阶原点矩：$\overline{X^k} = \dfrac{1}{n}\sum\limits_{i=1}^{n} X_i^k$

3.1.2　参数估计[1]

一、点估计

设总体分布为 F_θ，其中 $\theta \in \Theta$ 是一维或多维的未知参数，我们希望利用样本 $\boldsymbol{X} = (X_1, X_2, \cdots X_n)$ 中信息给 θ 赋予一个值 $\hat{\theta}(X)$，这里 $\hat{\theta}(X)$ 为一个统计量. 我们称 $\hat{\theta}(X)$ 为参数 θ 的一个点估计。当有了样本 $\boldsymbol{X}$ 的具体值时，得到的 $\hat{\theta}(X)$ 就为 θ 的一个估计值。点估计理论研究的内容包括如何构造待估参数的合理估计，如何去比较同一参数不同估计的优劣，以及如何去寻找在一定准则下的最优估计。下面先考虑第一个问题，给出常见的两个估计方法——矩估计和极大似然估计。

1. 矩估计

矩估计的基本思想是利用低阶的样本原点(中心)矩去估计总体相应的原点(中心)矩。若待估参数是总体若干个原点(中心)矩的函数，则该待估参数的估计量也是样本相应的原点(中心)矩的函数. 据其思想可知，总体的变异系数、偏度系数和峰度系数的矩估计分别为样本的变异系数、偏度系数和峰度系数。

例 1　若用对数正态分布 $LN\left(\mu, \sigma^2\right)$ 拟合消防员赶赴现场所花费的时间 X 的分布，样本均值和方差分别为 $\overline{X} = 4.1545$，$S^2 = 3.1024$。

总体非负随机变量 X 的概率密度函数为

$$f(x;\theta) = \frac{1}{\sigma x\sqrt{2\pi}}\exp\left[-\frac{(\ln x - \mu)^2}{2\sigma^2}\right] \quad x > 0$$

其中，$\theta = (\mu, \sigma^2)$，$\mu \in \mathfrak{R}$，$\sigma > 0$ 为未知参数。

由于

$$E(X) = \exp\left(\mu + \frac{\sigma^2}{2}\right)$$

$$\mathrm{Var}(X) = e^{2\mu + \sigma^2}\left(e^{\sigma^2} - 1\right)$$

按照矩估计方法，用样本均值 $\overline{X} = 4.1545$ 和样本方差 $S^2 = 3.1024$ 分别估计总体 $E(X)$ 和 $\mathrm{Var}(X)$，于是 μ 和 σ^2 的矩估计 $\hat{\mu}$ 和 $\widehat{\sigma^2}$ 可由方程

$$4.1545 = \exp\left(\mu + \frac{\sigma^2}{2}\right)$$

$$3.1024 = e^{2\mu + \sigma^2}\left(e^{\sigma^2} - 1\right)$$

解方程，可得 $\hat{\mu} = 1.3415$ 和 $\widehat{\sigma^2} = 0.1653$。

多数场合下，矩估计并不唯一，且有时矩估计的求解并不需要知道总体的分布。矩估计的优点是计算简单，但相对于其他的估计(如极大似然估计)其精度稍差。

2. 极大似然估计

设样本 $\boldsymbol{X}$ 的联合概率函数或概率密度为 $L(X, \theta)$。对给定的样本 $\boldsymbol{X}$，若存在一个统计量 $\hat{\theta}(X)$ 使

$$L\left(X, \hat{\theta}(X)\right) = \sup_{\theta \in \Theta} L(X, \theta)$$

则称 $\hat{\theta}(X)$ 为 θ 的极大似然估计(maximum likelihood estimate)，简称为 MLE。若待估参数为 $g(\theta)$，则 $g\left(\hat{\theta}(X)\right)$ 为 $g(\theta)$ 的 MLE。

MLE 的原理可以按如下的方式去理解：视样本 $\boldsymbol{X}$ 为"结果"，而视参数 θ 为"原因"，当有了结果之后，不等式 $L(X, \theta') = L(X, \theta'')$ 蕴涵了结果 $\boldsymbol{X}$ 是由 θ'' 产生的可能性(或似然性)大于由 θ' 产生的可能性(或似然性)，亦即真实参数 θ 更像 θ''。因此，当 $L(X, \theta)$ 作为参数 θ 的函数时，称之为似然函数。统计学中常常提到的似然原则就是基于每个参数值的似然性大小进行统计推断的。

若样本为简单随机样本，且总体的概率函数或密度函数为 $f(x, \theta)$，则似然函

数可表达为

$$L(X,\theta) = \prod_{i=1}^{n} f(X_i,\theta)$$

若每个 x，$f(x,\theta)$ 关于 θ 可导时，则为求 MLE 可考虑最大化对数似然函数。

例 2　(续例 1)例 1 用对数正态分布 $LN(\mu,\sigma^2)$ 拟合消防员赶赴现场所花费的时间 X 的分布，现欲求参数 μ 和 σ^2 的 MLE。先写出似然函数

$$L(X,\mu,\sigma^2) = \prod_{i=1}^{n} \frac{1}{\sigma X_i \sqrt{2\pi}} \exp\left[-\frac{(\ln X_i - \mu)^2}{2\sigma^2} \right]$$

考虑对数似然函数最大化，令

$$\frac{\partial}{\partial \mu} L(X,\mu,\sigma^2) = -\frac{1}{\sigma^2} \sum_{i=1}^{n} (\ln X_i - \mu)^2 = 0$$

$$\frac{\partial}{\partial \sigma^2} L(X,\mu,\sigma^2) = -\frac{n}{2\sigma^2} + \frac{1}{2\sigma^4} \sum_{i=1}^{n} (\ln X_i - \mu)^2 = 0$$

联立上似然方程，得唯一解

$$\hat{\mu} = \frac{1}{n} \sum_{i=1}^{n} \ln X_i = 1.3205$$

$$\hat{\sigma}^2 = \frac{1}{n} \sum_{i=1}^{n} (\ln X_i - \hat{\mu})^2 = 0.2609$$

根据似然原理知总体的变异系数 $\eta = \sqrt{\text{Var}(X)}/E(X) = (e^{\sigma^2} - 1)^{\frac{1}{2}}$ 的 MLE 为

$$\eta = \left(\exp(\hat{\sigma}^2) - 1 \right)^{\frac{1}{2}} = 0.8165$$

求极大似然估计要求样本分布有明确的参数形式，但矩估计有时不必有如此要求。另外，有些场合 MLE 的求解需要数值解法。

二、估计的优良性

对于一个未知参数，其合理的估计可能很多，会构成一个估计类。在估计类里，如何去比较两个估计的优劣？如何在该估计类中寻找一个一致最优的估计？这些属于点估计理论研究的范畴。首先指出，要比较估计量的优劣，我们必须从估计量整体性来考察，而不能从个别样本的表现来比较。这里整体性指两方面，一是指估计量应具备的某种特性(如无偏性、相合性)，具有此种性质的统计量我们称之为好的估计量；二是指估计量的某种数量性指标(如均方误差)，数量性指标较小者对应的估计量为优。优劣的特性总是与特定的准则相对应的。作为判定优劣的准则很多，两种估计在不同准则下的优劣性判定的结果可能完全相反。

设 X 为样本，$\theta \in \Theta$ 为总体未知参数，$\hat{g}(X)$ 为 $g(\theta)$ 的一个估计。当我们研究一个估计量的性质时，总是视样本为一个随机变量。如果

$$E_\theta\left[\hat{g}(X)\right] = g(\theta), \theta \in \Theta$$

则称 $\hat{g}(X)$ 为 $g(\theta)$ 的一个无偏估计，或说 $\hat{g}(X)$ 具有无偏性。无偏性是一个估计量应满足的基本要求。$\hat{g}(X)$ 为 $g(\theta)$ 一个无偏估计并不表明对样本 X 的一个具体观测值 x，$\hat{g}(X)$ 给出 $g(\theta)$ 的真实值，这里的无偏性指的是，对于一次具体的样本 X，$\hat{g}(X) - g(\theta)$ 可能大于零或小于零，但如果这种估计使用多次，那么这种正负偏差可以相互对消，平均值趋于零。

可以验证样本均值 $\overline{X}$ 和样本方差 S^2 分别为总体均值 $E(X)$ 和方差 $\mathrm{Var}(X)$ 的无偏估计，二阶样本中心矩 M_2 为方差 $\mathrm{Var}(X)$ 的有偏估计。S_2 是对 M_2 的修正。

例3　(续例2)在例2中已求出 μ 和 σ^2 的 MLE 为

$$\hat{\mu} = \frac{1}{n}\sum_{i=1}^{n}\ln X_i, \quad \hat{\sigma}^2 = \frac{1}{n}\sum_{i=1}^{n}\left(\ln X_i - \hat{\mu}\right)^2 \tag{3.1}$$

由对数正态分布与正态分布的关系

$$X_i \sim LN \Leftrightarrow \ln X_i \sim N \tag{3.2}$$

$\hat{\mu}$ 和 $\hat{\sigma}^2$ 分别为 μ 和 σ^2 的无偏估计。

给定一个比较准则，要在一个大的估计类中去寻找一致最优估计可能比较困难，我们可以转而考虑在具有某种性质的类中去寻找最优，如在具有无偏性的估计类中寻找方差最小的估计。设 $\hat{g}(X)$ 为 $g(\theta)$ 的一个无偏估计，若对 $g(\theta)$ 的任意其他无偏估计 $g^*(X)$，有

$$\mathrm{Var}\left(\hat{g}(X)\right) \le \mathrm{Var}\left(g^*(X)\right)$$

则称 $\hat{g}(X)$ 为 $g(\theta)$ 的最小方差无偏估计。

三、区间估计

设待估参数 $g(\theta)$，样本为 $\boldsymbol{X}$，统计量 $\hat{g}_1(X)$ 和 $\hat{g}_2(X)$ 满足 $\hat{g}_1(X) \le \hat{g}_2(X)$，则 $\left[\hat{g}_1(X), \hat{g}_2(X)\right]$ 称为 $g(\theta)$ 的一个区间估计。当真参数为 θ 时，区间 $\left[\hat{g}_1(X), \hat{g}_2(X)\right]$ 包含 $g(\theta)$ 的概率为

$$\tau(\theta) = P_\theta\left(\hat{g}_1(X) \le g(\theta) \le \hat{g}_2(X)\right)$$

如果 $\tau(\theta) \ge 1-\alpha$，$\theta \in \Theta$ 则 $1-\alpha$ 称为区间估计 $\left[\hat{g}_1(X), \hat{g}_2(X)\right]$ 的一个置信水平，这里 α 一般很小，取值为 0.01，0.05 等。显然，一个区间估计的置信水平并不唯一。但如下定义的置信系数

$$置信系数 = \inf_{\theta \in \Theta} \tau(\theta)$$

是唯一的。置信系数可理解为最大的置信水平。此时，$\left[\hat{g}_1(X), \hat{g}_2(X)\right]$ 又称置信区间。

一个好的区间估计要满足两条：(1)(可信度)区间要以尽可能大的概率 $\tau(\theta)$ 包含待估参数；(2)(精度)区间要尽可能短。但这二者是不可调和的，提高可信度必然降低精度，反之，提高精度势必降低可信度。统计学中普遍使用的原则是：先保证可信度，再提高精度。以下通过一个实例来说明构造区间估计的一种方法——枢轴变量法。

例 4　(续例 2)现分别给出例 2 中参数 μ 和 σ^2 的置信系数 $1-\alpha$ 的置信区间。

设 $\hat{\mu}$ 和 $\widehat{\sigma^2}$ 由式(3.1)给出。根据(3.2)及正态总体的抽样分布性质得枢轴变量 $\sqrt{n}(\hat{\mu}-\mu)/\widehat{\sigma^2} \sim t_{n-1}$。由 t 分布的对称性可知

$$P\left(\left|\frac{\sqrt{n}(\hat{\mu}-\mu)}{\widehat{\sigma}}\right| \le t_{n-1}\left(\frac{\alpha}{2}\right)\right) = 1-\alpha$$

即

$$P\left(\hat{\mu} - \frac{\hat{\sigma}t_{n-1}(\alpha/2)}{\sqrt{n}} \le \mu \le \hat{\mu} + \frac{\hat{\sigma}t_{n-1}(\alpha/2)}{\sqrt{n}}\right) = 1-\alpha$$

因此，$\left[\hat{\mu} - \dfrac{\hat{\sigma} t_{n-1}(\alpha/2)}{\sqrt{n}}, \hat{\mu} + \dfrac{\hat{\sigma} t_{n-1}(\alpha/2)}{\sqrt{n}}\right]$ 是 μ 的一个置信系数 $1-\alpha$ 的置信区间。

再根据正态总体的抽样分布性质得枢轴变量 $n\widehat{\sigma^2}/\sigma^2 \sim \chi^2_{n-1}$。于是

$$p\left(\chi^2_{n-1}\left(1-\frac{\alpha}{2}\right) \le \frac{n\widehat{\sigma^2}}{\sigma^2} \le \chi^2_{n-1}\left(\frac{\alpha}{2}\right)\right) = 1-\alpha$$

即

$$p\left(\frac{n\widehat{\sigma^2}}{\chi^2_{n-1}\left(\dfrac{\alpha}{2}\right)} \le \sigma^2 \le \frac{n\widehat{\sigma^2}}{\chi^2_{n-1}\left(1-\dfrac{\alpha}{2}\right)}\right) = 1-\alpha$$

因此，$\left[\dfrac{n\widehat{\sigma^2}}{\chi^2_{n-1}\left(\dfrac{\alpha}{2}\right)}, \dfrac{n\widehat{\sigma^2}}{\chi^2_{n-1}\left(1-\dfrac{\alpha}{2}\right)}\right]$ 是 σ^2 的置信系数 $1-\alpha$ 的置信区间。

取 $\alpha = 0.05$ 并把例 2 中 MLE 值代入，求得 $[1.303, 1.338]$ 和 $[0.2488, 0.2741]$ 分别为 μ 和 σ^2 的置信系数 95% 的置信区间，其中利用了 $t_{3278}(0.025) = 1.960688$，$\chi^2_{3278}(0.025) = 3438.582$ 和 $\chi^2_{3278}(0.975) = 3121.206$。

3.2 火灾统计中常用的概率分布[2,3]

3.2.1 正态分布

正态分布是连续的概率分布的最重要例子之一，有时称为高斯分布。该分布的密度函数为：

$$f(x) = \frac{1}{\sigma\sqrt{2\pi}} \exp\left[-\frac{(x-\mu)^2}{2\sigma^2}\right] \quad -\infty < x < \infty \tag{3.3}$$

这里 μ 和 σ 分别为均值和标准差。对应的分布函数为：

$$F(x) = P(X \le x) = \frac{1}{\sigma\sqrt{2\pi}} \int_{-\infty}^{x} \exp\left[-\frac{(v-\mu)^2}{2\sigma^2}\right] dv \tag{3.4}$$

若 X 有由式(3.4)给出的分布函数，则表示随机变量 X 是具有均值 μ 和方差 σ^2 的正态分布。

若令 Z 是对应于 X 的标准变量，即

$$Z = \frac{X - \mu}{\sigma} \tag{3.5}$$

则 Z 的均值是 0，方差是 1。在这种情形，Z 的密度函数可由式(3.3)得到，令 $\mu = 0$ 和 $\sigma = 1$ 得到

$$f(z) = \frac{1}{\sqrt{2\pi}} e^{-\frac{z^2}{2}} \tag{3.6}$$

常称之为标准正态密度函数。对应的分布函数为

$$F(z) = P(Z \le z) = \frac{1}{\sqrt{2\pi}} \int_{-\infty}^{x} \mathrm{e}^{-\frac{u^2}{2}} \mathrm{d}u \tag{3.7}$$

如果随机变量 X 的自然对数，即 $\ln X$ 服从正态分布，那么 X 服从对数正态分布，其分布的密度函数为

$$f(x) = \frac{1}{\sigma x \sqrt{2\pi}} \exp\left[-\frac{(\ln x - \mu)^2}{2\sigma^2} \right] \quad x > 0 \tag{3.8}$$

随机变量 X 的均值 M 和方差 S^2 分别为

$$M = \exp\left(\mu + \frac{\sigma^2}{2} \right) \tag{3.9}$$

$$S^2 = \mathrm{e}^{2\mu + \sigma^2} \left(\mathrm{e}^{\sigma^2} - 1 \right) \tag{3.10}$$

3.2.2　二项分布

我们假设一个实验，例如反复地抛掷一枚硬币或骰子，或反复地从一个罐子里选择一个弹子。每一次抛掷或选择就称之为一次试验。在任一次单个的试验中都存在一个该特指事件的概率，例如特指的事件是硬币的正面。在某些情形中，概率不是因一次试验到下一次试验而变化。于是这种试验是独立的，且在伯努利 (J. Bernoulli)之后，常称为伯努利试验。

令 p 是一个事件的概率(称为成功的概率)，该事件发生在任一次单个的伯努利试验中。则 $q=1-p$ 是在任一次单个的试验中失败的事件的概率(称为失败的概率)。事件在 n 次试验中恰好发生 x 次的概率(即成功 x 次而失败 $n-x$)由下面的概率函数给出

$$f(x)=P(X=x)=\binom{n}{x}p^x q^{n-x}=\frac{n!}{x!(n-x)!}p^x q^{n-x} \tag{3.11}$$

这里随机变量 X 表示在 n 次试验中成功的次数， $x=0,1,\cdots,n$ ，均值和方差分别为

$$\mu=np,\quad \sigma^2=npq \tag{3.12}$$

3.2.3　均匀分布

设连续型随机变量 X 具有概率密度

$$f(x)=\begin{cases} \dfrac{1}{b-a}, & a<x<b \\ 0, & \text{其他} \end{cases} \tag{3.13}$$

称 X 在区间 (a,b) 上服从均匀分布。

X 的分布函数为

$$F(x)=\begin{cases} 0, & x<a \\ \dfrac{x-a}{b-a}, & a\leq x<b \\ 1, & b\leq x \end{cases} \tag{3.14}$$

均值和方差分别为

$$\mu=\frac{1}{2}(a+b),\quad \sigma^2=\frac{1}{12}(b-a)^2 \tag{3.15}$$

3.2.4　指数分布

设连续型随机变量 X 具有概率密度

$$f(x)=\begin{cases} \lambda e^{-\lambda x}, & x>0 \\ 0, & x\leq 0 \end{cases} \tag{3.16}$$

称随机变量 X 服从指数分布。

均值和方差分别为

$$\mu = \frac{1}{\lambda} , \quad \sigma^2 = \frac{1}{\lambda^2} \tag{3.17}$$

3.2.5　其他分布

1. 泊松分布

令 X 是一个离散的随机变量，取值 0，1，2，$\cdots$，X 的概率函数由下式给出：

$$f(x) = P(X = x) = \frac{\lambda^x \mathrm{e}^{-\lambda}}{x!}, \quad x = 0, 1, 2 \cdots \tag{3.18}$$

这里 λ 是已知的正常数。该分布称为泊松(poisson)分布，具有这种分布的一个随机变量称为泊松分布的随机变量。

2. 伽马分布

若随机变量 X 是伽马分布，则 X 的密度函数是

$$f(x) = \begin{cases} \dfrac{x^{\alpha-1}\mathrm{e}^{-x/\beta}}{\beta^{\alpha}\Gamma(\alpha)}, & x > 0 \\ 0, & x \leq 0 \end{cases} \qquad (\alpha, \beta > 0) \tag{3.19}$$

均值和方差为

$$\mu = \alpha\beta , \quad \sigma^2 = \alpha\beta^2 \tag{3.20}$$

3. 贝塔分布

若随机变量 X 是贝塔分布，则 X 的密度函数是

$$f(x) = \begin{cases} \dfrac{x^{\alpha-1}(1-x)^{\beta-1}}{B(\alpha,\beta)}, & 0 < x < 1 \\ 0, & \text{其他} \end{cases} \qquad (\alpha, \beta > 0) \tag{3.21}$$

这里 $\mathrm{B}(\alpha,\beta)$ 是贝塔函数。由于贝塔函数和伽马函数之间的关系，贝塔函数也可由下列密度函数来定义

$$f(x) = \begin{cases} \dfrac{\Gamma(\alpha+\beta)}{\Gamma(\alpha)\Gamma(\beta)} x^{\alpha-1}(1-x)^{\beta-1}, & 0 < x < 1 \\ 0, & \text{其他} \end{cases} \quad (3.22)$$

这里 α，β 是正的，均值与方差为

$$\mu = \frac{\alpha}{\alpha+\beta}, \quad \sigma^2 = \frac{\alpha\beta}{(\alpha+\beta)^2(\alpha+\beta+1)} \quad (3.23)$$

4. 几何分布

若随机变量 X 服从几何分布，则其密度函数为

$$P(X=k) = pq^k, \quad k = 0,\ 1,\ 2,\cdots \quad (3.24)$$

均值和方差为

$$\mu = \frac{1-p}{p}, \quad \sigma^2 = \frac{1-p}{p^2} \quad (3.25)$$

随机变量 X 表示伯努利试验的次数，且包括在试验中首次成功的那一次。p 是单次试验中成功的概率。

5. 帕斯卡(pascal)分布或负二项分布

若随机变量 X 服从帕斯卡(pascal)分布或负二项分布，则其密度函数为

$$f(x) = P(X=x) = \binom{x-1}{r-1} p^r q^{x-r}, \quad x = r,\ r+1,\ \cdots \quad (3.26)$$

均值和方差为

$$\mu = \frac{r}{p}, \quad \sigma^2 = \frac{rq}{p^2} \quad (3.27)$$

6. 威布尔(weibull)分布

若随机变量 X 服从威布尔(weibull)分布，则其密度函数为

$$f(x) = \begin{cases} abx^{b-1}\mathrm{e}^{-ax^b}, & x > 0 \\ 0, & x \le 0 \end{cases} \quad (3.28)$$

均值和方差为

$$\mu = a^{-1/b}\Gamma\left(1+\frac{1}{b}\right) \tag{3.29}$$

$$\sigma^2 = a^{-2/b}\left[\Gamma\left(1+\frac{2}{b}\right)-\Gamma^2\left(1+\frac{1}{b}\right)\right] \tag{3.30}$$

为了便于查询经常用到的一些离散型和连续型概率分布, 表 3.1 给出了分布的名称、概率函数或概率密度函数以及各自的均值和方差。

表 3.1 常用的概率分布

名称	概率函数或密度函数	均值	方差
二项分布 $B(n,p)$	$P(X=k)=p^k q^{n-k} C_n^k$	np	npq
泊松分布 Possion(λ)	$P(X=k)=\dfrac{\lambda^k \mathrm{e}^{-\lambda}}{k!},\ k=0,1,2\cdots$	λ	λ
几何分布	$P(X=k)=pq^k,\ k=0,1,2\cdots$	$\dfrac{1-p}{p}$	$\dfrac{1-p}{p^2}$
负二项分布 $NB(k,p)$	$P_{r,p}(x)=\dbinom{x+r-1}{r-1}p^r(1-p)^x$	$\dfrac{r}{p}$	$\dfrac{rq}{p^2}$
均匀分布 $U(a,b)$	$f(x)=1/(b-a)$	$\dfrac{a+b}{2}$	$\dfrac{(b-a)^2}{12}$
正态分布 $N(\mu,\sigma^2)$	$f(x)=\dfrac{1}{\sqrt{2\pi}\sigma}\exp\left[-\dfrac{(x-\mu)^2}{2\sigma^2}\right]$	μ	σ^2
对数正态分布 $LN(\mu,\sigma^2)$	$f(x)=\dfrac{1}{\sqrt{2\pi}\sigma x}\exp\left[-\dfrac{(\ln x-\mu)^2}{2\sigma^2}\right]$	$\exp\left(\mu+\dfrac{\sigma^2}{2}\right)$	$\mathrm{e}^{2\mu+\sigma^2}\left(\mathrm{e}^{\sigma^2}-1\right)$
指数分布 Exp(λ)	$f(x)=\lambda\mathrm{e}^{-\lambda x}$	$\dfrac{1}{\lambda}$	$\dfrac{1}{\lambda^2}$
伽马分布	$f(x)=\dfrac{x^{\alpha-1}\mathrm{e}^{-x/\beta}}{\beta^\alpha\Gamma(\alpha)},\ x>0\ (\alpha,\beta>0)$	$\alpha\beta$	$\alpha\beta^2$
威布尔分布	$f(x)=abx^{b-1}\mathrm{e}^{-ax^b},x>0$	$a^{-1/b}\Gamma\left(1+\dfrac{1}{b}\right)$	$a^{-2/b}\left[\Gamma\left(1+\dfrac{2}{b}\right)-\Gamma^2\left(1+\dfrac{1}{b}\right)\right]$
贝塔分布 Beta(α,β)	$f(x)=\dfrac{\Gamma(\alpha+\beta)}{\Gamma(\alpha)\Gamma(\beta)}x^{\alpha-1}(1-x)^{\beta-1}$	$\dfrac{\alpha}{\alpha+\beta}$	$\dfrac{\alpha\beta}{(\alpha+\beta)^2(\alpha+\beta+1)}$
帕累托分布	$f(x)=\left(\alpha\beta^\alpha\right)\big/(x+\beta)^{\alpha+1}$	$\dfrac{\beta}{\alpha-1}$	$\dfrac{\alpha\beta^2}{(\alpha-2)(\alpha-1)^2}$

3.3 统计数据分析——回归与相关

回归分析是研究一个变量与其他若干个变量之间相互关系的一种数学工具, 它是在一组试验或一组观测数据的基础上, 寻找被随机性掩盖了的变量之间的依赖关系。线性回归旨在揭示一个变量与其他若干个变量之间的线性关系。

考虑两个变量 X 和 Y，其中 Y 为因变量或响应变量，它是可以观测的随机变量，X 是自变量或解释变量，往往不具有随机性。Y 的取值可以看成是由两部分组成，一部分是由 X 决定的，记为 $f(X)$，另一部分是由一些(已知或未知的)随机因素的影响而产生的随机误差，记为 e。于是

$$Y = f(X) + e$$

其中 e 满足 $E[e] = 0$，$f(X)$ 称为回归函数。特别，当回归函数 $f(X) = \beta_0 + \beta_1 X$ 时，有

$$Y = \beta_0 + \beta_1 X + e$$

该模型为一元线性回归模型，其中 β_0 和 β_1 均为未知的，需要根据实际数据进行估计。在实际问题中，影响因变量 Y 的因素往往不止一个，这就需要研究多元回归问题。假设因变量 Y 与 p 个自变量 $X_1, X_2, \cdots, X_p$ 之间的关系如下：

$$Y = \beta_0 + \beta_1 X_1 + \cdots + \beta_p X_p + e \tag{3.31}$$

式(3.31)为 p 元线性回归模型，其中 β_0 为截距，$\beta_1, \beta_2, \cdots, \beta_p$ 为回归系数，e 为随机误差。假设对 $(X_1, X_2, \cdots, X_p, Y)$ 进行了 n 次观察，得到的观察值如下：

$$(x_{i1}, x_{i2}, \cdots, x_{ip}, y_i), i = 1, \cdots, n$$

它们满足

$$y_i = \beta_0 + \beta_1 x_{i1} + \cdots + \beta_p x_{ip} + e_i, i = 1, \cdots, n \tag{3.32}$$

其中对应的随机误差 $e_i, i = 1, \cdots, n$，满足如下的 Gauss-Markov 假设：

(1) $E[e_i] = 0$；

(2) (等方差) $\mathrm{Var}(e_i) = \sigma^2$；

(3) (不相关) $\mathrm{Cov}(e_i, e_j) = 0, i \neq j$

这里的未知参数 σ^2 有时简称为误差方差，它反映了模型误差以及观察误差的大小。若通过某种方法得到 $\beta_1, \beta_2, \cdots, \beta_p$ 的估计 $\widehat{\beta_1}, \widehat{\beta_2}, \cdots, \widehat{\beta_p}$，则将其代入(3.31)，略去随机误差项得到经验回归方程

$$\hat{Y} = \widehat{\beta_0} + \widehat{\beta_1} X_1 + \cdots + \widehat{\beta_p} X_p \tag{3.33}$$

经验回归方程在通过适当的统计检验之后。其应用体现在以下两方面：

(1) 描述了变量之间的关系。若某个 $\widehat{\beta}_i > 0$，则表明 Y 随 X_i 的增加而增加，Y 与 X_i 之间具有正相关关系；若某个 $\widehat{\beta}_i < 0$，则表明 Y 与 X_i 之间具有负相关关系。另外，估计值 $\widehat{\beta}_i$ 的大小反映了变量 X_i 对 Y 的影响程度。对 $\widehat{\beta}_i$ 可做如下的解释：在其余自变量保持不变的条件下，自变量 X_i 每增加一个单位，因变量 Y 平均增加 $\widehat{\beta}_i$ 个单位。

(2) 预测。根据自变量 $X_1, X_2, \cdots, X_p$ 的具体取值，可以用(3.33)中的 $\widehat{Y}$ 对相应的因变量 Y 作预报，这是点预报。我们也可以给出区间预报。

线性回归模型之所以在实际中得到广泛的应用，其原因在于：1)在现实中，许多变量之间确实存在线性或近似线性的关系；2)尽管变量之间并无直接的线性关系，但对变量做适当的变换之后新变量之间存在线性或近似线性的关系；3)线性关系简单，易干处理且理论较为完善。

3.3.1　相关系数估计

在建立线性回归方程之前，分析变量之间是否存在着线性关系是必要的。这种线性关系的程度可以用样本相关系数来度量。考虑两个变量 X 和 Y 的一组观测值 (x_i, y_i)，$i = 1, \cdots, n$，样本相关系数定义为

$$r = \frac{\sum_{i=1}^{n}(x_i - \bar{x})(y_i - \bar{y})}{\sum_{i=1}^{n}(x_i - \bar{x})^2 \sum_{i=1}^{n}(y_i - \bar{y})^2} \tag{3.34}$$

其中 $\bar{x} = \dfrac{1}{n}\sum_{i=1}^{n} x_i$，$\bar{y} = \dfrac{1}{n}\sum_{i=1}^{n} y_i$

需要强调的是，当 $r \approx 0$ 时，我们即认为 X 与 Y 之间几乎无线性关系，但完全可能有某种曲线关系。另外，两变量的线性相关的程度也可以从散点图近似看出。

3.3.2　最小二乘估计

通过最小化离差平方和

$$Q(\beta_0, \cdots, \beta_p) = \sum_{i=1}^{n}\left(y_i - \beta_0 - \beta_1 x_{i1} - \cdots - \beta_p x_{p1}\right)^2$$

可得到 $\beta_0, \cdots, \beta_p$ 的最小二乘估计为

$$\hat{\boldsymbol{\beta}} = \left(\boldsymbol{X}'\boldsymbol{X}\right)^{-1}\boldsymbol{X}'\boldsymbol{y} \tag{3.35}$$

其中

$$\hat{\boldsymbol{\beta}} = \begin{bmatrix} \beta_0 \\ \beta_1 \\ \vdots \\ \beta_p \end{bmatrix}, \quad \boldsymbol{X} = \begin{bmatrix} 1 & x_{11} & \cdots & x_{1p} \\ 1 & x_{21} & \cdots & x_{2p} \\ \vdots & \vdots & \ddots & \vdots \\ 1 & x_{n1} & \cdots & x_{np} \end{bmatrix}, \quad \boldsymbol{y} = \begin{bmatrix} y_1 \\ y_2 \\ \vdots \\ y_n \end{bmatrix}$$

且假设矩阵 $\boldsymbol{X'X}$ 可逆。相应的，误差方差 σ^2 的最小二乘估计为

$$\widehat{\sigma^2} = \frac{RSS}{n-p-1}$$

其中 $RSS = Q\left(\widehat{\beta_1}, \widehat{\beta_2}, \cdots, \widehat{\beta_p}\right)$ 为残差平方和。$\widehat{\sigma^2}$ 值的大小从一个侧面反映了实际数据与理论模型(3.32)的拟合程度。$\widehat{\sigma^2}$ 越小说明数据与模型拟合得越好。这里的 β 和 σ^2 的最小二乘估计有许多优良性质，其中最重要的一条性质是无偏性，即 $E\left[\widehat{\beta_i}\right] = \beta_i$，$i = 0,1,\cdots,p$ 和 $E\left[\widehat{\sigma^2}\right] = \sigma^2$。

当 $p \geq 2$ 时，$\widehat{\beta_0}, \cdots, \widehat{\beta_p}$ 和 $\widehat{\sigma^2}$ 的计算较为复杂，但常见的一些软件包都有现成的模块可以调用。当 $p = 1$ 时，$\widehat{\beta_0}$ 和 $\widehat{\beta_1}$ 有简洁的表达式

$$\widehat{\beta_0} = \bar{y} - \widehat{\beta_1}\bar{x}, \quad \widehat{\beta_1} = \frac{\sum_i x_i y_i - \sum_i x_i \sum_i y_i}{\sum_i x_i^2 - n\bar{x}^2}$$

其中，$x_i = x_{i1}$，$i = 1,\cdots,n$。

3.3.3 回归系数的显著性检验

在回归方程中，并非每个自变量都是重要的，有的与 Y 的关系较弱，需要剔除。因此，有必要对每个自变量做显著性检验，即对每个固定的 i，$i = 1,\cdots,p$，考虑检验问题

$$H_i : \beta_i = 0 \tag{3.36}$$

为此，需要假设误差变量 $e_i \sim N\left(0,\sigma^2\right)$，$i = 1,\cdots,n$。记

$$(\boldsymbol{X'X})^{-1} = C_{(p+1)(p+1)} = \left(c_{ij}\right)_{i,j=0,\cdots,p}$$

则

$$\widehat{\beta}_i = N\left(\beta, \sigma^2 c_{ii}\right)$$

于是，当 H_i 成立时，

$$\frac{\widehat{\beta}_i}{\sigma\sqrt{c_{ii}}} = N\left(0,1\right)$$

再根据 $(n-p-1)\widehat{\sigma^2}\big/\sigma^2 \sim \chi^2_{n-p-1}$ 且与 $\widehat{\beta}_i$ 独立。根据 t 分布的构造知：当 H_i 成立时，

$$T_i \equiv \frac{\widehat{\beta}_i}{\widehat{\sigma}\sqrt{c_{ii}}} \sim t_{n-p-1}$$

这里的 $\widehat{\sigma}\sqrt{c_{ii}}$ 称为 $\widehat{\beta}_i$ 的标准误差估计。于是，对于给定的水平 α，当 $|T_i| \ge t_{n-p-1}(\alpha/2)$ 时，否定 H_i；否则，接受原假设 H_i，即认为 $\beta_i = 0$。

　　表 3.2 是常用的统计软件包给出的回归系数估计及其相关量。表中最后一列 $P\left(>|T|_i\right)$ 表示服从自由度 $n-p-1$ 的 t 分布的随机变量其绝对值大于 T_i 的概率。于是，当 $P\left(>|T|_i\right) < \alpha/2$ 时，否定原假设 H_i，否则，接受 H_i。一旦接受 H_i，我们就认为自变量 H_i 对因变量 Y 无显著的影响，可以从回归方程中剔除。然后再对其余自变量重新做回归和回归检验。依次下去，直至找到对 Y 有显著影响的自变量。

表 3.2　回归系数估计

变量或回归系数	最小二乘估计	标准误差估计	T_i	$P\left(>|T|_i\right)$
截距 β_0	$\widehat{\beta}_0$	$\widehat{\sigma}\sqrt{c_{00}}$	T_0	
β_1	$\widehat{\beta}_1$	$\widehat{\sigma}\sqrt{c_{11}}$	T_1	
$\vdots$	$\vdots$	$\vdots$	$\vdots$	
β_p	$\widehat{\beta}_p$	$\widehat{\sigma}\sqrt{c_{pp}}$	T_p	

　　另外，如下定义的判定系数

$$R^2 = \frac{TSS - RSS}{TSS}$$

度量了回归自变量 $X_1, \cdots, X_p$ 与因变量 Y 拟合程度的好坏，其中 $TSS = \sum_{i=1}^{n}\left(y_i - \overline{y}\right)^2$ 为总平方和。当 $p=2$ 时，R^2 即为(3.34)中定义的样本相关系

数 r 。 R^2 取值介于 0 与 1 之间。 R^2 趋向于 1 表明 Y 与自变量 $X_1, \cdots, X_p$ 的相依关系较强，模型拟合的较好。这里需要注意的是，每当在模型中引进一个新的自变量(该变量与其他自变量线性无关)时，新模型对应的 R^2 会增大。因此，在实际建模时，应该避免为追求获得较大取值的 R^2 而引进太多的自变量。应选择一些对 R^2 贡献较大的重要的自变量，而忽略那些对 R^2 贡献较小的自变量。

3.3.4   预测

预测是回归分析最重要的应用之一。所谓的预测是指对给定的回归自变量的取值，预测对应的回归因变量的可能取值。考虑线性回归模型，给定自变量 $\left(x_{01}, x_{02}, \cdots, x_{0p}\right)$ ，现希望对该组自变量所对应的因变量 y_0 作预测，其中 y_0 可表示为

$$y_0 = \beta_0 + \beta_1 x_{01} + \cdots + \beta_p x_{0p} + \varepsilon_0$$

其中 ε_0 与 $\varepsilon_1, \cdots, \varepsilon_n$ 不相关，且 $E[\varepsilon_0] = 0$ ， $\mathrm{Var}(\varepsilon_0) = \sigma^2$ 。

若有了 β_i 的最小二乘估计，则 y_0 的一个自然的点预测应为

$$\hat{y}_0 = \hat{\beta}_0 + \hat{\beta}_1 x_{01} + \cdots + \hat{\beta}_p x_{0p}$$

该点预测 $\hat{y}_0$ 是无偏预测，即 $E[\hat{y}_0] = E[y_0]$ ，且在 y_0 一切线性无偏预测中， $\hat{y}_0$ 具有最小方差。

若进一步假定 ε_0 与 $\varepsilon_1, \cdots, \varepsilon_n$ 服从正态分布，则 $\hat{y}_0 - y_0$ 与 $\widehat{\sigma^2}$ 独立，且

$$\hat{y}_0 - y_0 \sim N\left(0, \sigma^2\left(1 + x_0\left(\boldsymbol{X'X}\right)^{-1} x_0\right)\right)$$

于是

$$P\left(\frac{|\hat{y}_0 - y_0|}{\hat{\sigma}\sqrt{1 + x_0\left(\boldsymbol{X'X}\right)^{-1} x_0}} \leq t_{n-p-1}\left(\frac{\alpha}{2}\right)\right) = 1 - \alpha$$

这里 $\hat{\sigma}\sqrt{1 + x_0\left(\boldsymbol{X'X}\right)^{-1} x_0}$ 称为预测误差标准差估计。由此可得到 y_0 的概率为 $1 - \alpha$ 的预测区间为

$$\left[\hat{y}_0 - t_{n-p-1}\left(\frac{\alpha}{2}\right)\hat{\sigma}\sqrt{1 + x_0\left(\boldsymbol{X'X}\right)^{-1} x_0}, \hat{y}_0 + t_{n-p-1}\left(\frac{\alpha}{2}\right)\hat{\sigma}\sqrt{1 + x_0\left(\boldsymbol{X'X}\right)^{-1} x_0}\right]$$

特别，当 $p=1$ 时，记 $x_i = x_{i1}$ ， $i = 1,\cdots,n$ ，则上面的预测区间的端点为

$$\hat{y}_0 \pm t_{n-2}\left(\frac{\alpha}{2}\right)\hat{\sigma}\left[1 + \frac{1}{n} + \frac{\left(x_0 - \overline{x}\right)}{\sum_{i=1}^{n}\left(x_i - \overline{x}\right)^2}\right]^{1/2}$$

其中， $\overline{x} = \dfrac{1}{n}\displaystyle\sum_{i=1}^{n}x_i$ 。可见，当 x_0 越靠近 $\overline{x}$ ，预测区间的长度越小。

参 考 文 献

[1] 范维澄, 孙金华, 陆守香, 等. 火灾风险评估方法学[M]. 北京：科学出版社，2004.

[2] 陈希孺. 概率论与数理统计[M]. 合肥：中国科学技术大学出版社，1996.

[3] M.R. 斯皮格尔, J. 希勒, R.A. 斯里尼瓦桑著. 概率论与统计——全美经典学习指导系列[M]. 孙山泽, 戴中维译. 北京：科学出版社，第二版，2002.

第4章　火灾风险及评估方法

4.1　火灾风险

4.1.1　风险及火灾风险的定义

虽然风险的定义看似是个简单的问题，但是对于不同研究背景的人们来说要给出一个统一的定义确实比较困难。Covello 和 Merkhofer[1]认为之所以对风险缺少统一的定义是由于风险分析在不同领域都得到了发展。例如存在着不同类型的风险，如健康风险、安全风险、经济风险、政治风险等。工程师认为风险是概率与后果的函数[2]；而社会科学家认为风险是一个社会的概念，不是一个数值，是由社会形势和当前的知识体系决定的[3]；心理学家认为风险虽然在人们的意识之外是不存在的，但是它是人们想出对付生活中不确定性的一个简单概念[4]。一般来讲，不同的人在不同的研究领域中对"风险"的定义与理解差异较大。

由于研究和关心风险的角度不同，人们对风险的看法和定义也不尽相同。目前国内外学术界对风险尚无统一的定义，以致人们对火灾风险存有多种理解。Kaplan 在 1996 年美国风险分析协会年会上指出[5]："风险分析的概念过去一直是我们面临的一个难题，而且它还将继续困扰着我们。到会的许多人应该记得在风险分析协会成立之初，第一件事情就是成立一个专门委员会来定义'风险'这个概念。经过 4 年的努力这个委员会最终放弃了，它的最终报告指出没有必要定义'风险'这个概念，只要每个人能解释清楚那是一个什么样的情形，让每位作者用自己的方式来定义可能更为妥当"。这说明不同的人在不同的研究与应用中会对风险有不同的理解与定义。下面是人们经常采用的几种风险定义[6]：

1. 风险为可能发生的危险。这是应用最普遍的定义，但它不能反映出所遭受危险可能性的大小，而且关于危险程度也是隐含的；

2. 风险是"失事"的概率。按这种定义，可以衡量风险事件的发生概率，却不能反映风险事件的损失程度；

3. 风险为产生不利后果的严重程度及其发生的概率；

4. 风险为事件发生的后果与预期后果相背离的程度及其发生的概率。

相似地，人们对火灾风险至少也有以下几种理解和定义：

1. 火灾风险是指可能发生的火灾事件。在这个意义上，火灾风险常简称为火险；

2. 火灾风险是可能发生火灾的概率。

3. 火灾风险为潜在火灾事件产生的后果及其发生的概率;

4. 火灾风险为火灾事件产生的损失与预期损失(消防费用)相背离的程度及其发生的概率。

其中第 3 种是最通用的定义,在没有特别说明时,以下叙述均按这种定义来理解火灾风险。火灾风险评估还涉及以下一些术语[31]:

1. 危险(hazard),是一种具有能够对人、财产或者环境造成损害的潜在的化学或者物理状态。

2. 严重度(severity),是危险强度的定性或定量估计,与危险源强度、持续时间、距离等有关。

3. 后果(consequences),指危险发生时的预期影响,通常以财产损失、营运中断、人员伤亡、环境破坏等来表征事件后果的严重程度。

4. 火灾危险性、火灾危害性和火灾可能性

在火灾风险分析中,危险和危害这两个词用得相当广泛。危险性不仅指火灾事件发生的可能性,或事故发生的概率,而且也包括火灾危险的程度及产生危害的后果。危害性则是指事件万一发生或已经发生后产生的后果及其影响。它们密切相关,含义中有相同的成分,但又是两个不同的概念。谈到火灾危险性不仅要考虑火灾的可能性,还应考虑火灾的危害性。可能性指火灾发生的概率,一般可通过相似系统的历史数据和模型分析得到。

5. 火灾危险

风险和危险都是与可能发生的灾难、祸害有关的,但两者在使用上有较大的差别。危险所表达的是某事物对人们构成的不良影响或后果等,它强调的是客体,是客观存在的随机的危害现象;而风险表达的则是人们采取了某种行动后所可能面临的有害后果,它强调的是主体,说的是人们需要承担的危害或责任。

6. 火灾安全

从相对安全观的角度看,安全是具有一定危险条件的状态,安全并非绝无事故,安全与事故之间是对立的,是一对矛盾斗争过程中某些瞬间突变结果的外在表现。火灾安全是指在假定火灾发生后,能将人员伤亡和财产损失等参数控制在可接受水平的状态。通常用安全性表征安全状况。若某个系统危险性为 R,安全性为 S,则 $S = 1 - R$。

7. 火灾损失与消防费用

火灾损失可分为直接损失和间接损失,如人员伤亡、财产损坏及善后处理等。除此之外,火灾对社会稳定与自然环境也有严重的影响,这种影响难以用经济数值来描述。

消防费用包括消防设施投资、消防队伍建设及组织灭火所消耗的费用等。这些花费并不创造新的财富,实际上也是一种经济损失,但通常人们称其为消防投入或消防费用。一般说,消防费用少则火灾危害性大,反之亦然。

8. 可接受火灾风险

火灾是不能完全避免的，因此客观系统总存在一定的火灾危险，而人们对这种危险状况势必要承担一定的风险。在火灾风险评估中，通常采用"可接受火灾风险"这一概念把火灾风险处理为一种限制因素。利用这一概念，并依据国家的消防规范和标准的条款，事先把某种程度的火灾风险规定为可接受的。不过，运用"可接受火灾风险"方法有时也可能产生令人不满意的结果，例如，若火灾风险大于可接受程度，即使稍大一点，那么出于对社会稳定和保护客体的重要性等综合因素的考虑，为了达到可接受火灾风险而投入再多的经费也是应当的。对可接受风险的一种逻辑补充是可接受费用，这一概念的意义是在确定的费用预算范围内寻找最大限度的风险减低可能，以增加火灾防治的经济性。

火灾风险分析的基本方法是将为减低火灾危险而投入的费用与风险减低程度进行比较。就火灾防治而言，人们采取了多种防治措施和手段，如增加消防设备、建立消防机构等。总之，为减低火灾危险而投入了一定的消防费用。但是，这些费用能否有效地防治火灾还是有疑问的。如同其他工作一样，防治火灾也有成功和失败两种可能性，这就是火灾风险。显然，对火灾安全投入多，采用先进技术和设备，人们承担的火灾风险将会变小。因此，分析火灾风险不仅涉及了解火灾危险程度(也有人用危险减小程度、或效益等表示)，还应考虑消防费用大小，需要综合考虑对某种火灾危险提供某种程度的消防费用是否恰当。

4.1.2　火灾风险的表述

对于火灾风险的概念，许多学者的定义多种多样、且文字表达比较含糊。Sekizawa[7]指出由于对火灾风险定义的模糊性使得人们很难具体理解其含义并在实际工程中得到应用。他建议火灾风险可以简单地定义为：由火灾导致的主观不愿意出现的潜在后果。这里的潜在性可以通过诸如概率、频率和可能性等概念进行量化。Hall 与 Sekizawa[8]系统地对主要包括诸如概率、危险、严重程度和后果等一些关键因素的火灾风险分析总体概念性框架进行了探讨，提出了基于场景的火灾风险分析概念。

$$Risk = \int_{-\infty}^{+\infty} g(s')P(s = s')\mathrm{d}s' \tag{4.1}$$

式中，g 是将表示后果严重程度的 s' 转变为火灾风险评估量的函数。假如人们关心的是一次火灾导致的超过 5 人的死亡情况，s' 表示死亡人数，那么

$$g(s') = \begin{cases} s', & s' > 5 \\ 0, & \text{其他} \end{cases} \tag{4.2}$$

假如人们关心的是超过 5 人死亡火灾发生的概率，那么

$$g(s') = \begin{cases} 1, & s' > 5 \\ 0, & 其他 \end{cases} \tag{4.3}$$

表 4.1 是 Hall 与 Sekizawa[8]对一些早期的火灾风险评估模型基本框架进行的回顾。

表 4.1　一些火灾风险评估模型的基本框架

火灾风险分析模型	目的	面向用户	严重度	后果量化
火灾风险评估模型 (fire risk assessment model)	分析燃烧产物对火灾风险的影响	消防工程师	人员死亡	预期损失
建筑火灾安全设计方法(fire safety design method of building)	分析与建筑规范等效的建筑设计	建筑设计师、消防工程师	火灾尺寸,烟气运动,可用安全疏散时间	选定火灾的严重程度
核电站概率火灾风险分析(probabilistic fire risk analysis for nuclear power plants)	造成工厂灾难事故的火灾发生概率。用于制定国家规范的需要	核电站的管理者	重要部件的损伤情况；核反应堆熔毁事件	造成严重后果事件发生的概率
火灾减损决策分析方法(decision analysis method for fire loss reduction strategies)	分析自动探测或灭火设备的改变，燃烧产物的改变对火灾风险的影响	改善火灾安全的程序管理者	火灾导致的死亡、受伤、财产损失	预期损失
医院火灾人员生命风险估算方法 (estimation method of life risk in hospital fires)	分析特殊医院的火灾风险	医院的管理者和设计者	被烟气熏伤	每年预期被烟气熏伤的人数
火灾安全概念树(firesafety concepts tree)	基于选定目标，估计建筑物消防成功的概率	建筑师、建筑管理者、消防工程师	用户对火灾严重程度选定标准	火灾满足选定标准的概率
定量风险分析网络模型(network model for quantitative risk analysis)	分析改变分隔物特性时对火灾风险的影响	建筑师、建筑管理者、消防工程师	用户选定的火灾条件下，分隔物能够持续的时间	低于用户选定可接受极限的概率值
建筑火灾仿真模型(building fire simulation model)	分析任何改变对家庭火灾风险的影响	改善家庭火灾安全程序的管理者	可用安全疏散时间减去所需安全疏散时间	差值为正时的概率
多功能建筑火灾风险评估方法(fire risk evaluation method for multi-occupancy building)	分析特殊建筑的相对火灾风险	建筑管理者和消防监督员	打分方程	打分方程
保险服务事务所商业火灾保险费率厘定程序表(insurance services office (ISO) commercial fire rating schedule)	以特殊建筑保险费率厘定为目标的火灾风险分析	保险业分析	打分方程	打分方程
消防队火灾风险评估方法(fire brigade fire risk assessment method)	辨识可能造成较难灭火的区域	消防队领导	根据消防特征所需灭火装备，方式等	没有整体的后果量化

从一般工程领域的理解来讲，风险就可以表示为潜在的后果与预期发生的频率之乘积。其中，后果一般包括人员伤亡、财产损失、系统运行中断、环境破坏等。发生的频率可以通过考虑的损失情况在一定时间间隔内出现的次数来估计。例如，风险可以通过下式进行量化

$$Risk = \Sigma Risk_i = \Sigma(Loss_i \cdot F_i) \tag{4.4}$$

式中，$Risk_i$ 为场景 i 的风险；$Loss_i$ 为场景 i 的损失；F_i 为场景 i 出现的频率。

然而在有些情况下，风险也可以表达为损失超过某一临界值的频率

$$Risk = \Sigma Risk_i = \Sigma\left[F_i(Loss_i > n)\right] \tag{4.5}$$

式中，$F_i(Loss_i > n)$ 为损失超过临界值 n 时的发生概率。

4.2 火灾风险评估的基本内容和方法

4.2.1 火灾风险评估的基本内容

通常，衡量风险时主要考虑以下三种后果类型：(1) 人员风险；(2) 财产风险(包括营运中断，常以经济损失度量)；(3) 环境风险。不同分析目的需要考虑不同的风险类型，同时应采用相应的风险度量单位；一项研究中可能需要同时对几种风险进行分析。

一、人员风险[31]

对于人员来说，至少有两类风险量度：(1) 个体风险 R_I；(2) 社会风险 R_S。
1. 个体风险
个体风险定义为特定危险发生时个体受到既定伤害程度的频率，通常指的是死亡风险。常用的表示方法有：(1) 年度人员死亡率 R_A；(2) 致命事故发生率 R_{FA}；(3) 平均个体风险率 R_{AI}。
(1) 年度人员死亡率
年度人员死亡率可以表示火灾安全年度水平，有两种表达方式：1) 来源火灾事故统计数据，R_A 为一段时间内死亡人数；2) 定量风险分析(QRA)中，R_A 由下式计算而得：

$$R_A = \sum_N \sum_J f_{nj} \times c_{nj} \tag{4.6}$$

式中，f_{nj} 为火灾事故 n 造成人员后果为 j 的事故年发生率；c_{nj} 为火灾事故 n 造成的人员后果为 j 的年死亡人数；N 为所有事件树中总的火灾事件数目(事故树中的顶事件)；J 为所有人员风险的后果类型，包括立即死亡、逃生、疏散和获救等。

(2) 致命事故发生率 R_{FA} 和平均个体风险率 R_{AI}

致命事故发生率 R_{FA} 一般表示一组人员每一定时间内(通常为一亿小时)的死亡数，平均个体风险率 R_{AI} 表示每个人在某一区域可能遭到的致命风险。从计算潜在人员伤亡 R_A 开始，由下面两个方程导出 R_{FA} 和 R_{AI}：

$$R_{FA} = \frac{R_A \times 10^8}{B_{ev} \times H_T} \tag{4.7}$$

$$R_{AI} = \frac{R_A}{B_{ev} \times \dfrac{H_T}{H}} \tag{4.8}$$

式中，B_{ev} 表示某区域平均每年人员配备数(即定义中的一组人员)；H_T 表示一组人员在某区域停留总的小时数；H 表示每年每人在某区域停留的小时数。

2. 社会风险

人们往往更关心事故对整个社会造成的后果，即事故对整个社会的总影响，这需要用社会风险来度量。社会风险是一种考虑多人死亡的风险，不仅要考虑由子事件导致非期望事件发生的概率，还要考虑处于危险状况的人员的数目。在这里，人员是一个群体概念而不考虑群体中的独立个体，因为社会风险是从社会观点出发而定义的。社会风险常用风险频率-伤亡人数曲线来描述，如图 4.1。该曲线也称为 f-N 曲线(f 代表频率，N 代表死亡人数)。f-N 曲线表明了损失后果的概率，这种损失后果比水平轴上某个指定值所代表的损失后果更严重。

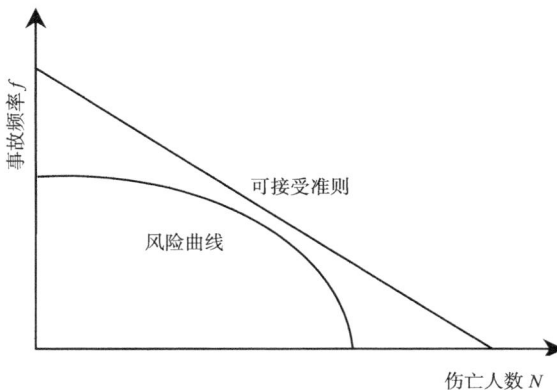

图 4.1　f-N 曲线

社会风险的另外一种表达形式就是社会风险的平均量度，它是 f-N 曲线的集合形态，如图 4.2。平均风险用每年事故发生次数的期望值来表示。

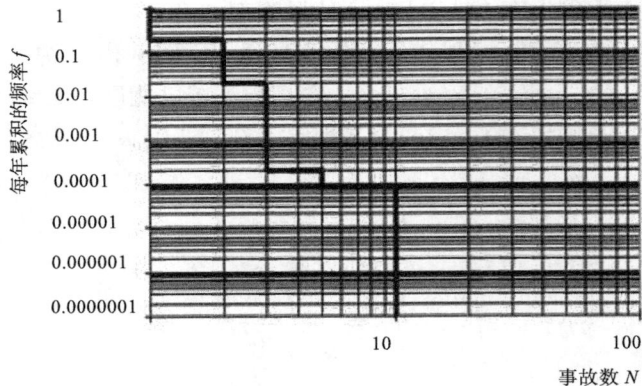

图 4.2 f-N 曲线图

二、财产风险

财产风险通常是指物资损坏及营运延误或中断。物资损坏可分为局部破坏、单模块及多模块破坏、整体破坏。财产保护目标不但包括建筑物本身及内容物，而且还涉及可能由火蔓延导致的相邻区域的损失。财产风险可以通过货币的形式衡量，如每年每起或所有火灾造成的财产损失的货币价值，每起或每年所有火灾损失与预期最大损失的关系；财产风险还可以通过空间的形式来衡量，如烧损面积，烧损房间数、烧损楼层数、烧损建筑数等。

三、环境风险

火灾对环境的破坏主要集中在有毒气体的释放，对大气层的以及事发当地环境的影响，评估环境风险的主要原则可以按照 NORSOK Z013 Annex 提供的原则[9]，主要是：

(1) 确定重要生态组成部分(VEC)；

(2) 评估重点放在"抗火灾能力最差的资源"；

(3) 对每个 VEC 评估其破坏频率；

(4) 用恢复时间来衡量对环境的破坏程度。对环境的破坏程度可以按其恢复时间来衡量，一般可以分为：1~12 月、1~3 年、3~10 年、>10 年。

环境保护主要是考虑火灾产物以及扑救过程中对大气、土壤以及水的污染的保护，或对动植物的保护，或对生态系统的恢复。其主要目标包括：由火灾释放出危险材料事件的起数；火灾扑救系统的释放物是否流入了距离火场最近的脆弱生态系统(湿地或者蓄水层)；大气是否受到火灾烟气的污染，或是否有含有特殊危害组分的烟气蔓延至一些脆弱的区域；清洁恢复所需的货币价值；受污染的土地，水或建筑结构的面积或体积；修复到初始状态所需的时间；受到影响的人群，动物群和植物群数。

4.2.2　火灾风险评估方法概述

火灾风险评估方法按照方法结构有经验系统化分析、系统解剖分析、逻辑推导分析、人失误分析等类型；按照评估结果的形式可分为定性的、半定量的、定量的火灾风险评估方法。下面针对按照评估结果的形式划分的三种评估方法及其中具有代表性的方法进行简要介绍。

一、定性的火灾风险评估方法

定性的火灾风险评估方法主要用于识别最危险的事件，并对火灾风险给出大致的描述。

1. 叙述性方法(narrative)

叙述性方法一般通过叙述性的建议来评价火灾风险。它包括一系列关于火灾风险的推荐选项，通过"是"或"否"的方式供人们选择。这种方法可能是最早的火灾风险评估方法，它不能对火灾风险进行量化评估。如果风险满足某个公开的标准，则认为可以被接受。

2. 安全检查表(checklist)

安全检查表是一种比较典型的定性分析方法，具有易于阅读、理解等优点。由于它是以规范或标准为基础来制订表格，因此是一个很实用的方法。一般情况下，不可能将一个规范中所有的标准用于一座建筑，但消防工程师可以通过参照消防规范、标准，系统地对可能发生的火灾环境进行分析，找出火灾危险源，依据检查表中的项目以清单列表的形式将问题列出，以便于消防安全检查。

火灾安全检查表分析法的核心是安全检查表的设计和实施。安全检查表必须包括系统或子系统的全部主要检查点，尤其不能忽视那些主要的潜在危险因素，而且还应从检查点中发现与之有关的其他危险源。总之，安全检查表应列明所有可能导致发生火灾的不安全因素和岗位的全部职责，其内容包括，(1) 分类；(2)序号；(3) 检查内容；(4) 回答；(5) 处理意见；(6) 检查人和检查时间；(7) 检查地点；(8) 备注等。

二、半定量的火灾风险评估方法

半定量的火灾风险评估方法主要用于确定主观不愿发生事件的相对危险，通过系统打分的形式对危险进行分级。

1. 风险指数法(indexing)

风险指数法是半定量火灾风险评估方法中比较有代表性的，它起源于保险费率厘定。一般来讲，火灾风险指数法是根据专家的判断与经验对表示正面和负面的消防因素的变量进行赋值，并根据相关函数得到的计算结果与其他相似的评估结果或标准风险值进行比较。在不适合对成本效益进行比较深入的分析时，风险指数法尤其有用。代表性的火灾风险指数法有火灾保险分级法(fire insurance rating)，道化学火灾爆炸指数法(Dow's fire and explosion index)，火灾安全评估系统(fire safety evaluation system)。

(1) 火灾保险分级法

目前使用比较普遍的保险分级表是保险管理部门的特殊财产评估表 (insurance services office's specific property evaluation shedule)[10]。对于任何一个建筑，都要根据建筑占用标的与火灾危险性的不同，以不同的百分数的形式将建筑分成若干等级。最基本的建筑评分是结构墙，地板和房顶的抗火能力的函数。建筑火灾保险费率是占用标的比例与考虑建筑物内消防设施等因素的修正评分的乘积。一般而言，列表值和修正因素主要是由基于保险业公开的实际火灾损失来确定。

(2) 道化学火灾爆炸指数法

道化学火灾爆炸指数法是由道化学公司(Dow chemical company)发展的。该方法可以量化火灾，爆炸和化学反应的预期损害并识别可能由于设备引起的事故。火灾爆炸指数法的一个很重要的应用是帮助人们确定何时需要开展更加详细的定量风险分析以及需要进行分析的程度。

(3) 火灾安全评估系统

火灾安全评估系统(fire safety evaluation system，FSES)[11]是 NIST 开发，与NFPA101 Life Safety Code[12]相当，主要针对公共建筑的一种火灾风险分级方法。在进行评估的时候，FSES 将建筑划分为不同的火灾区域，并基于对许多风险参数进行赋值的方式计算每个区域的人员风险。计算得到的风险值与规定的最小值比较来确定评估区域是否具有和 Life Safety Code 相当的火灾安全水平。

2. 矩阵与轮廓线法(matrices and contours)

矩阵与轮廓线法是一种介于指数法与完全概率方法之间的一种评估方法。风险矩阵可以通过两个方向分别表示后果和频率，从而构建出不同离散区域风险大小的差异。风险轮廓线是一种与风险矩阵功能相类似的连续曲线。曲线通过二维空间绘制，其中一个数轴表示后果，另一个表示概率。图 4.3 所示的就是一个比较典型的风险分级矩阵。

频率 后果	绝对不可能 ($f \leq 10^{-6}\,\mathrm{year}^{-1}$)	非常不可能 ($10^{-6} < f \leq 10^{-4}\,\mathrm{year}^{-1}$)	不可能 ($10^{-4} < f \leq 10^{-2}\,\mathrm{year}^{-1}$)	可以预计 ($f > 10^{-2}\,\mathrm{year}^{-1}$)
高	10	7	4	1
中		8	5	2
低		9	6	3
可以忽略	11	12		

图 4.3　风险分级矩阵

图 4.3 中，1、2、4 为高等级风险；3、5、7 为中等风险；6、8、9 为低风险；10、11、12 为可忽略风险。

3. BFSEM 法(building fire safety evaluation method)

建筑火灾安全评估方法(BFSEM)[13]是用于评估建筑火灾安全性能的风险的方法。在这个方法中，使用者可以通过诸如火灾荷载、占用性质、主动消防因素和结构因素等评估着火频率、火灾增长及火灾蔓延。基于经验和工程判断的主观概率和统计数据都可以用以表示所考虑事件的频率。

4. 古斯塔夫法

火灾的危险性包括对建筑物本身的破坏及对建筑物内部人员的伤害和财产损失两个方面，常把对建筑物本身的破坏用 GR 表示，把对建筑物内人员的伤害和财产损坏用 IR 来表示，两个方面的危险程度共同决定了建筑物的危险度。

显然，这涉及建筑物发生火灾之后的火强度、火的持续时间、建筑物的耐火等级、建筑物的结构材料、可燃物质的数量和特性、人员的结构与素质、火灾报警及灭火条件等多方面因素。可见对建筑物本身的破坏与对建筑物内部人员及财产的危害是联系在一起的，但是我们也可以将二者分开来研究，这样建筑物的火灾危险性就完全取决于它本身了。相反，如果一个建筑物内，虽然已经因火灾造成了人员伤亡和财产损失，但是对整个建筑物没有造成破坏。这种用既有区别又有联系的办法来研究此问题就是古斯塔夫法(gustav purt)提出的平面分析法。用纵坐标表示建筑物本身的危险度(GR)，用横坐标代表建筑物内人员和物质的危险性(IR)，见图 4.4。当建筑物本身的危险性很大时，一旦火灾发生，必须保证火灾危险不超过某个限度值，不使建筑物结构遭到破坏。而人为的灭火活动很难保证这点，所以安装喷淋灭火系统就是必要的。如果火灾发生后，人员和贵重物品能够迅速疏散，人为的灭火活动能将火扑灭，只要安装早期火灾报警系统就能达到目的。依据这种分析将平面分成 4 个区，A 区为不需要保护区，B 区为自动灭火区，C 区为自动报警区，D 区为双重保护区(自动报警与自动灭火均需具备)。中间有个过渡区，可依具体条件选用保护方案。

如果所考虑的建筑物较大，可以分为几个区，分别计算各区的 GR 和 IR 值，依据计算结果选择合适的保护方案、配装相应的设备。

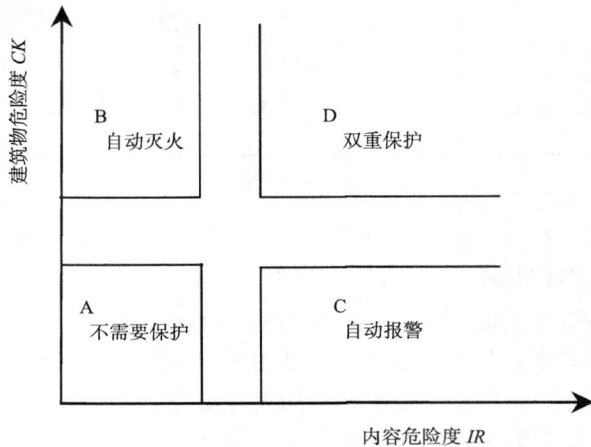

图 4.4　古斯塔夫的火灾风险

三、定量的火灾风险评估方法

随着性能化防火设计标准的发展，人们需要更加精确的火灾风险评估方法。近年来，随着火灾动力学理论的不断完善以及小样本火灾事件统计方法研究的不断深入，火灾风险定量分析方法中一些关键技术逐步得到解决，已成为近年最引人注目、发展最快的火灾风险评估方法。定量火灾风险评估方法以系统发生事故的概率为基础，进而求出风险，以风险大小衡量系统的火灾安全程度，所以也称概率评价法。该方法需要依据大量数据资料和数学模型，通过统计计算进行科学评价。所以，只有当用于火灾风险评估的数据量较充足时，才可采用定量评估方法进行火灾风险评估。定量分析综合考虑建筑物发生火灾事故的概率以及火灾产生的后果，所得计算风险值可以直接与风险容忍度进行比较；也可以对不同建筑物或同一建筑物的不同区域或不同消防方案进行比较研究。

1. 定量的火灾风险评估的基本流程

在定性，半定量与定量的分析方法中，定量的火灾风险评估方法涉及的范围最广，设计人员的素质要求最高，工作强度最大。一般情况下，风险通过两个重要的参数表征：火灾事件的频率或概率及其造成的后果。图 4.5 为基于场景分析的定量火灾风险评估的基本流程图[14]。其主要分析步骤如下：

风险分析目标和方案的确定

进行定量风险评估的第一步就是要确定可接受风险，也叫"风险容忍度"(risk tolerance)，它表示在规定的时间内或某一行为阶段可接受的总体风险等级，它为风险分析以及制定减小风险的措施提供了参考依据, 因此应在进行风险评估之前预先给出。风险容忍度是安全目标及其行为特征反映。

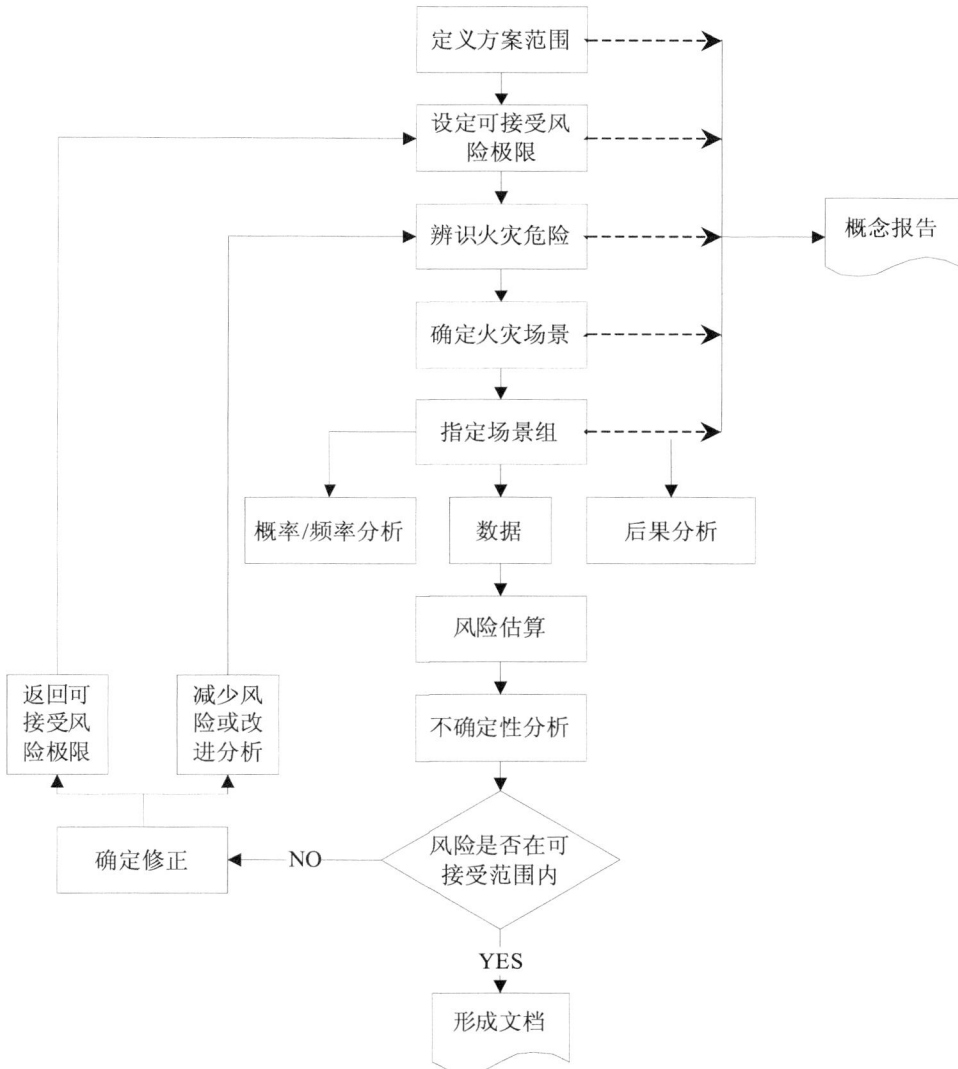

图 4.5 基于场景分析的定量火灾风险评估基本流程图

其次是要选择适合的定量风险分析方法, 对于大型的复杂系统, 为易于进行风险评估, 可以将大系统分成若干个子模块进行分析。这种子模块可以是一个区域, 如主机房, 也可以是一种操作或是一个具有特定功能的子系统, 如消防系统, 还可以是一种典型的风险等。每一模块可以单独进行分析, 并最终加以综合形成对全部风险的整体描述。

火灾危险源识别

这一步的目的在于找出所有可能的危险，这些潜在的危险往往是导致系统发生严重事件的诱因(触发事件)，其中某些危险本身可能就是严重的事件。用于识别危险的方法有 HAZOP、FMEA 等。但没有一种方法可以保证能进行彻底的危险源识别，而只能依赖于良好的工程判断力和丰富的经验相结合。

概率及后果分析

概率分析的目的是估计每一种危险产生的原因及其发生的概率。这一步建立在观测记录、事故调查报告、统计资料和工程经验的基础之上。可以直接从以往的统计资料得到，也可以通过故障树分析来建立危险产生的逻辑模型，进而找出详细的原因并计算危险发生的概率。对于一些特殊问题，诸如动态过程或人的行为，需要用到一些特殊的方法。

后果分析是要找出由于某种触发事件导致严重事故的发展历程，形成对每一种事故的描述，并估计每一事故情况的发生概率以及可能造成的严重后果。在描述事故情况方面，事件树分析是常用的有效方法，它的每一分支代表了一种事故情况。

系统风险的估算

系统总体的风险评估要通过综合概率和后果分析这两者的结果来进行。一般来说应当建立起对系统风险损失的概率描述，事件产生的后果可以分为经济损失、人员伤亡、环境破坏、对公众的影响等。对重要的不确定性因素应该进行敏感度分析，这与系统可靠性分析中的敏感性分析不同，在风险评估中的敏感性应该是针对后果的。

结果输出

结果以图表(如 farmer 曲线、风险矩阵)、报告等形式清楚地给出。风险评估的结果应该可以提供如下的信息：(1) 设计方案是否满足一定的风险准则；(2) 评价不同设计方案的风险水平，通过比较选择合理方案；(3) 找出影响系统风险的主要因素，并且提出改进意见；(4) 对系统设计的某种变化做出关于风险的评价等。

2. 典型的定量分析方法[31]

在定量火灾风险评估中，主要有建筑火灾安全工程法(BFSEM，L 曲线法)、消防系统区域模型(CrispII 模型)、火灾风险与成本评估模型(FireCAM™)、量化建筑消防安全系统性能的风险评价模型(CESARE – Risk)、事件树分析法(event tree analysis，ETA)、事故树评估方法等，其中事件树分析法与故障树法被广泛地用于分析火灾风险或评价消防系统的安全性，在此对这两种方法及模糊数学法作简单介绍。

(1) 事件树方法

事件树分析法(event tree analysis，ETA)是安全系统工程中重要的分析方法之一。它建立在概率论和运筹学的基础上。在运筹学中用于对不确定的问题作决策，故又称为决策树分析法(decision tree analysis，DTA)。虽然在不同的地方应用时名称不同，但方法却是一样的。美国 1974 年耗资 300 万美元对核电站进行风险评价项目中，事件树分析法起了重要作用，现在许多国家形成了标准化的分析方法。

事件树最初用于可靠性分析，它是用元件可靠性表示系统可靠性的系统方法之一。事件树分析法是一种时序逻辑的事故分析方法。它是按照事故的发展顺序，分成阶段，一步一步地进行分析，每一步都从成功和失败两种可能后果考虑，直到最终结果为止。所分析的情况用树枝状图表示，故叫事件树。

事件树分析法可以定性地了解整个事件的动态变化过程，又可以定量计算出各阶段的概率，最终了解事故各种状态的发生概率。

事件树分析的理论基础是系统工程决策论。决策论中的一种方法是用决策树进行决策，而事件树分析则是从决策树引申而来的分析方法，即利用决策树进行决策，而事件树分析伤亡事故时称为事件树分析。

事件树分析的基本程序，可概括为如下四个步骤：

① 确定系统及其构成因素，也就是明确所要的对象和范围，找出系统的组成要素(子系统)，以便展开分析。

② 分析各要素的因果关系及成功与失败的两种状态。

③ 从系统的起始状态或诱发事件开始，按照系统构成要素的排列次序，从左向右逐步编制与展开事件树。

④ 根据需要，可标示出各节点的成功与失败的概率值，进行定量计算，求出因失败而造成事故的"发生概率"。

基于火灾事件树的评估方法，我们将在 4.5 节详细介绍。

(2) 事故树评估方法

事故树评估方法是具体运用运筹学原理对事故原因和结果进行逻辑分析的方法。事故树分析方法先从事故开始，逐层次向下演绎，将全部出现的事件，用逻辑关系联成整体，将能导致事故的各种因素及相互关系，作出全面、系统、简明和形象的描述。对于火灾事故，通过事故树分析，经过中间联系环节，能将潜在原因和最终事故联系起来，这样可以查清事故责任，也为采取整改措施提供依据。通过对原因的逻辑分析，可以分清导致事故原因的主次，原因组合单元，这样控制住有限的几个关键原因，就能有效地防止重大火灾事故发生，提高管理的有效性，节约人力物力。

(3) 模糊数学评估法

模糊数学诞生于 1965 年美国加利福尼亚大学控制论专家查德(L A Zadeh)发

表的学术论文《模糊集合》，从此架起了一座应用经典数学即精确数学处理模糊问题的桥梁。模糊数学评估方法是应用模糊数学的计算公式以及一些由专家确定的常数来确定火灾的各种影响的方法。系统风险是由系统的不确定性引起的，所以在系统风险评估过程中如何考虑不确定性因素就成为风险评估的关键问题。传统的概率论方法是以与事故有关的基本事件的发生概率已知为前提的，当分析过程中由于各种各样的原因导致基本事件的概率未知时，基于概率论的方法就显得无能无力。此时，可以借助专家判断，引入模糊集合的概率，使得系统的风险评估成为可能。风险评估的特殊性和模糊方法的优势，使得模糊方法在系统风险评估中得到广泛应用。

4.3　火灾危险源辨识及其在风险评估中的应用

4.3.1　火灾场景设定

在火灾危险源辨识过程中采取如下思路：分析建筑物空间结构，设定建筑物内若干典型火灾场景，整理出包括该场景的建筑结构特性，可燃危险品构成等数据；分析各火灾场景的火灾发展特性，以此结果作为进一步研究火灾烟气控制和钢结构保护的依据；结合统计数据，给出火灾危险源在空间和时间上的分布。

火灾中的危险源辨识工作与火灾场景设定工作紧密结合在一起。火灾场景是对某特定火灾从引燃或者从设定的燃烧到火灾增长的最高峰以及火灾所造成的损失的描述，同时火灾场景还涉及对建筑物的结构特性及预计火灾所导致危害的说明。火灾场景的设定应考虑确定性与随机性两方面的内容，即某火灾场景发生的可能性有多大，如果发生了，火灾的发展和蔓延过程又是怎样的[15, 16]。

建立火灾场景时应该考虑多种因素，其中包括：

1. 火灾前的情况

指建筑物的通常情况，如建筑结构特点、建筑物内部分隔和几何形状、建筑材料的选用、建筑物起火前的使用情况等。

2. 点火源

辨识可导致火灾的点火源及其与可燃物的组合状况。估计点火源的温度或释放的能量及其对可燃物的暴露时间和接触面积是否可形成一种可能的点火场景。

3. 初始可燃物

指那些接触或最接近着火点的可燃物或可燃物组合。应考虑其各种特征：可燃物的状态、可燃物的表面积与质量比、可燃物的几何排列、可燃物的热解产物或燃烧产物的毒性和腐蚀性等。

4. 可被引燃的燃料

也称二次可燃物。需要考虑二次可燃物的状态、与初始可燃物的接近程度、可燃物的数量、分布、表面积与质量比等。

5. 蔓延可能性

指火区扩展出最初起火房间或起火区域的状况。这里需要考虑点火源的位置、建筑物的空调通风系统、防火隔断的位置、自然风等因素的影响。

6. 目标位置

这里指与客户损失目标相关的物体。这些物体的位置、数量、面积等参数均需要考虑。

7. 使用者状态

使用者特征包括使用者的年龄、能力、是否睡觉、是能够自己做出决定的人员还是需要别人引导的群体(如学龄前儿童等)、是否具备足够行动能力等因素。

8. 统计数据

了解该建筑或同类建筑的火灾历史，了解已有设计状况下的使用情况和使用者类型的统计数据，对更合理的设计火灾场景有相当的帮助。

通过上述分析，可以全面了解建筑的火灾危险状况，并从中辨识出建筑物中的重大危险源。在后面的设计中，以这些重大危险源所引起的火灾为例设定的火灾场景是评估和设计的重点。

为了定量分析设定的火灾场景，需要通过一些参数对这些场景进行工程描述，这个过程就是设定火灾。设定火灾是性能化设计中至关重要的一步，后面的定量计算的准确性在很大程度上依赖于设定火灾是否合理。设定火灾可以使用的参数包括：建筑物的火灾荷载密度、火灾增长速率和火灾热释放速率、火灾危险度等与火灾有关的可以计量或计算的量。下面分别介绍各个参数。

4.3.2　火灾荷载

如前所述，火灾荷载为建筑物内所有可燃物燃烧放出的总热量，它是预测可能出现的火灾大小和严重程度的基础。

在对某个建筑进行火灾危险源辨识，预测火灾荷载时，需要考虑建筑内可燃物的质量、厚度、表面积、热值、摆放位置等因素。通常可燃物可分为两类：

(1) 固定火灾荷载，主要包括固定在墙或地板上的可燃物；

(2) 可移动火灾荷载，主要包括能够比较容易移动的可燃物家具和其他一些装饰品。

工程上在进行火灾荷载估测时，通常采用如下假设：

(1) 整个建筑物内，可燃物均匀分布；

(2) 所有可燃物都会着火；

(3) 火灾发生时，着火房间内的所有可燃物都会全部燃尽；

(4) 火灾荷载由不同可燃物的总热值转换为当量的标准木材的量来表示。

进行火灾荷载计算时，需要分析建筑物内房间地板的表面积，确定可燃物的尺寸和类型，测量可燃物的质量，计算其总热值，并计算建筑物内的火灾荷载密度。

表 4.2 是一些可燃物的热值数据[17]。

表 4.2　可燃物的燃烧热值

序号	材料名称		单位热值
1	木家具	餐桌	340(MJ/个)
2		凳子	170(MJ/个)
3		椅子	250(MJ/个)
4	金属－木混合家具	椅子(金属腿)	60(MJ/个)
5		桌子(金属腿)	250(MJ/个)
6		凳子(金属腿)	40(MJ/个)
7	混合家具(包括所装物品)	大碗橱	1200(MJ/个)
8		小食品柜	420(MJ/个)
9	餐具橱		1500－2000(MJ/个)
10	书橱(书架搁板及所带物品)		540(MJ/个)
11	小家具		250(MJ/个)
12	独角小圆桌		100(MJ/个)
13	小餐桌		170(MJ/个)
14	方桌		420(MJ/个)
15	装活动板加长的桌子		600(MJ/个)
16	单人扶手椅		330(MJ/个)
17	沙发		840(MJ/个)
18	椅子(未塞满垫料)		70(MJ/个)
19	椅子(塞满垫料)		250(MJ/个)
20	两头沉写字台		2200(MJ/个)
21	一头沉写字台		1200(MJ/个)
22	金属写字台		840(MJ/个)
23	单屉桌(空)		330(MJ/个)
24	衣柜(空)		500(MJ/个)
25	钢琴		2800(MJ/个)
26	收录机		110(MJ/个)
27	电视机		150(MJ/个)
28	木地板($L \times W \times H$)		83.6(MJ/个)
29	地毯(毡)		50(MJ/个)

续表

序号	材料名称	单位热值
30	窗帘(窗面积/m²)	10(MJ/个)
31	衣物	17 – 21(MJ/kg)
32	木材	17 – 20(MJ/kg)
33	纤维板	17 – 20(MJ/kg)
34	胶合板	17 – 20(MJ/kg)
35	动物油脂	37 – 40(MJ/kg)
36	皮革	16 – 19(MJ/kg)
37	纸	16 – 20(MJ/kg)
38	纤维素	15.16(MJ/kg)
39	胶片	19 – 21(MJ/kg)
40	车辆内胎橡胶	23 – 27(MJ/kg)
41	车辆外胎橡胶	30 – 35(MJ/kg)
42	白酒	17 – 21(MJ/kg)
43	茶叶	17 – 19(MJ/kg)
44	烟草	15.16(MJ/kg)
45	咖啡	16 – 18(MJ/kg)
46	食油	38 – 42(MJ/kg)
47	汽油	43 – 44(MJ/kg)
48	柴油	40 – 42(MJ/kg)
49	花生	23 – 25(MJ/kg)
50	食糖	15.17(MJ/kg)
51	面食	10 – 15(MJ/kg)
52	黄油	30 – 33(MJ/kg)
53	化妆品(甘油)	18(MJ/kg)

下面以计算某航站楼内各建筑区域为例介绍计算火灾荷载密度的过程。

首先根据建筑物结构设计，计算建筑内各个建筑区域的面积；分析各个建筑区域内的可燃物构成情况，包括可燃物种类、数量、布置位置等；统计各可燃物的热值，根据式(4.9)计算各个建筑区域的火灾荷载密度如表 4.3。

$$q = \frac{\Sigma M_v \Delta h_c}{A_t} \tag{4.9}$$

其中，q 为火灾荷载密度(MJ/m²)；M_v 为着火房间内单个可燃物的质量(kg)；Δh_c

为单个可燃物的有效热值(MJ/kg)；A_t 为着火房间内地板面积(m²)。

表 4.3　某航站楼内的火灾荷载密度[31]

序号	场景名		面积/m²	主要可燃物	火灾荷载密度/MJ·m⁻²
1	办公区		56	办公家具、纸张	366.33
2	档案室		18	档案柜、纸张	503.33
3	餐厅		1861	桌椅等	463.15
4	候机厅	夹层	4100	旅客行李	63.00
		大厅	10575	旅客行李	93.40
		贵宾室	950	休息坐椅、行李	302.22
5	行李区	国内	3559	行李	103.90
		国际	1495	行李	93.30
		行李仓库	90	行李	670
6	安检区		680	行李	80.89
7	迎宾厅		4030	行李	33.87
8	办票大厅		8270	售票台、纸张、行李	64.28

由于建筑物内的火灾荷载随着可燃物的摆放位置和时间的不同会发生变化，常常需要采用统计手段来确定火灾荷载的量。目前许多国家都对居民住宅、办公室、学校、医院、旅馆等建筑进行了统计调查。火灾荷载的调查统计从很早就已经展开，但是普遍认为还需要更多的数据。特别是建筑物的火灾荷载会随着时间有很大的变化，这就需要不断对建筑物的火灾荷载数据进行新的调查统计[18]。表4.4是统计的部分数据。

表 4.4　不同类型和用途建筑的火灾荷载密度[18]

建筑类型和用途	平均火灾荷载密度/MJ·m⁻²
民居	780
医院	230
医院储藏室	2000
医院病房	310
办公室	420
商店	600
车间	300
车间和仓储	1180
图书馆	1500
学校	285

4.3.3　火灾类型设定

建筑内发生火灾后的热释放速率是决定火灾发展及火灾危害的主要参数，也是采取消防对策的基本依据。该量是火灾中第一类危险源之一，是可燃物包含的能量的释放强度的表征。

火灾热释放速率可以通过下式计算[19]：

$$\dot{Q} = \phi \times \dot{m} \times \Delta h_c \tag{4.10}$$

其中，$\dot{m}$ 为可燃物的质量燃烧速率，ϕ 为燃烧效率因子，反映不完全燃烧的程度，Δh_c 为单位可燃物的热值。确定了这三个物理量后就可以计算火灾的热释放速率。但是实际上，仅依靠计算来确定火源的热释放速率很困难，主要是由于该公式的三个物理量很难合理确定。首先火灾中可燃物组分变化很大，热值也很不固定；其次火灾中物品燃烧放出的热量与物品完全燃烧时放出的热量有偏差，这是由于在火灾中物品的燃烧是不充分的；最后燃烧效率因子的取值随着火灾场景的不同有很大的变化。

较为准确的确定火灾热释放速率的方法是通过全尺寸实火实验来测量物品在火灾过程中的热释放速率曲线，目前各火灾研究机构已经积累了不少全尺寸实测数据。由于全尺寸火灾实验是一种毁坏性实验，实验成本很高，因此对这些已有的实验数据应充分加以利用。

确定一座建筑物内发生火灾后的火灾热释放速率变化情况的工作称为设定火灾功率。下面介绍两种设定火灾功率的方法。

一、火灾类型及热释放速率分析

根据不同火灾场景内燃料的分布、起火房间面积、空气供给速度的不同、采取的消防措施等因素，将设计火灾分为四种类型[20]：(1) 完全发展型火灾；(2) 大空间的局部火灾；(3) 密闭房间闷燃的火灾；(4) 受自动喷水灭火系统控制的火灾。

(1) 完全发展型火灾

通常情况下，建筑物火灾可分为三个阶段，即火灾初级阶段、充分发展阶段和减弱阶段，其一般规律可由图 4.6 所示[21]。在火灾的初级阶段，热释放速率随时间成 t^2 规律增长。当火灾达到充分发展阶段时，热释放速率主要受换气以及可燃物等条件的制约，其值近似为一定值。当建筑物可燃物燃尽后火灾将迅速衰减直至熄灭。这种类型的火灾一般是发生在空间较小、非密闭的房间。

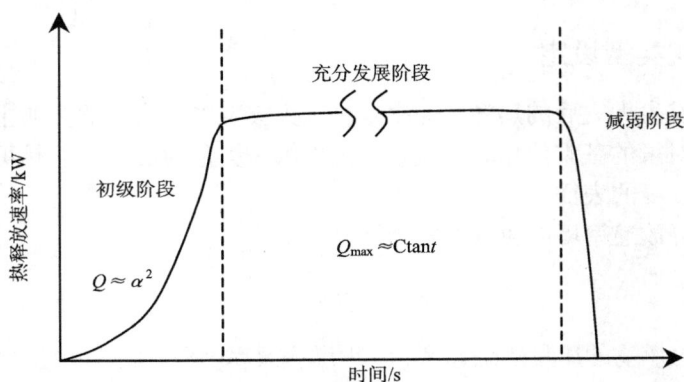

图 4.6   完全发展型火灾热释放速率随时间变化规律

在火灾的初级阶段，热释放速率可以通过下式表示[22]：

$$Q_f = \alpha(t - t_0)^2 \tag{4.11}$$

式中，α 为火灾增长因子(kW/s^2)；t 为火灾有效燃烧发生后的时间(s)；t_0 为开始有效燃烧所需的时间(s)；在实际工程中一般不考虑火灾达到有效燃烧需要的时间，仅仅关心火灾开始有效燃烧后的情况，这样可取 $t_0 = 0$。

火灾增长因子应综合考虑可燃物荷载密度的影响(α_f)以及墙和吊顶的影响(α_m)，可由式(4.12)来表示：

$$\alpha = \alpha_f + \alpha_m \tag{4.12}$$

$$\alpha_f = 2.6 \times 10^{-6} q^{5/3} \tag{4.13}$$

式中，α 为火灾增长系数(kW/s^2)；q 为火灾荷载密度(MJ/m^2)，取值一般参考相关统计数据，但对缺乏统计数据或物品种类已确定且数量不是很多的情况可由式(4.14)得到：

$$q = \Sigma \frac{M_v \Delta h_c}{A_f} \tag{4.14}$$

式中，M_v 为单个可燃物的重量(kg)；Δh_c 为单个可燃物的有效热值(MJ/kg)；A_f 空间内地板面积(m^2)。

根据 α_m 与装修材料可燃等级的关系(如表 4.5 所示)，可确定各火灾场景的 α_m 值。

表 4.5　α_m 与建筑物装修材料可燃等级

墙面装修材料等级	$\alpha_m(kW/s^2)$
A	0.0035
B1	0.014
B2	0.056
B3	0.35

对于木材引起的火灾，当火灾从初级阶段发展到盛期时，其热释放速率可由下列各式得到：

$$Q_f = \begin{cases} 1.6xA_{fuel}, & (x \le 0.081) \\ 0.13A_{fuel}, & (0.081 < x \le 0.1) \\ [2.5x\exp(-11x) + 0.048]A_{fuel}, & (x > 0.1) \end{cases} \tag{4.15}$$

式中，x 为燃烧类型指数，可以由式(4.16)得到；A_{fuel} 为燃料表面积(m^2)，可以由式(4.17)得到。

$$x = \frac{A_{op}\left(H_{op}\right)^{\frac{1}{2}}}{A_{fuel}} \tag{4.16}$$

式中，A_{op} 为房间开口面积(m^2)；H_{op} 为房间开口高度(m)。

$$A_{fuel} = 0.26q^{1/3}A_f + \Sigma\varphi A_f \tag{4.17}$$

式中，A_f 为着火房间的地板面积(m^2)；$\Sigma\varphi A_f$ 为墙壁和吊顶上面可燃装修材料的有效暴露面积(m^2)。

由于建筑物内的可燃物多种多样，内装修材料也各不相同，所以对于非木材类可燃物引起的火灾就不能用式(4.15)计算。一般认为当烟气层的平均温度到600℃时发生轰燃[23]，工程中常用式(4.18)来估算火灾发生轰燃时的临界热释放速率[24]：

$$\dot{Q} = 7.8A_F + 378A_W\sqrt{H_W} \tag{4.18}$$

式中，$\dot{Q}$ 为火灾发生轰燃临界的热释放速率(kW)；A_F 为房间地板的面积(m^2)；$A_W\sqrt{H_W}$ 为通风因子($m^{5/2}$)。该式适用于较小的房间，起火房间的壁面材料与石膏板相似。

下面以某专卖店为例进行说明，该建筑虽然位于小商品批发市场，但各功能区内并未确定可燃物的数量、种类，所以属于危险源分析的第二种情况，即建筑物各功能区内物品种类没有确定。该专卖店的相关已知条件和计算结果如表 4.6 所示。

表 4.6 某专卖店完全发展型火灾计算结果

火灾场景	可燃物种类	热值/MJ/kg	可燃物密度/kg/m²	火灾荷载密度/MJ/m²	面积/m²	门宽/m	α/kW/s²	A_{fuel}/m²	x	Q_f/MW
专卖店	化妆品	18	1.3	23.4	64	2	0.0035	47.64	0.128	6.02
	纸类	20	1.1	22	64	2	0.0035	46.67	0.130	5.86
	木材类	20	1.1	22	64	2	0.0035	46.67	0.130	5.86
	皮革类	19	1.2	22.8	64	2	0.0035	47.23	0.129	5.95
	衣物	21	1.1	23.1	64	2	0.0035	47.43	0.128	5.99

参考一般商品批发商场可能经销的商品，按照材料分为化妆品，纸类，木材类，皮革类，衣物五种类型。通过与烟气和人员疏散的计算过程相耦合，该房间所在的防火分区内人员刚好可以安全疏散的时间所对应的临界热释放速率为 6MW，而此时所对应的最大可燃物密度应控制为 $1.1kg/m^2$。

(2) 大空间的局部火灾

大空间的局部火灾是少量可燃物在一个大空间内的燃烧，燃烧局限在较小的区域内。大空间中会存在一些可燃物聚集的区域，且这些区域的火灾荷载密度较大，利用平均火灾荷载参数进行危险性评估意义不大，需要对危险源进行进一步辨识，考虑某处发生火灾后的热释放速率、火灾蔓延情况等问题。这种类型的火灾一般是发生在可燃物摆放不均匀，成"岛"状分布的大空间建筑内。

对于此类火灾，在工程计算中通常将可燃物全部起火时的热释放速率作为火灾的最大热释放速率，而在从起火到达到最大热释放速率阶段可认为热释放速率是依照 t^2 规律增长。火灾蔓延的计算公式如下：

$$L = vt \tag{4.19}$$

式中，L 为 t 时刻火焰前端位置(m)；v 为火焰蔓延速率，取 0.006m/s；t 为时间(s)。

根据式(4.19)，计算在大空间中某处聚集的可燃物全部起火所需时间(即可燃物暴露表面完全起火的时间)，此时间即是火灾达到最大热释放速率的时间，根据 t^2 规律可以得到火灾的热释放速率值。

下面以某机场航站楼内的二层大厅和夹层为例进行说明，计算结果如表 4.7 所示。

表 4.7　某机场航站楼部分大空间内火灾热释放速率

地点	火源面积 /m²	等效直径 /m	火灾增长因子 α/kW/s²	可燃物全部被引燃时间/s	最大热释放速率 /MW
二层商亭	4×4	4	0.088	333	9.76
夹层(行李)	1.8×1.6	1.7	0.04689	142	0.95

火灾增长系数 α 根据式(4.12)取值，其中商亭内可燃物种类繁多，火灾增长系数参照类似功能建筑(商店，小卖店)的计算结果，行李堆和办票台可燃物种类单一，取参考文献[22]中的火灾增长因子。

(3) 密闭房间闷燃的火灾

在相对密闭的房间中，发生火灾后，由于没有外界氧气的补给，所以火灾处于闷燃状态。当房间内氧气消耗到达一定浓度(一般含氧浓度在 15% 以下，燃烧就无法继续进行)之后，热释放速率将开始迅速降低，此时对应的热释放速率即是发生闷燃火灾房间的最大热释放速率，这种类型的火灾比较容易发生在空间较小，正常情况下门是关闭的场所，如空调机房、配电室等处。依据氧质量守恒方程，由式(4.20)表示：

$$\rho_{O_2} V \frac{dY}{dt} = -\frac{Q}{\Delta H_{O_2}} + Y_\infty m_a \tag{4.20}$$

式中，ρ_{O_2} 为氧气的密度(取为 1.43kg/m³)；V 为房间的容积(m³)；Y 为空气中氧气体积百分数(21%)；Q 为热释放速率(kW)，假定为 t^2 增长火灾；ΔH_{O_2} 为每燃烧单位质量氧气的放热量(取为 13100kJ/kg)；Y_∞ 为空气中氧气质量百分数(23%)；m_a 为空气流入速率(kg/s)，由式(4.21)得到

$$m_a = 0.52A\sqrt{H} \tag{4.21}$$

式中，A 为开口的面积(m²)；H 为开口的高度(m)。这里作为开口的门缝近似为矩形。

结合式(4.20)，(4.21)，氧气浓度在 15% 的时刻对应的最大热释放速率

$$Q_{max} = \alpha t_{critical}^2 \tag{4.22}$$

式中，Q_{max} 为最大热释放速率(kW)；火灾增长为中速增长类型，α 取 0.01127kW/s²；$t_{critical}$ 为氧气浓度下降到 15% 的时间(s)。

由于 ΔH_{O_2} 表示在氧气充足的条件下，每消耗单位质量的氧气所释放的热量。在密闭房间中氧气的浓度会随着火灾的成长而减小，且燃烧不充分，这样每消耗单位质量的氧气所释放的热量就小于 ΔH_{O_2}。工程上为了简化计算，式(4.20)将每

消耗单位质量的氧气所释放的热量考虑为一个恒量且取值为 13100kJ/kg，得出的最大热释放速率虽然比实际情况要大，但是这样计算的结果更加保守。

例如一个容积为 145m³ 的空调机房，发生火灾时，氧气浓度下降到 15% 的时间为 365s，最大热释放速率为 1.50MW；一个容积为 15m³ 的电信间，发生火灾时，氧气浓度下降到 15% 的时间为 195s，最大热释放速率为 0.43MW。

(4) 受自动水喷淋系统控制的火灾

对一些火灾危险性较大的场所，必须用自动水喷淋灭火系统进行充分的保护，且保证系统有效工作的情况下，火灾热释放速率不会继续增长。图 4.7 是在自动水喷淋控制火灾和扑灭火灾两种情况下热释放速率的发展状况。由于不同场所的可燃物类型、摆放方式等有很大差别，要准确估计水喷淋系统的灭火效果较为困难，通常采取较为保守的估计方法，即假定水喷淋系统启动后火势的规模将不再扩大，火源热释放速率保持在启动前的水平，如图 4.7 所示。

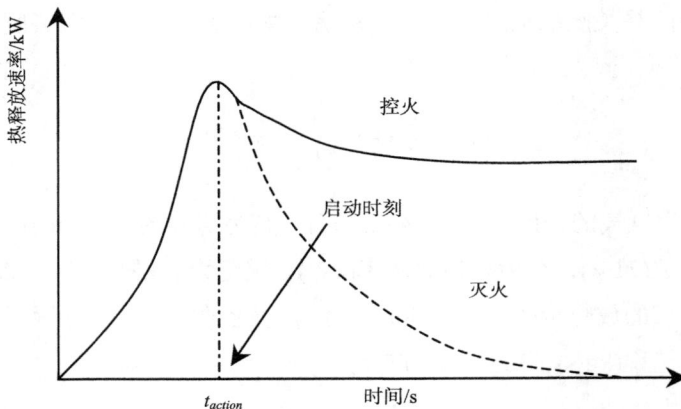

图 4.7　自动水喷淋灭火系统作用下的热释放速率随时间变化规律

水喷淋系统动作时，所对应的热释放速率即为此种类型火灾的最大热释放速率，由式(4.23)表示：

$$Q_{\max} = \alpha t_{action}^2 \tag{4.23}$$

式中，t_{action} 为自动水喷淋系统启动的时间(s)，其值可以由美国国家标准与技术研究所(NIST)开发的计算机软件 CFAST 中的评估工具 DETECT-T2 和 DETECT-QS 获得。

例如某办公区，由于火灾危险性较大，必须用自动水喷淋灭火系统进行充分的保护，将此火灾场景火灾设定为受自动水喷淋系统控制的火灾。使用 DETECT-T2 和 DETECT-QS 计算自动喷水灭火系统的启动时间，输入参数如下：

喷头安装高度：	4m

喷头安装高度：　　　　　　　　4m
喷头距火源中心的距离：　　　　4m(考虑最不利情况，即火源距离喷头最远)
环境初始温度：　　　　　　　　25℃
喷头启动温度：　　　　　　　　68℃
火灾增长速率：　　　　　　快速火($\alpha = 0.04689kW/s^2$)

针对 *RTI* (响应时间指数)不同的喷头可以计算其响应时间及此时火灾的热释放速率情况，如表 4.8 所示。

表 4.8 不同响应时间指数的喷头的计算结果

$RTI/m^{1/2}s^{1/2}$	喷头启动时间/s	顶棚烟气温度/℃	此时火源功率/MW
50	160	89	1.20
75	180	97	1.52
105	200	110	1.88

二、利用全尺寸实验结果拟合建筑内火灾热释放速率曲线[31]

建筑火灾往往是一件物品先着火，然后再引燃周围的其他物品从而逐渐扩大的。建筑物内的可燃物组合情况多种多样，不可能逐一进行全尺寸燃烧实验。另外有些复杂的可燃物危险源是由多种可燃物构成，这类可燃物的燃烧过程也是由其中的一种可燃物组分开始燃烧，然后引燃其他可燃物组分，最后整个可燃物开始燃烧。

对这类情况，可以根据已有的实测数据，依照可燃物起火的先后顺序确定可燃物组合的热释放速率。这一过程可由图 4.8 说明。

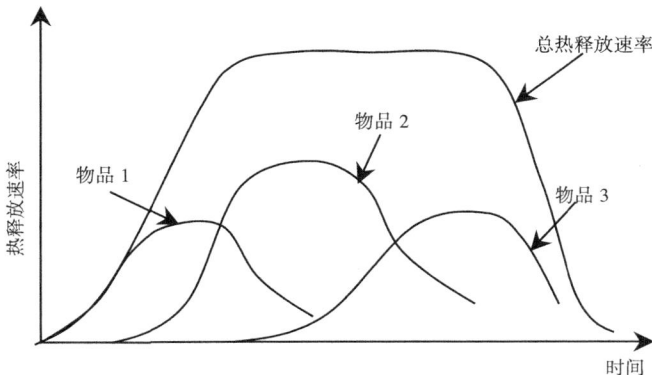

图 4.8 三件物品燃烧热释放速率曲线的设定

下面给出针对某一综合商业建筑进行火灾热释放速率的设定的算例。

建筑功能区域包括专卖店区、综合百货商店区、地下车库区。分别对各区的热释放速率进行设定。

(1) 专卖店区

专卖店区的各个专卖店与环境通过若干门相通,该区发生火灾后,若无消防扑救系统,则火灾可能发展成为轰燃,故设定专卖店区域火灾为经历火灾发展阶段及轰燃的火灾。分析专卖店区典型店铺的火灾荷载、房间面积、通风情况,计算得到各店铺的火灾增长系数和轰燃时的热释放速率、发生轰燃的时间如表4.9。

表 4.9　专卖店区热释放速率计算结果

房间面积/m²	房间总表面积/m²	通风因子 $A_w H_w^{1/2}$ /m^{5/2}	$\alpha^{1)}$/kW·s^{-2}	轰燃时热释放速率/kW	达到轰燃状态的时间/s
20	102.28	3.651827	0.0905	2178.175	155
30	134.16	7.303654	0.0905	3807.229	205
50	197.56	7.303654	0.0905	4301.749	218
65	252.04	10.95548	0.0905	6107.084	260

注: 店铺火灾荷载为480MJ/m², $\alpha_f = 2.6\times10^{-6}q_1^{5/3} = 0.0765$kW/s², $\alpha_m = 0.014$kW/s², $\alpha = \alpha_f + \alpha_m = 0.0905$kW/s²。

如果考虑房间中加装自动喷水灭火系统,则自动喷水灭火系统作用后可将火灾的热释放速率控制在一定值以下。

使用 DETECT-T2 和 DETECT-QS 模型计算自动喷水灭火系统的启动时间,输入参数如下:

喷头安装高度:　　　　　　　　3.5m;
喷头距火源中心的水平距离:　　3m;
环境初始温度:　　　　　　　　25℃(安装空调);
喷头启动温度:　　　　　　　　68℃;
响应时间指数:　　　　　　　　$RTI=28$m$^{1/2}$s$^{1/2}$, 50 m$^{1/2}$s$^{1/2}$, 75 m$^{1/2}$s$^{1/2}$;
火灾增长系数:　　　　　　　　$\alpha=0.0905$kW/s²。
计算结果如表 4.10。

表 4.10　安装自动喷水灭火系统后的热释放速率情况

RTI/m$^{1/2}$s$^{1/2}$	安装高度/m	喷头启动时间/s	此时火源面积/m²	此时火源功率/MW
28	3.5	94	1.00	0.80
50	3.5	110	1.37	1.10
75	3.5	120	1.63	1.30

(2) 综合百货商店区

综合百货商店区是一大面积空间建筑区域,区域内商品销售点布置采用"岛"

式布置。该区域内可燃物集中在各个销售"岛"上，可燃物成堆布置。某个销售"岛"起火后火灾类型可以按照大空间的局部火灾处理。将可燃物全部起火时的热释放速率作为火灾的最大热释放速率，而在从起火到达到最大热释放速率阶段可认为热释放速率是依照 t^2 规律增长的。"岛"式布置的示意图如图 4.9 所示。

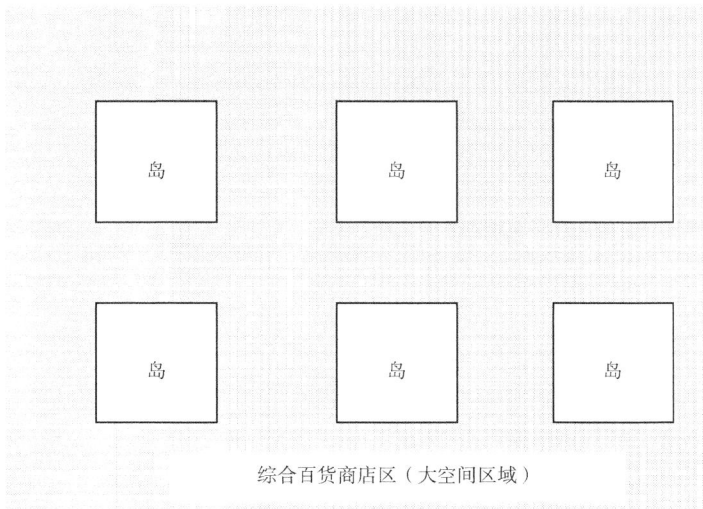

综合百货商店区（大空间区域）

图 4.9 商品销售点的"岛"式布置示意图

设计"岛"为 2m×2m 的区域，快速增长型火灾，$\alpha = 0.04689\mathrm{kW/s^2}$。

整个"岛"起火时间为 $t = l/v = 1/0.006 = 167\mathrm{s}$，此时的火灾功率达到最大，

$$\dot{Q} = \alpha t^2 = 1.3\mathrm{MW}$$

设计"岛"为 3m×3m 的区域，快速增长型火灾，$\alpha = 0.04689\mathrm{kW/s^2}$。

整个"岛"起火时间为 $t = l/v = 1.5/0.006 = 250\mathrm{s}$，此时的火灾功率达到最大，

$$\dot{Q} = \alpha t^2 = 2.9\mathrm{MW}$$

设计"岛"为 4m×4m 的区域，快速增长型火灾，$\alpha = 0.04689\mathrm{kW/s^2}$。

整个"岛"起火时间为 $t = l/v = 2/0.006 = 333\mathrm{s}$，此时的火灾功率达到最大，

$$\dot{Q} = \alpha t^2 = 5.2\mathrm{MW}$$

在自动喷水灭火系统作用下，火灾功率会被控制在一定的值以内。

输入参数：

喷头安装高度：　　　　　　　　　3.5m；

喷头距火源中心的水平距离：　　　3m；

环境初始温度：   25℃(安装空调)；

喷头启动温度：   68℃；

火灾增长速率： $\alpha = 0.04689 \text{kW/s}^2$。

针对 RTI(响应时间指数)不同的探头计算其响应时间及此时火灾的热释放速率情况，如表 4.11。

表 4.11   综合百货商店区安装自动喷水灭火系统后的热释放速率情况

$RTI/\text{m}^{1/2}\text{s}^{1/2}$	喷头启动时间/s	顶棚烟气温度/℃	此时火源面积/m²	此时火源功率/MW
28	120	83	1.63	0.68
50	140	93	2.22	0.92
75	150	100	2.55	1.06
105	160	110	2.90	1.20

(3) 地下车库

地下车库中主要可燃物是小型汽车，属于复合可燃物。在对其热释放速率进行分析时，采用根据已有的实测数据，依照可燃物起火的先后顺序确定可燃物组合的热释放速率的方法。

汽车发生火灾是汽车某一部分可燃物先起火燃烧，进而引燃汽车内其他可燃物，最后导致整个汽车起火燃烧。根据汽车各可燃物燃烧情况通过计算叠加得到汽车火灾过程的热释放速率随时间变化的规律。汽车内可燃物燃烧顺序为：仪表盘首先起火(由于控制线路短路)，当其热释放速率到达峰值时，引燃最靠近仪表盘的可燃物(前排坐椅，前车门内护板等)，之后当已燃烧可燃物的累计热释放速率到达峰值时，依次引燃最近的可燃物，在 1700s 时油箱破裂，热释放速率急速上升，到达峰值。得到的小汽车的热释放速率曲线如图 4.10 所示。

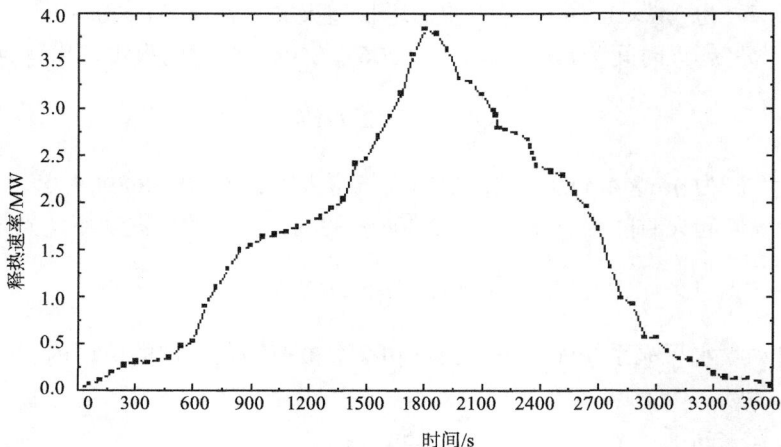

图 4.10   计算得到的汽车火灾热释放速率曲线

4.3.4　火灾危险度

建筑物的火灾危险度包括火灾对建筑物本身的破坏以及对建筑物内部人员和物质的伤害两个方面。对建筑物本身的破坏用 GR(建筑物火灾危险度)来表示，对建筑物内人员和物质的伤害用 IR(建筑物内火灾危险度)来表示，两方面的危险度共同决定了建筑物的火灾危险度[5]。火灾危险度概念的提出从一定程度上指出了如何对火灾危险源进行综合的分析。古斯塔夫火灾危险度法是一种半定量的风险分析方法，采用模糊数学中的一些方法对火灾危险源进行处理。它将火灾风险定义为若干因子，每个因子对应火灾危险源的不同特性[8]。

一、建筑物火灾危险度 GR 分析[31]

根据古斯塔夫(gustav purt)提出的有关公式，GR 可用下式计算：

$$GR = \frac{(Q_m \cdot C + Q_i)B \cdot L}{W \cdot R_i} \tag{4.24}$$

其中，Q_m 为可移动的火灾负荷因子，C 为易燃性因子，Q_i 为固定的火灾负荷因子，B 为火灾区域及位置因子，L 为灭火延迟因子，W 为建筑物耐火因子，R_i 为危险度减小因子。下面分别对各个因子的取值进行讨论。

Q_m 表示建筑物室内可移动的燃烧物对 GR 的影响，家具、衣物等都归入此类，通常采用折合标准木材的方法来表示，表 4.12 给出了移动可燃物与 Q_m 的关系。

表 4.12　移动可燃物与 Q_m 的关系

移动可燃物/kg·m⁻²	0~15	16~30	31~60	61~120	121~240
Q_m	1.0	1.2	1.4	1.6	2.0
移动可燃物/kg·m⁻²	241~480	481~960	961~1920	1921~3840	>2340
Q_m	2.4	2.8	3.4	3.9	4.0

C 表示可燃物的易燃性能，依据易燃性能分成 4 个等级，每一等级对应一个 C 的取值，表 4.13 给出了 C 的取值。

表 4.13　易燃性能 C 取值

可燃物等级	可燃物名称	C 取值
1	黄油、花生油、润滑油、切削油、醋酸纤维素、漂白粉、氯化氢、碳酸氢铵、氧化铝	1.0
2	柴油、沥青、原棉、碳、活性碳、甲酸、樟脑等	1.2
3	乙醇、粉末铝、地板腊、华弹、冰醋酸、丁醇等	1.4
4	汽油、烷类、碱金属、无水氨、纯乙醇、清漆等	1.6

当可燃物混合存在时，C 确定原则如表 4.14：

表 4.14   混合可燃物 C 确定准则

混合材料中，高危险等级材料含量	相应的危险等级
<10%	由重量占 90% 以上的可燃物决定
10%~25%	由重量占 75% 以上材料的危险等级加 1 决定
25%~50%	由重量占 25% 以上的高危险等级的材料决定

Q_i 表示建筑物构件中的可燃材料，一般也用折合木材量表示，表 4.15 给出相应木材量与 Q_i 的取值关系，及其相应的建筑物特点。

表 4.15 Q_i 的取值

可燃物量/kg·m^{-2}	支撑结构材料	天花板材料	墙壁材料	Q_i
0~20	混凝土、砖、钢	混凝土、钢	混凝土、钢、砖	0
21~45	钢	木材	混凝土、钢	0.2
46~70	木材、钢	木材	混凝土、砖	0.4
71~100	木材	木材	木材、瓦、铁皮	0.6

B 表示建筑物火灾区域对灭火活动难易程度的影响，一般分为 4 级，表 4.16 给出特征因素对 B 取值的影响。

表 4.16 B 的取值

等级	建筑物特征	B
1	火灾区域小于 1500m^2，层数小于 3，高度小于 10m	1.0
2	火灾区域 1500~3000 m^2，层数 4~8，高度 10~25，地下一层	1.6
3	火灾区域 3000~10000 m^2，层数大于 8，高度大于 25m，地下 2 层以上	1.8
4	火灾区域大于 10000 m^2	2.0

L 表示灭火设施以及其他和人力有关的因素，见表 4.17。

表 4.17 L 的取值依据

等级	消防队性质 \ 距消防队直线距离	1km	1~6km	6~11km	>11km
1	职业消防队、职工消防队	1.0	1.1	1.3	1.5
2	预备消防队、职工消防队	1.1	1.2	1.4	1.6
3	预备消防队	1.2	1.3	1.6	1.8
4	有后备队的乡镇消防队	1.3	1.4	1.7	1.9
5	无后备队的乡镇消防队	1.4	1.7	1.8	2.0

W 指建筑的耐火能力，根据耐火时间长短分为 7 级，表 4.18 给出耐火等级与 W 的取值表。

表 4.18　W 与耐火等级

耐火等级	耐火时间/min	墙壁材料	天花板材料	火灾荷载/kg·m⁻²	W
1	<30	无防护木质、钢结构墙	无防护的木结构、钢结构天花板		1
2	30	有石灰水泥防护层的木质及砖墙	有石棉保护层的木质天花板或钢板	37	1.3
3	60	无防护的钢筋混凝土墙及侧抹灰墙	1.5cm 厚的混凝土天花板	60	1.5
4	90	3cm 厚石棉防护或水泥石灰层的钢墙	有 2.5cm 厚石棉层的混凝土天花板	80	1.6
5	120	12cm 厚的烧砖土制墙		115	1.8
6	180			155	1.9
7	240	25cm 厚烧砖土制墙		180	2.0

上述六个因子计算出来的是最大危险度，实际要考虑使火灾危险度下降的因素 R_i，可参考表 4.19 取值。

表 4.19　R_i 的参考值

等级	主要状态	R_i
1	可燃物多、易于着火、堆放松散、面积大，对火蔓延有利	1
2	可燃物较多、着火性一般、堆放松散	1.3
3	25~50 物品难以着火、散热条件好、面积小于 3000m²	1.6
4	货物存放在容器中，包装紧凑、不易着火	2.0

二、建筑物内火灾危险度 IR 分析[31]

根据古斯塔夫建议的有关公式，IR 的计算采用如下公式：

$$IR = H \cdot D \cdot F \tag{4.25}$$

其中，H 为人员危险因子，D 为财产危险因子，F 为烟气因子。

H 的取值受人员多少、对建筑物疏散通道的熟悉程度、出口位置及数量等因素影响。概括起来由表 4.20 给出。

表 4.20　H 的取值依据

等级	危险程度	H
1	对人员的生命没有危险	1
2	对人员生命有危险，但不限制人员的活动(能自救)	2
3	对人员生命有危险，限制了人员活动(不能自救)	3

D 的取值受财产本身的价值、数量、易损情况等条件影响，见表 4.21。

表 4.21　D 的取值依据

等级	危险程度	D
1	建筑物内的财产不易损坏或价值不大	1
2	建筑物内的财产密度较大	2
3	建筑物内的财产价值很高，损坏厚无法赔偿	3

F 为烟气因子，主要考虑烟气的毒性、烟气浓度、哪些材料容易产生烟，烟的各种间接腐蚀性等。取值依据见表 4.22。

表 4.22　烟气因子 F 的取值范围

等级	给定状态	F
1	烟气的危害性不大	1
2	可燃物总量 20% 在燃烧时放出浓烟及有毒气体，建筑物内通风条件不好	1.5
3	可燃物总量的 50% 在燃烧时放出浓烟或有毒气体或可燃物总量的 20% 在燃烧时放出严重污染性浓烟	2.0

三、某机场航站楼的危险度分析结果

根据上述原则和计算方法，对某机场航站楼进行了分析，分别计算了其 GR 及 IR，见表 4.23，同时并绘制了如图 4.11 的火灾危险度分布图。

表 4.23　某机场航站楼火灾危险度

序号	场景	IR	GR
1	办公室	6	2.50
2	档案室	9	2.13
3	咖啡厅	3	1.64
4	餐厅	3	1.64
5	厨房	3	2.13
6	库房	4.5	2.86
7	电气室	6	2.50
8	服务间	3	1.64
9	垃圾间	1.5	1.64
10	商业区	8	3.25
11	候机夹层	6	1.24
12	候机大厅	4	1.24
13	候机贵宾室	6	1.73
14	行李分拣国内	6	1.49
15	行李分拣国际	6	1.49
16	行李仓库	4	3.33
17	安检	4	1.24
18	边检、海关	4	1.24
19	迎宾厅	4	1.24
20	办票大厅	4	1.24

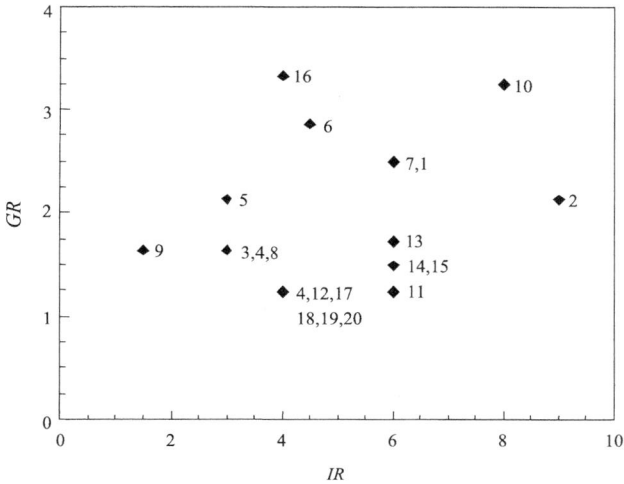

图 4.11　航站楼火灾危险度图

四、火灾危险度综合评价

由于 GR 表示对建筑物本身的破坏(建筑物火灾危险度)，IR 表示对建筑物内人员和物质的伤害(建筑物内火灾危险度)，两方面的危险度共同决定了建筑物的火灾危险度。那么，对于 GR 和 IR 不同的区域，所采取的防火措施、技术手段应该有所不同。当 GR 较大时，建议该区域采用自动灭火系统控制火灾、以加强建筑物的自救能力；当 IR 较大时，建议采用火灾早期报警系统，确保建筑物内人员能够及早获得火灾发生的信息，保障人员能够及早疏散至安全区域。当两者都较大时，应采取双重保护系统。如从图 4.10 可知，该航站楼的商业区既是人员聚集场所，又是火灾荷载及发生火灾风险较大的场所，因此它的 GR 和 IR 都较大，应该采用双重保护。

4.4　其他量化火灾风险评估模型

国外在火灾风险评估方面的基础数据的积累相对完善，加上性能化设计的工程应用背景，使得许多研究小组发展了火灾风险评估的应用模型并开发出相关的软件。由于这类模型密切结合防火设计的需要，并充分利用关于火灾防治的各个研究领域的研究成果，因而是一些综合性很强的风险分析工具。比较著名的有加拿大的 FireCAM^{TM} 模型、FierAsystem 模型，澳大利亚的 CESARE-Risk 模型，英国的 CRISP 模型等。下面就对这四个模型的结构特点做简要的介绍。

(1) FireCAM^{TM} 模型[25,26]

火灾风险与成本评估模型(fire risk evaluation and cost assessment model，FireCAM^{TM})是加拿大国家建筑研究院(NRC)开发的性能化设计工具，它通过分析所有可能发生的火灾场景来评估火灾对建筑物内人员造成的预期风险，同时还能评估消防费用(基建及维修)和预期火灾损失；运用统计数据来预测火灾场景发生的几率(如可能发生的火灾类型或火灾探测器的可靠性)，同时还运用数学模型来预测火灾随时间的变化(如火的发展和蔓延及人员的撤离)。它由若干子模型组成(图 4.12)，与建筑结构安全及其对生命安全影响的相关模型包括：边界元件失效模型(BEFM)、烟气运动模型(SMMD)、火灾蔓延模型(FSPM)、预期死亡数目模型(ENDM)、预期生命风险模型(ERLM)、财产损失模型(PLMD)、火灾耗费期望模型(FCED)。其中，BEFM 计算由于墙体和地板失效而发生火蔓延的概率；ENDM 计算建筑内一定数目的被困人群在火灾和烟气危害下预期的死亡人数；ERLM 是根据所有火灾场景下预期死亡人数计算火灾中建筑的预期生命风险；PLMD 计算某建筑每楼层特定火灾场景下热、烟和水对建筑结构和建筑内容造成的耗费；FCED 是根据某特定建筑设计中所有火灾场景下的财产损失计算总预期的火灾耗费。另外，建筑疏散模型(BEVM)需要安装的防火保护系统和建筑发生爆炸及塌陷的风险因子作为部分计算输入值；消防队响应模型(FDRM)需要建筑爆炸和塌陷的潜在危险性作为部分计算输入值；BEFM 需要的计算输入值主要有边界元件的抗火等级、建筑类型和尺寸以及火灾荷载，输出值则为边界元件在轰燃条件下失效的可能性。

以上火灾场景子模型的计算都是为了最后与每个场景发生的概率相结合，推导出两个具有决定性的参数：预期生命风险(expected risk to life, ERL)和火灾耗费期望(fire cost expectation, FCE)。两者的定义式分别为：

$$ERL = \frac{死亡人数_{建筑寿命}}{人口 \times 建筑寿命} \tag{4.26}$$

$$FCE = \frac{\Sigma(耗费_{防护} + 耗费_{维护} + 损失_{火灾})}{\Sigma(耗费_{建筑} + 耗费_{物品})} \tag{4.27}$$

其中，ERL 是火灾中建筑设计寿命内预期的死亡人数与建筑内可容纳人数与建筑设计寿命的比率，FCE 则是预期火灾总耗费(消极和积极防火保护系统资本耗费、积极防火保护系统维护费用和建筑内火蔓延造成的潜在耗费之和)与建筑本身及其内容总耗费的比率。

FireCAM^{TM} 对火灾蔓延的可能性及火灾后修复建筑物的费用采用了保守的估算，所以对财产损失的评估结果比实际要偏高。Magnusson 和 Rantatalo[27]发现

FireCAM 处理火灾蔓延过程比较粗略，不能作为确定总体火灾安全的工具，但可以用于评估生命安全。

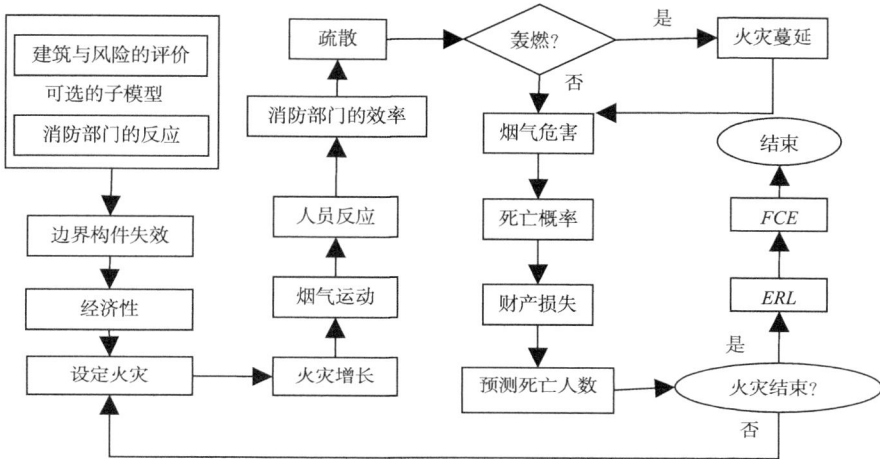

图 4.12 FireCAM^{TM} 模型的计算流程图

(2) FierAsystem 模型[28]

FierAsystem 是"fire evaluation and risk assessment system"的简称。它是 FireCAM^{TM} 模型中的风险评估概念在其他建筑场所的扩展模型，此模型主要用来评价仓库和飞机修理库等工业建筑的消防系统性能。FierAsystem 通过利用随时间变化的确定性的和概率的模型来评价选定火灾场景对生命安全、财产安全和工作中断所造成的损失。FierAsystem 包括 11 个子模型：火灾发展模型(fire development)、烟气产生与运动模型(smoke production and movement)、火灾探测模型(fire detection)、建筑构件失效模型(building element failure)、灭火有效性模型(suppression effectiveness)、消防队响应与扑救有效性模型(fire department response and effectiveness)、人员响应与疏散模型(occupant response and evacuation)、生命危险模型(life hazard model)、预期死亡人数模型(expected number of deaths)、经济性分析模型(economic model)、停工期模型(downtime model)。

(3) CESARE-Risk 模型[29]

CESARE-Risk(centre for environment safety and risk engineering, CESARE-Risk)是一个用于对建筑防火安全系统的性能进行量化风险评估的模型，由澳大利亚防火规范改革中心(fire code reform center, FCRC)开发。CESARE-Risk 模型与 FireCAM^{TM} 模型的内部结构相近，但编制形式差别较大，应用方式也有所不同。该模型采用了 Victoria University of Technology 的 V Beck 教授等较早研发的成本与效益比较模型来确定评价标准。该标准规定，依据可接受的性能化设计方案所计算出的火灾对生命的风险和火灾预期损失，应该等于或小于满足处方式设计规范要求的设计方案的水平。CESARE-Risk 包括 6 个子模型：事件树与预期值模型(event tree and expected value model)、火灾增长与烟气蔓延模型(fire growth and smoke spread model)、人员行为模型(human behaviour model)、消防队和工作人员模型(fire brigade model and staff model)、防火分隔物失效模型(barrier failure model)、经济性分析模型(economic model)。

(4) CRISPII 模型[30]

CRISPII(computation of risk indices by simulation procedures) 是通过 monte-carlo 模拟对所有的火灾场景进行分析的模型，由英国建筑研究中心(building research establishment, BRE)的火灾研究工作站(fire research station, FRS)开发。CRISPII 的基本框架是与人员行为和运动相耦合的多室烟气流动的区域模型。所有的物理对象均通过 Monte Carlo 控制器在不同的时间段进行管理。CRISPII 是一个区域模型。由于每个区域都能通过一个对象(object)来表示，所有这就很方便运用面向对象编程(object-oriented programming, OOP)。CRISPII 面向的对象分类主要包括：家具组合情况、热烟气层、冷空气层、墙壁、房间、感烟探测器、消防队和建筑物内的人员。随机方面的因素包括一些初始状态，如不同的窗户和门的开启或者关闭状态，建筑物内人员的数量、类型和位置，着火位置和燃烧物的类型。

参 考 文 献

[1]   Covello V T, Merkhofer MW. Risk assessment methods[M]//Approaches for Assessing Health and Environmental Risks, New York: Plenum Press, 1993.

[2]   Rassmussen N C. The application of probabilistic risk assessment techniques to energy technologies[M], In// Glickman, Gough. Readings in Risk, Resources for the Future, Washington, DC, 1990:195-206.

[3]   Wynne B. Risk and social learning: reification to engagement[M], In//Krimsky, Golding. Social Theories of Risk, Praeger, Westport, CT: 1992: 275-300.

[4]   Slovic P. Perception of risk: reflections on the psychometric paradigm[M], In//Krimsky, Golding. Social Theories of Risk, Praeger, Westport, CT: 1992: 117-152.

[5]   Kaplan S. The words of risk analysis[J]. Risk Analysis, 1997, 17(4).

[6]   Frantzich H. Uncertainty and risk analysis in fire safety engineering[M]//Copyright Institutionen för brandteknik, Lunds Tekniska Högskola, Lund: Lunds universitet, 1998.

[7]   Sekizawa A. Fire risk analysis: its validity and potential for application in fire safety: Proceedings of the 8th International Symposium on Fire Safety Science. International Association on Fire Safety Science, 2005[C]: 85-100.

[8]   Hall J R. Sekizawa A. Fire risk analysis: general conceptual framework for describing models[J]. Fire Technology, 1991, 27: 33-53.

[9]   张圣坤, 白勇, 唐文勇. 船舶与海洋工程风险评估[M]. 北京：国防工业出版社，2003.

[10] Watts J. Fire Risk Indexing[M]//SFPE handbook of fire protection engineering, national fire protection association, Quincy, MA: 2002.

[11]　NFPA 101A. Guide on alternative approaches to life safety[M]. National Fire Protection Association, Quincy, MA: 2004.

[12]　NFPA 101. Life safety code[M]. National Fire Protection Association, Quincy, MA: 2004.

[13]　Fitzgerald R. Building fire performance Analysis[M], Wiley, New York: 2004.

[14]　SFPE Risk Task Group. SFPE engineering guide to application of risk assessment in fire protection design, review draft, 2005.

[15]　David T Y, Noureddine B. How design fires can be used in fire hazard analysis[J]. Fire Technology, 2002,38:231-242.

[16]　田玉敏. 论性能化"防火设计中的"设计火灾场景[J]. 火灾科学，2003,12(1).

[17]　蒋永琨. 高层建筑防火设计手册[M]. 中国建筑工业出版社, 2000,12.

[18]　東京消防庁. 建築物の防災特性に応じ防火安全性の総合評価[M]. 火災予防審議会.2001.

[19]　Thomas F. BarryPE. Risk-Informed Performance Based Industrial Fire Protection[M].Tennessee: Tennessee Valley Publishing, 2002.

[20]　褚冠全, 孙金华. 性能化防火设计中的火灾危险源分析及设定火灾[J]. 火灾科学，2004,13(2): 111-115.

[21]　Ohmiya Y, Tanaka T, Notake H. Design fire load density based on risk concept [J]. J Archit Plann Environ Eng, 2002, 55(1): 1-8.

[22]　霍然，胡源，等. 建筑火灾安全工程导论[M]. 合肥：中国科学技术大学出版社,1999.

[23]　陈爱平, Mccaffrey 等. 估计轰燃前火灾温度方法的改进[J]. 火灾科学,2003, 12(2): 58-64.

[24]　Thomas P H. Testing products and materials for their contribution to flashover in rooms[J]. Fire Mater, 1981,5: 103-111.

[25]　Yung D, Hadjisophocleous G V, Proulx G,et al. Cost-effective fire-safety upgrade options for a canadian government office building[C]: Proceedings of International Conference on Performance-Based Codes and Design Methods, Ottawa, ON, 1996: 269-280.

[26]　Yung D, Hadjisophocleous G V, Proulx G. Modeling concepts for the risk-cost assessment model FiRECAMTM and its application to a Canadian government office building[C]// Proceedings of the 5th International Symposium on Fire Safety Science. International Association on Fire Safety Science, 1997: 619-630.

[27]　Magnusson S E，Rantatalo T.Risk assessment of timberframe multistorey apartment buildings: proposal for a comprehensive fire safety evaluation procedure department of fire safety engineering[R], Lund Institute of Technology, Lund University, Internal Report 7004, 1998.

[28]　Benichou N, Kashef A H, Reid I,et al. FIERAsystem: a fire risk assessment tool to evaluate fire safety in industrial buildings and large spaces[J]. Journal of Fire Protection Engineering, 2005, 15: 145-172.

[29]　Beck V R. CESARE-RISK: A tool for performance-based fire engineering design[C]: Proceedings of the 2nd International Conference on Performance-based Codes and Fire Safety Design Methods, Maui, Hawaii: 1998, 5: 3-9.

[30]　Fraser-Mitchell J N. An object-oriented simulation (CRISPII) for fire risk assessment[C]: Proceedings of the 4th International Symposium on Fire Safety Science. International Association on Fire Safety Science, 1994: 793-804.

[31]　范维澄、孙金华、陆守香等. 火灾风险评估方法学[M]. 北京:科学出版社，2004.

第5章 基于火灾动力学和统计理论耦合的
建筑火灾直接财产损失评估

5.1 引　　言

　　火灾可能导致的财产损失评估是火灾风险评估重要核心内容之一。从图 1.1 所示的火灾直接财产损失和 GDP 增长关系曲线可以看出,火灾造成的直接财产损失在整体上与 GDP 呈同步增长。并且从发展趋势来看,在当前和今后一段时间内,火灾将有所增多,危害相应增大的趋势不可能完全避免。在保证人员安全的前提下,尽可能地减少火灾带来的直接财产损失一直是消防工作者期待的目标。目前,火灾风险评估多侧重于关于建筑物发生火灾时的人员风险评估的研究[1, 2],而火灾时财产损失评估的相关研究多是侧重于消防投资决策等方面,且多着力于解决风险评估中的认识不确定性问题,而对火灾可能造成的后果即财产损失评估关注较少[3, 4]。随着性能化防火设计理念的引入和火灾保险业务的开展,火灾可能导致的财产损失评估已成为研究的热点。火灾财产损失评估结果对消防方案的科学决策和保险费率的合理厘定具有十分重要的意义。

　　一是为消防方案的科学决策提供可靠依据。增加安全投入可以提高安全效果,而建筑防火经费投入没有必要无限制的增加。因为当安全投入到达一定程度后,仍不断增加安全投入,安全效果的增加却相当微弱。在保证人员生命安全的前提下,找到火灾财产损失与消防投入的平衡点,选取合适的消防方案,实现火灾防治的科学性、有效性和经济性的统一是我们追求的目标。而达到这一目标一个十分重要的环节就是合理地评估火灾可能造成的财产损失。

　　二是为火灾保险费率厘定提供理论依据。国外火灾保险的成功经验表明,如果能将火灾保险和火灾防范措施有机地结合起来,火灾防治的有效性能起到事半功倍的效果。保险是一种信用行为,当保户向保险公司交付了保险费,签订了保险合同,保险公司就承担了风险发生后补偿损失的义务,基本保险费率的厘定必须建立在科学、合理的风险评估基础之上。将火灾保险归为一般财产保险中,抹杀了火灾本身所具有的确定性和随机性的双重规律。同时,火灾基本保险费率的厘定在定性,经验的模式下进行也存在很多不科学、不合理的因素。火灾风险评估是建筑火灾保险金额、基本保险费率厘定的理论依据。科学的火灾基本保险费率的厘定必须以火灾风险的评估结果为依据。风险评估与保险接轨的关键在于火灾财产损失评估,它是两者联系的根源,也是连接消防与保险的纽带。

综上所述，很有必要开展火灾直接财产损失评估的研究。传统的火灾财产损失评估方法仅能定性或半定量地对建筑物火灾造成的危害进行分析，这些方法虽然可以从某种程度上得到一些有用的结果，但在很大程度上具有一定的经验性和模糊性，已不能满足当前财产损失评估结果量化程度越来越高的要求。当前关于火灾损失方面的研究主要体现在以下两方面：

一方面，基于火灾统计数据，按照建筑分类统计分析火灾财产损失[5,6]。在这些研究中，由于其目的是为了确定火灾保险费率，所以为了体现"大数"原则，宏观地对相同功能的建筑火灾损失的整体水平进行了估算，仅考虑了火灾随机性这一特点，而没有体现火灾确定性规律的特征。

另一方面，基于已有的火灾损失统计数据，利用灰色理论预测未来一段时期内的火灾损失[7,8]。在这些研究中，火灾损失是作为一种灾害损失来考虑的，其主要目的是基于当前的火灾损失情况，预测未来一段时间内的火灾损失。

当前火灾损失的研究现状，要么是基于定性描述或半定量打分形式的火灾损失评估；要么是侧重于从火灾统计数据出发，仅考虑火灾双重性规律中的随机性这一特征，宏观地预测火灾损失情况的评估。而对于具体的建筑物而言，火灾财产损失方面的研究开展较少[9,10]，一般是利用系统安全分析中事件树分析方法，考虑影响火灾发展的因素，得到一系列不同情况，实现概率的定量分析。因为单纯依靠事件树分析，所以在对事件树的每个分支进行财产损失评估时，通常分为建筑损坏、设备损坏等若干类别，通过半定量的打分方式进行估算[11]。使得在风险评估过程中，火灾动力学因素没有得到体现，无法对建筑物可能造成的火灾损失进行定量评估。因此，单纯从火灾确定性规律或随机性规律出发，很难定量评估火灾造成的财产损失。需要将火灾动力学与概率统计规律结合起来，实现对建筑火灾造成的直接财产损失进行定量评估。在此基础上，本文基于建筑火灾发展蔓延在不同时刻的动力学特征，提出了火灾发展分阶段与事件树分析方法相结合的火灾直接财产损失评估方法。

5.2　基于建筑火灾特点与防灭火措施的火灾阶段划分

火灾从起火室蔓延至建筑物内其他区域除了受到建筑结构(如建筑分隔情况、建筑物分隔墙的耐火极限等)与可燃物特性及放置状况的影响之外，建筑物内的防灭火措施也是一个十分重要的影响因素。虽然一些建筑物内设置了相关的消防设施，但火灾发生时，由于防灭火措施系统的不可靠性，火灾有可能继续发展蔓延。因此，为了更加客观、准确地对建筑火灾造成的直接财产损失进行评估，很有必要考虑建筑物内防灭火设施的可靠性和有效性。在不同阶段，火灾发展主要受建筑物内防灭火措施的影响，这里以火灾成长概率和火灾发生后建筑物的烧损面积为目标函数，对火灾发生后的成长概率和火灾的直接损失做出评估。根据火灾发展过程中的不同危险程度和消防设施防灭火的效果，将火灾从起火到蔓延至整个防火分区划分为 5 个阶段。结合系统安全分析的方法对每个阶段火灾风险、火灾成长概率进行分析，对火灾发生后的烧损面积进行预测。每个阶段的特点及主要防灭火措施如表 5.1 所示。

表 5.1　火灾不同发展阶段的划分及特征

火灾发展阶段	防灭火措施	特征
阶段 1	灭火器	火灾处于初级阶段，热释放速率较小，可以被灭火器扑灭
阶段 2	室内消火栓水喷淋	火灾发展到一定阶段，室内灭火器已经不能将火灾有效地扑灭(或控制)，需要借助室内消火栓或自动水喷淋扑灭(或控制) 火灾
阶段 3	消防队	火灾发展到旺盛燃烧的阶段。火势发展较快，并很有可能发生轰燃
阶段 4	起火室通向相邻区域的门	起火室所有可燃物开始燃烧
阶段 5	消防队，防火卷帘	火灾进一步发展，由起火室蔓延到整个防火分区

图 5.1 的火灾不同发展阶段的概念图更加清楚地说明了本文划分的 5 个火灾发展阶段以及各自的影响因素。

阶段 1 是从着火到能够被建筑物内人员使用灭火器扑灭的阶段。这个阶段火灾处于初期发展阶段，热释放速率较小、产生的烟气较少、是控制火灾发展蔓延的最佳时机。

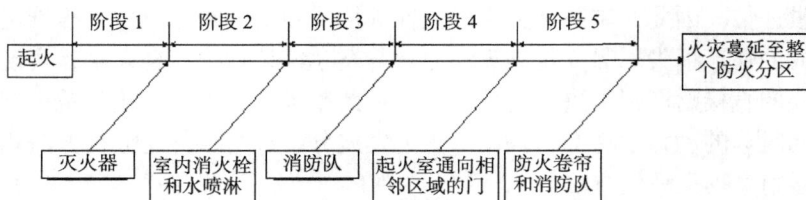

图 5.1　火灾不同发展阶段的概念图

阶段 2 是使用灭火器扑救失败，使得火灾在阶段 1 没有得到有效的扑灭或控制，导致火灾继续发展的阶段。此时，室内的灭火器已经不能将火灾有效地扑灭，需要借助于自动水喷淋或室内消火栓进行灭火。

阶段 3 是水喷淋或使用室内消火栓灭火失败，火灾没有得到控制而继续发展到充分发展阶段。在这个阶段很有可能形成轰燃，使得起火室的可燃物基本上都开始燃烧。当火灾发展到这个阶段时，仅仅依靠建筑物内的灭火设施的自救已经很难扑灭或控制火灾了，需要借助消防队的力量来控制火灾。

阶段 4 是阶段 3 轰燃之后，起火室内所有可燃物开始燃烧，但由于起火室分隔墙或门的关闭，使得火灾未蔓延至相邻区域。这个阶段火灾能否蔓延出起火室的主要影响因素是分隔墙或门的耐火时间。

阶段 5 是由于起火室火灾持续时间超过分隔墙或门的耐火时间或阶段 4 消防队扑救的不及时，导致火灾蔓延至起火室所在的防火分区的阶段。这个阶段只能通过防火卷帘的关闭来阻止火灾向其他防火分区蔓延，为消防队控制火灾的蔓延赢得宝贵时间。

下面通过引入事件树分析，将每个阶段的防灭火措施作为影响事件考虑其中，分析计算每个阶段火灾的成长概率。并基于各阶段火灾动力学的特征，对每个阶段的临界时间进行计算。

5.2.1　阶段 1 火灾的成长概率及临界时间

假定火灾在建筑物内某防火分区开始起火。阶段 1 是指火灾还处于初期阶段，可以被灭火器扑灭。此阶段火灾能否被及时发现与扑灭，主要取决于火灾探测报警系统和灭火器工作的可靠性。如果火灾发生后，自动探测系统能够及时动作发出警报，那么建筑物内的人员就有可能利用灭火器将火灾扑灭。如果自动探测报警系统没有能够及时动作，那么火灾就会继续发展，即使被建筑物内的人员发现，此时的火灾已经不能被灭火器扑灭。本文利用事件树的方法分析了在火灾探测报警系统和灭火器这两种防灭火设备的影响下，阶段 1 火灾可能的发展情况，图 5.2 是影响阶段 1 火灾发展的事件树。

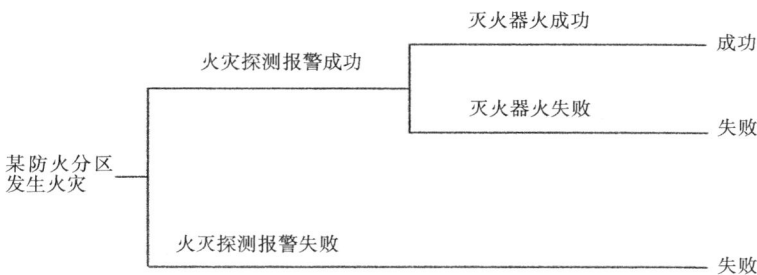

图 5.2　阶段 1 事件树

图 5.2 从火灾探测报警系统和灭火器的防灭火有效性分析了火灾在阶段 1 发展的可能结果。利用事件树的分析方法，可以计算出火灾发展超出阶段 1 的概率

$$P_{ph1} = P_{de}(1 - P_{fe}) + (1 - P_{de}) = 1 - P_{de}P_{fe} \tag{5.1}$$

式中，P_{ph1} 为火灾发展超出阶段 1 的概率；P_{de} 为火灾探测报警成功的概率；P_{fe} 为灭火器灭火成功的概率。

为了对发生火灾后可能导致的直接财产损失进行评估，还需要得到每个阶段的临界时间。对于阶段 1 而言，火灾能否超出阶段 1 主要看建筑物内的人员能否成功地使用灭火器控制或扑灭火灾。如果火灾经过一段时间发展，热释放速率超过灭火器的灭火极限，火灾就会超过阶段 1 而继续发展。阶段 1 的临界时间就是灭火器刚好可以将火灾扑灭时，火灾发展经历的时间。影响灭火器灭火的因素是火源的热释放速率。火灾初期的热释放速率是控制火灾主要关心的问题之一[12]。源于火灾实验或真实火灾的数据显示从起火到旺盛燃烧阶段，热释放速率大体按指数规律增长，通常可以用下面的二次方程描述[13]：

$$Q = \alpha (t - t_0)^2 \tag{5.2}$$

式中，α 为火灾增长系数(kW/s²)；t 为点火后的时间(s)；t_0 为开始有效燃烧所需的时间(s)。火灾的初期增长可分为慢速、中速、快速、超快速四种类型[14,15]，各类的火灾增长系数依次为 0.002931、0.01127、0.04689 和 0.1878。

这里认为开始有效燃烧所需的时间就是火灾发生到火灾探测报警的时间。根据文献[16]，在火源的热释放速率没有超过 950kW 的时候，火灾可以被灭火器扑灭。那么，火源热释放速率达到 950kW 时所对应的时间即是火灾可以被灭火器扑灭的临界时间，可由式(5.3)得到：

$$t_{950} = \sqrt{\frac{950}{\alpha}} + t_{fa} \tag{5.3}$$

式中，t_{950} 为火灾可以被灭火器扑灭的临界时间(s)；t_{fa} 为火灾发生到探测报警的时间(s)。

阶段 1 的临界时间 T_{ph1} 就等于火灾可以被灭火器扑灭的临界时间，即：

$$T_{ph1} = t_{950} \tag{5.4}$$

5.2.2　阶段 2 火灾的成长概率及临界时间

如果灭火器灭火失败，就会导致火灾进一步发展，火灾就会超过阶段 1 而发展到阶段 2，这时灭火器已经不能有效地控制、扑灭火灾。阶段 2 是利用自动水喷淋或室内消火栓灭火的阶段。在这个阶段影响火灾发展的主要因素是室内自动水喷淋、消火栓和排烟设备的工作状况。如果水喷淋启动成功，那么火灾就会被扑灭或控制。如果水喷淋启动失败，那么就需要人员使用室内消火栓进行灭火。在阶段 2，火灾处于发展阶段，室内温度逐渐升高，同时会产生大量高温、有毒的烟气，这些高温、有毒的火灾烟气对人员使用室内消火栓扑救火灾十分不利。所以，排烟设备的及时启动是保证人员使用室内消火栓成功扑灭火灾的关键。图 5.3 所示的事件树在考虑水喷淋、排烟设备和室内消火栓的情况下，分析阶段 2 火灾发展的可能结果。

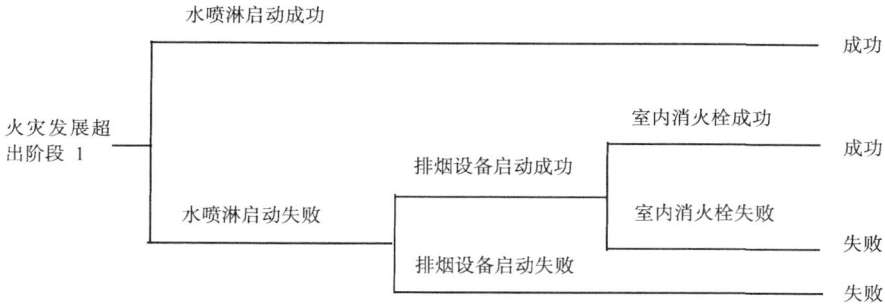

图 5.3　阶段 2 事件树

通过对图 5.3 的事件树进行分析，火灾发展超出阶段 2 的概率可由式(5.5)得到：

$$
\begin{aligned}
P_{ph2} &= P_{ph1}\left[P_{me}\left(1-P_{sp}\right)\left(1-P_{hy}\right) + \left(1-P_{sp}\right)\left(1-P_{me}\right)\right] \\
&= P_{ph1}\left(1-P_{sp}\right)\left(1-P_{me}P_{hy}\right)
\end{aligned}
\tag{5.5}
$$

式中，P_{ph2} 为火灾发展超出阶段 2 的概率；P_{me} 为排烟设备启动成功的概率；P_{sp} 为自动水喷淋灭火成功的概率；P_{hy} 为室内消火栓灭火成功的概率。

在阶段 2，火灾发展过程中会产生一些高温、有毒的烟气，当这些高温、有毒的烟气下降到对人有危害的高度时，就会影响人使用室内消火栓灭火。火灾中的危险状态是指火灾环境可对室内人员造成严重伤害的火灾状态。现在一般根据以下三种因素判定火灾对人员构成的危险：火焰和烟气的热辐射、烟气层的高温以及烟气中的有毒气体的浓度。实验表明：当人体接受的热辐射通量超过 0.25 W/cm^2 时，将造成严重灼伤。当上部烟气层的温度高于 180~200℃时，它对人体的辐射危害就会达到这种程度。而热烟气层降至与人体直接接触的高度时，即烟气层界面低于人眼特征高度，对人的危害将是直接烧伤或吸入热气体引起的，这种危险状态应使用另一个略低的烟气温度表示。根据实验，此值约为 110~120 ℃。在烟气层界面低于人眼特征高度时，还可以根据某种有害燃烧产物的临界浓度判定是否达到了危险状态，例如当 CO 浓度达到 $2.5 \times 10^3 \mu$l/L 就可对人构成严重危害。在火灾中，这三种危险状况哪一个先到达就采取哪一个作为判断依据。人眼的特征高度通常为 1.2~1.8 m。环境温度一般取为 21℃左右。

这里取烟气层的高度下降到 1.5m 高度时的时间为阶段 2 的临界时间 T_{ph2}。达到危险状况的时间既可以根据实验数据整理出来的经验公式，也可以通过成熟的计算程序得到。由于区域模拟程序具有一定的精度，而计算工作量又不太大，如

ASET 程序、CFAST 程序等均可较快地计算出室内火灾中达到危险状态所需的时间，所以这里通过区域模拟软件计算阶段 2 的临界时间。

5.2.3 阶段 3 火灾的成长概率及临界时间

自动水喷淋、排烟系统或室内消火栓的失效会导致火势的进一步发展。这时，单纯依靠建筑物内的灭火设施已经不能有效地控制火灾的发展，只能依靠消防队的扑救，如果阶段 2 之后未得到消防队的及时扑救，火灾就会发展到阶段 3。阶段 3 即火灾超出阶段 2 发展到旺盛燃烧开始的阶段。随着火灾的发展，燃烧释放出大量的热量，在顶棚和墙壁的限制下，这些热量不会很快从其周围散失。顶棚和墙壁上部受到燃烧生成的热烟气的加热。如果火焰区的体积较大，火焰还可直接撞击到顶棚，甚至随烟气顶棚射流扩散开来，这样向扩展顶棚传递的热量就更多。反过来，扩展顶棚温度的升高，又可以辐射到可燃物。另外，不断增加的热烟气层的厚度和温度对房间下方的热辐射也不断增强。如果可燃物较多且通风条件足够好，就有可能发生轰燃。

这个阶段火势发展较快，并有可能发生轰燃。火灾发展超出阶段 3 的概率可由式(5.6)得到：

$$P_{ph3} = P_{ph2}\left(1 - P_{fb3}\right) \tag{5.6}$$

式中，P_{ph3} 为火灾发展超出阶段 3 的概率；P_{fb3} 为阶段 3 消防队及时有效扑救的概率。

阶段 3 的临界时间即是火灾从开始发展到旺盛燃烧阶段经历的时间。判断轰燃出现的依据有两个：顶棚温度和地板平面处的辐射通量。一般认为当着火室烟气层的温度大于 600℃或地板处的辐射通量大于 20kW/m² 时就会发生轰燃[17, 18]。火灾轰燃之前的烟气层温度可由文献[19, 20]提出的公式计算。

$$T_{ht} = 0.0236Q^{\frac{2}{3}}\left(h_k A_T A\sqrt{H}\right)^{-\frac{1}{3}} T_{\infty} + T \tag{5.7}$$

$$h_k = \sqrt{k\rho C/t_{fo}} \tag{5.8}$$

$$Q = \alpha\left(t - t_{fa}\right)^2 \tag{5.9}$$

式中，T_{ht} 为烟气层温度(℃)；Q 为热释放速率(kW)；h_k 为室内墙壁的有效传热系数(kW/m²K)；A_T 为房间内表面积(m²)；A 为房间开口面积(m²)；H 为房间开口高度(m)；T_{∞} 为环境温度(K)；T_0 为房间初始温度(℃)；k 为内衬材料的导热系数

(kW/mK)；ρ 为内衬材料的密度(kg/m^3)；C 为内衬材料的比热(kJ/kgK)；t_{fo} 为火灾燃烧特征时间(s)。

　　根据不同室内装修材料确定烟气层温度，结合式(5.7)、(5.8) 和(5.9) 就可以得出阶段 3 的临界时间 T_{ph3}，即：

$$T_{ph3} = t_{fo} \tag{5.10}$$

5.2.4　阶段 4 火灾的成长概率

　　建筑物内某个局部起火之后，如果可燃物较多且通风条件足够好，则明火可以逐渐扩展，乃至蔓延到整个房间，在这种情形下就会出现轰燃。发生轰燃之后，标志着火灾充分发展阶段的开始，室内所有可燃物几乎都开始燃烧。此时，由于起火室被分隔墙或门与相邻区域分隔开，所以火灾能否蔓延至相邻区域主要受分隔墙或门的耐火时间的影响，并有可能出现以下两种结果：(1)火灾持续时间小于分隔墙或门的耐火时间，火灾未蔓延至相邻区域；(2)火灾持续时间大于分隔墙或门的耐火时间，火灾蔓延至相邻区域。可见，火灾能否超出阶段 4 而继续发展，火灾持续时间是一个重要的因素。由于火灾初级阶段可燃物的消耗较少可以忽略，那么充分发展阶段火灾的持续时间可根据起火室可燃物的总量与火灾时可燃物的质量燃烧速率来估算。

$$t_{dur} = \frac{W}{\dot{m}} \tag{5.11}$$

式中，t_{dur} 为火灾持续时间(s)；W 为起火室内可燃物的重量(kg)；$\dot{m}$ 为质量燃烧速率(kg/s)。

　　起火室可燃物的重量可以通过火灾荷载和地板面积得到

$$W = A_f \cdot q \tag{5.12}$$

式中，A_f 为起火室地板面积(m^2)；q 为火灾荷载(kg/m^2)。

　　Kawagoe[21]等用木垛为燃料，对室内火灾的发展进行了较系统的研究，发现轰燃后的火灾，燃烧速率与通风口的面积和形状的关系可用下式描述：

$$\dot{m} = 5.5A\sqrt{H} \tag{5.13}$$

式中，A 为通风口的面积(m^2)；H 为通风口的高度(m)。

式(5.13) 表达的燃烧速率单位为 kg/min，如果将其转化为 kg/s，则有

$$\dot{m} = 0.092A\sqrt{H} \tag{5.14}$$

综合式(5.11)、(5.12) 与(5.14) 可得：

$$t_{dur} = \frac{A_f q}{0.092 A \sqrt{H}} \qquad (5.15)$$

令 $k = \dfrac{A_f}{0.092 A \sqrt{H}}$，它是表征建筑物结构特征的一个参数，它与建筑物的地面面积、窗口面积及开口高度有关。此时，火灾的持续时间为

$$t_{dur} = k \cdot q \qquad (5.16)$$

调查统计结果显示，相同功能建筑物内的火灾荷载服从对数正态分布[22]，即各类功能建筑物内的火灾荷载的分布规律可由下式来表示

$$f(q) = \frac{1}{\sqrt{2\pi}\sigma_{\ln q} q} \exp\left[-\frac{(\ln q - \mu_{\ln q})^2}{2\sigma_{\ln q}^{2}} \right] \qquad (5.17)$$

另据对数正态分布的性质，火灾荷载 q 服从对数正态分布，那么 $\ln q$ 则服从正态分布。式(5.17)中的 $\mu_{\ln q}$ 与 $\sigma_{\ln q}$ 为正态分布 $f(\ln q)$ 的平均值和标准差，那么火灾荷载服从对数正态分布 $f(q)$ 的平均值和方差分别为

$$\mu_q = \exp\left(\mu_{\ln q} + \frac{1}{2}\sigma_{\ln q}^2 \right) \qquad (5.18)$$

$$\sigma_q^2 = \exp\left(\sigma_{\ln q}^2 + 2\mu_q \right)\left(e^{\sigma_{\ln q}^2} - 1 \right) \qquad (5.19)$$

基于式(5.18)与(5.19)可得正态分布的 $f(\ln q)$ 的平均值和标准差 $\mu_{\ln q}$ 与 $\sigma_{\ln q}$

$$\mu_{\ln q} = \ln \frac{\mu_q}{\sqrt{1 + \dfrac{\sigma_q^2}{\mu_q^2}}} \qquad (5.20)$$

$$\sigma_{\ln q} = \sqrt{\ln\left(1 + \frac{\sigma_q^2}{\mu_q^2} \right)} \qquad (5.21)$$

对式(5.16)两边取自然对数

$$\ln t_{dur} = \ln k + \ln q \qquad (5.22)$$

根据正态分布的性质，$\ln t_{dur}$ 也服从正态分布，相对于 $\ln q$ 而言，只是概率密度曲线向坐标轴右方平移了 $\ln k$，即

$$f\left(\ln t_{dur}\right)=\frac{1}{\sqrt{2\pi}\sigma_{\ln t_{dur}}}\exp\left[-\frac{\left(\ln t_{dur}-\mu_{\ln t_{dur}}\right)^2}{2\sigma_{\ln t_{dur}}{}^2}\right] \qquad (5.23)$$

式中，$\mu_{\ln t_{dur}}$ 与 $\sigma_{\ln t_{dur}}$ 分别为正态分布 $f\left(\ln t_{dur}\right)$ 的平均值与标准差。

对于一座建筑的某起火室而言，$\ln k$ 为一常数，根据正态分布的性质，$f\left(\ln t_{dur}\right)$ 的平均值和标准差为

$$\mu_{\ln t_{dur}}=\ln\frac{\mu_q}{\sqrt{1+\dfrac{\sigma_q^2}{\mu_q^2}}}+\ln k \qquad (5.24)$$

$$\sigma_{\ln t_{dur}}=\sqrt{\ln\left(1+\frac{\sigma_q^2}{\mu_q^2}\right)} \qquad (5.25)$$

阶段 4 火灾能否突破墙或门的分隔，从而蔓延至相邻区域主要取决于火灾的持续时间和墙或门的耐火时间极限。如果耐火时间极限是 $t_{\max}$，则当火灾持续时间 $t>t_{\max}$ 时，表示阶段 4 火灾突破分隔开始蔓延至相邻区域，

$$P_{fail}=\int_{t_{\max}}^{\infty}f\left(t_{dur}\right)\mathrm{d}t_{dur} \qquad (5.26)$$

式中，P_{fail} 为阶段 4 火灾开始蔓延至相邻区域的概率。

基于式(5.26)，火灾发展超出阶段 4 的概率为

$$P_{ph4}=P_{ph3}\cdot P_{fail} \qquad (5.27)$$

式中，P_{ph4} 为火灾发展超出阶段 4 的概率。

5.2.5　阶段 5 火灾的成长概率

火灾发展到旺盛阶段之后，就会向同一防火分区的其他房间蔓延，从而导致其他房间着火，使得整个防火分区内发生火灾。为了防止火灾蔓延出防火分区，防火卷帘需要及时降下关闭。除此之外，消防队及时有效的扑救也是防止火灾蔓延出防火分区的一个重要因素。阶段 5 是指火灾由起火室蔓延到整个防火分区。图 5.4 所示的事件树是在考虑防火卷帘和消防队的影响下，分析阶段 5 火灾发展

的可能结果。

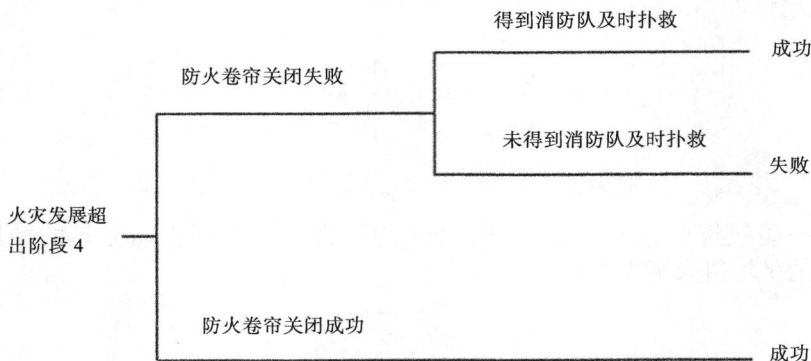

图 5.4   阶段 5 事件树

图 5.4 从防火卷帘关闭的有效性和消防队及时扑救的有效性的角度，利用事件树分析了火灾蔓延出防火分区的可能性，通过阶段 5 的事件树，火灾发展超出阶段 5 的概率可以由式(5.28) 得到：

$$P_{ph5} = P_{ph4}\left(1 - P_{fc}\right)\left(1 - P_{fb5}\right) \tag{5.28}$$

式中，P_{ph5} 为火灾发展超出阶段 5 的概率；P_{fc} 为防火卷帘关闭成功的概率；P_{fb5} 为阶段 5 消防队及时有效扑救的概率。

5.2.6   建筑火灾烧损面积和财产损失的评估

前面基于建筑火灾发展特点与防灭火措施的实施效果，将火灾从初始发展到蔓延至整个防火分区分为 5 个阶段，并通过事件树分析得到了每个阶段的成长概率。本研究的目标是对建筑物可能导致的火灾直接财产损失进行评估，根据本文对火灾风险的定义，这里还需要计算每个阶段可能造成的后果，即烧损面积或财产损失。

阶段 1、阶段 2 和阶段 3，即从起火到旺盛燃烧阶段，由于火源的热释放速率随时间成 t^2 规律增长，故可以认为火焰是以着火点为圆心，以圆形向四周蔓延，并引燃其他可燃物。烧损面积是指火焰蔓延达到的区域的面积。这样，对于前 3 个阶段的烧损面积就可以通过式(5.29) 进行计算。

$$A_i = \pi\left[\, v\left(T_{phi} - t_{fa}\right)\right]^2 \tag{5.29}$$

式中，A_i 为火灾发展到阶段 i 时，建筑物的烧损面积(m^2) ($i=1,2,3$)；T_{phi} 阶段 i 的临界时间(s)；v 为火蔓延速度(m/s)，其大小取决于火灾场景可燃物的特性。

对于阶段 4，火灾处于充分发展阶段，室内所有可燃物的都开始燃烧，此时的烧损面积 A_4 为起火室的面积。对于阶段 5，由于火灾已经蔓延至整个防火分区，此时的烧损面积 A_5 应为起火室所在防火分区的面积。

火灾发生后起火室所在防火分区的预期烧损面积受以下两个因素的影响：每个阶段的火灾成长概率和发展到每个阶段时建筑物的烧损面积。通过式(5.1)~(5.29)，可以得到火灾发生后起火室所在防火分区的预期烧损面积为：

$$A_{fda} = \sum_{i=1}^{3} \left(P_{phi} \cdot A_i \right) + A_4 P_{ph4} + A_5 P_{ph5} \tag{5.30}$$

式中，P_{phi} 为火灾发展超出阶段 i 的概率($i=1,2,3$)；A_{fda} 为起火室所在防火分区预期的烧损面积(m^2)。

5.2.7　建筑火灾直接财产损失

式(5.30)为火灾一旦发生之后，预测建筑物在不同防灭火措施下烧损面积的计算式。前面的分析是在认为火灾已经发生的前提下进行的，此外，具体到不同类型的建筑，由于可燃物的特性及建筑环境的差异，起火概率差别也比较大。因此，为了有必要将火灾发生频率引入到火灾直接财产损失评估中。

$$S_{fda} = P_{if} A_{floor} A_{fda} \tag{5.31}$$

式中，S_{fda} 为建筑物每年可能的火灾烧损面积(m^2)；P_{if} 为建筑物发生火灾的频率($1/\text{m}^2\text{a}$)，这个数据一般可以通过统计得到；A_{floor} 为建筑物的地板面积(m^2)。

如果该建筑物单位面积的财产密度为 f_m (元/m^2)，则每年可能的火灾财产损失为：

$$L_m = f_m S_{fda} = f_m P_{if} A_{floor} A_{fda} \tag{5.32}$$

5.3　火灾引起建筑物坍塌的评价方法

在前面的各节中基于火灾动力学和统计理论，事件树分析方法，对火灾超出各个阶段的概率进行了分析，给出了火灾超出各个阶段的概率的计算方法。进而通过分析各个阶段火灾特点和防灭火设备的可靠性，给出了各阶段临界时间的计算方法，在此基础之上，推导出了不同功能建筑、不同防灭火设备和防灭火可靠性下火灾发生后烧损面积的预测方法。

　　火灾不仅会造成巨大的财产损失和大量的人员伤亡，有时还会造成整个建筑物的整体坍塌，使灾害进一步扩大。由于当今城市的地价非常昂贵，建筑的特点由传统的低层或多层建筑向中高层或超高的大型建筑转变，建筑材料也由传统的砖瓦向钢材转变。这是因为钢材不仅具有良好的力学性能和可加工性，而且在建筑行业中具有安全、环保(不易着火、低污染、低能耗、重复利用)、经济(结构及基础造价低、施工工期短)等特点，钢结构建筑已逐步显示出优势。我国的建筑方针也已从节约用钢转为鼓励建筑用钢[23]。

　　钢以及混凝土受热后力学性能下降是它们的共同弱点，特别是钢材受热后力学性能明显下降。虽然钢材为非燃烧材料，但由于火灾发生时的长时间烧烤，当钢的温度达到 400°C 时，有些耐热性差的钢材的屈服强度将下降到室温下强度的一半，当温度达到 600°C 时，钢材基本失去其强度和刚度。所以当火灾的持续时间超过建筑物的最大耐火时间时，极有可能会造成该建筑物的整体坍塌。"九·一一"世贸大厦的整体坍塌就是最典型事例，它不仅造成了巨额财产损失，还使数以千计的人失去了宝贵的生命。在我国由于火灾造成的建筑物特别是钢架结构建筑物坍塌的事例也很多。如 1986 年 2 月 8 日发生于唐山棉纺厂的火灾造成了钢架结构的厂房的整体坍塌；1987 年 4 月 21 日发生于江油电厂俱乐部的火灾，在燃烧 20 分钟后整体坍塌。再如，2003 年 11 月 3 日凌晨，位于湖南省衡阳市珠晖区广东路街道宣亭村一栋 8 层商住楼发生特大火灾。火灾是从一楼仓库引起并迅速蔓延，衡阳市消防支队 160 多名官兵接警后，迅即赶到现场扑救，消防官兵、公安干警和民兵冒着生命危险，奋力扑救，逐户逐人组织疏散，将该楼 96 户、412 名居民全部撤离到安全地带。虽然居民无一伤亡，但是上午 8 时 30 分左右，消防官兵在扑灭余火时，该楼突然整体倒塌，共造成参与救火的 20 名消防官兵牺牲，现场指挥救火的衡阳市消防支队政委张晓成不幸牺牲。图 5.5 为美国世界贸易大厦和中国衡阳商住楼倒塌后的废墟。

图 5.5　美国世界贸易大厦和中国衡阳商住楼倒塌后的废墟

切实可行的建筑物火灾安全性能化设计离不开科学的火灾风险评估方法。对于不同功能结构的建筑物，要不要对其主体结构进行防火保护，如果要进行防火保护需要达到怎样的保护程度。要回答这样的问题不仅要充分了解不同建筑材料在不同温度下的力学特性，还必须对不同功能结构建筑物火灾时的坍塌概率进行估算。

由于不同功能建筑物的火灾荷载不同，当火灾一旦发生并发展成盛期火灾时，它的燃烧持续时间不同，则由火灾而引起的建筑物整体坍塌的可能性也就不同。本研究利用概率与统计理论对典型建筑物火灾荷载进行了统计，给出了典型建筑物在极端和一般情况下由火灾引起的坍塌概率的估算方法。

5.3.1　建筑火灾的一般规律

通常建筑物火灾可分成三个阶段，火灾成长期、盛期和衰减期，其一般规律可用图 5.6 来表示[24]。在火灾的成长期，火灾的释热速率与时间 2 次方成正比。当火灾到达盛期时，这时火灾的释热速率主要受换气以及可燃物的条件制约，其值几乎不随时间的变化而变化，并一直维持到可燃物燃尽。当建筑物内的可燃物燃尽后火灾将迅速衰减直至熄灭。

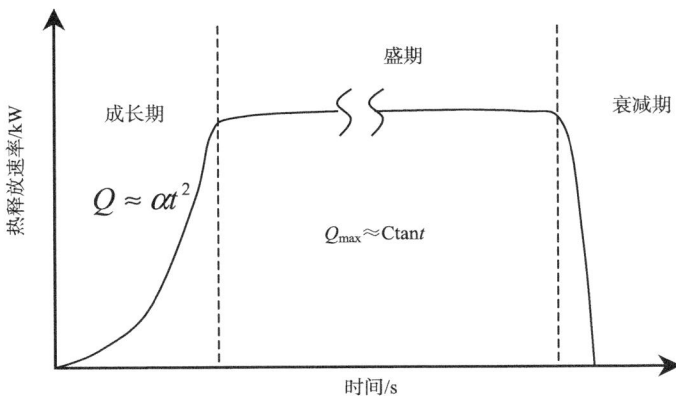

图 5.6　建筑火灾热释放速率的一般规律

火灾时建筑物内人员的避难安全主要受成长期火灾的蔓延规律、建筑物内可燃物的燃烧特性、建筑物的空间结构以及烟气的毒性及抽排放等因素的影响。一般火灾的成长系数 α 越大，火灾成长期就越短，允许的人员逃生时间就越短。另一方面，要对建筑物进行性能化设计，确定建筑物的耐火时间，评定建筑物整体的火灾危险性，则火灾时的热释放速率的上限值以及盛期火灾的持续时间就非常重要。一般来说，建筑物内的火灾荷载越大，盛期火灾的持续时间就越长，造成建筑物整体坍塌的可能性就越大。对于这样的建筑物其建筑物材料耐火性能的要求就越高。盛期火灾持续时间不仅与建筑物的火灾荷载有关，还与建筑物的结构有关(窗口的开口面积和高度)。

5.3.2　火灾荷载与火灾持续时间的分布规律

一、不同功能建筑物火灾荷载的分布特性

一个建筑物的火灾荷载的大小主要与该建筑物的使用功能有关，除此以外还与该建筑物的使用年度有关。也就是说，即便是同类使用功能的建筑物，其火灾荷载也不尽相同，一般是随使用年数的增加而增加。如果建筑物内的火灾荷载密度较大，火灾一旦发生又没有有效的扑救措施，火灾就会迅速地从成长期发展到盛期并持续很长一段时间直至结束。此时，如果建筑构件和结构的耐火时间小于火灾的持续时间，就会造成建筑物的坍塌。

松山贤[24]的研究结果表明，相同功能建筑物内的火灾荷载具有正态分布的规律。即各类功能建筑物内的火灾荷载 w 的分布规律可近似用下式来表示

$$f(w) = \frac{1}{\sqrt{2\pi}\sigma_w} \exp[-\frac{(w-\mu_w)^2}{2\sigma_w^2}] \tag{5.33}$$

式中，w 是火灾荷载(kg/m^2)；$f(w)$ 是火灾荷载分布的概率密度；μ_w、σ_w 分别是火灾荷载 w 的平均值和标准差(kg/m^2)。

一般，标准差值越小，分布范围将越小，正态分布的图形将越尖。根据概率与统计理论 μ_w、σ_w 可以下两式来计算。

$$\mu_w = w_1 f(w_1) + \cdots + w_n f(w_n) = \sum wf(w) \tag{5.34}$$

$$\sigma_w = \sqrt{\sum (w-\mu_w)^2 f(w)} \tag{5.35}$$

图 5.7 是我们对一些办公楼内各个房间的火灾荷载进行统计后得到的结果。由图 5.7 可见，办公楼内各个房间的火灾荷载具有正态分布的规律，与松山贤的研究结果一致。将统计数据代入(5.34) 式和(5.35)可得办公楼火灾荷载的平均值和标准差分别为 24.5kg/m^2 和 6.4kg/m^2，则办公楼的火灾荷载密度分布函数为：

$$f(w_o) = \frac{1}{16.0} \exp[-\frac{(w_o-24.5)^2}{81.9}] \tag{5.36}$$

式中，w_o 表示办公楼的火灾荷载(kg/m^2)。

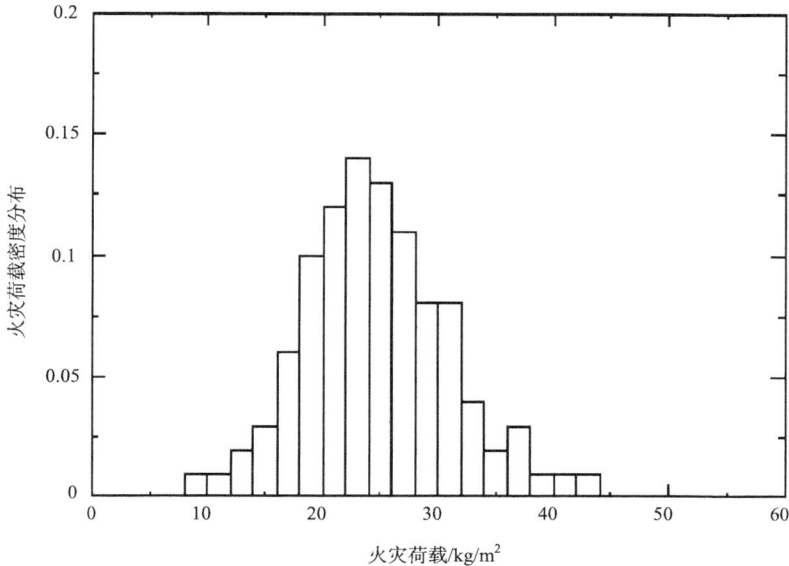

图 5.7　办公楼内各个房间火灾荷载的统计结果

二、盛期火灾持续时间

如果一个建筑物内发生火灾且该火灾没有得到及时的扑救和有效的控制，火灾就会成长为盛期火灾。盛期火灾的持续时间是建筑物耐火设计的一个重要依据，特别是对高层建筑、超常规大空间建筑的耐火设计。极端情况下不同功能建筑物盛期火灾的持续时间不仅与该建筑物内的火灾荷载有关，还与该建筑物的空间特性以及开口的大小和位置有关。假定火灾成长期可燃物的消耗可以忽略，则盛期火灾的持续时间 t(s)可根据该建筑物的火灾荷载与火灾时可燃物的质量燃烧速度来估算。

$$t = \frac{W}{m_b} = \frac{A_f w}{m_b} \tag{5.37}$$

式中，W、A_f 分别表示建筑物出火层可燃物的总重量(kg)以及地表面积(m^2)；m_b 表示盛期火灾时可燃物的质量燃烧速度(kg/s)。

盛期火灾的燃烧速度主要受换气条件制约，其质量燃烧速度可近似用下式来表示

$$m_b = 0.092 A \sqrt{H} \tag{5.38}$$

式中，A，H 分别表示着火室窗口的开口面积和开口高度(m)。

将(5.38)式代入(5.37)式得

$$t = \frac{W}{m_b} = \frac{A_f w}{0.092 A \sqrt{H}} \tag{5.39}$$

令 $k = \dfrac{A_f}{0.092 A \sqrt{H}}$，它是表征建筑物结构特征的一个参数，它与建筑物的地表面积、窗口面积及开口高度有关。则火灾持续时间

$$t = kw \tag{5.40}$$

由于相同功能建筑物的火灾荷载呈正态分布，根据概率与统计的基本规律，火灾的持续时间也将成正态分布，且其概率分布形式基本与火灾荷载相同。则火灾的持续时间的概率分布函数 $f(t)$ 可表示为

$$f(t) = \frac{1}{\sqrt{2\pi}\sigma_t} \exp[-\frac{(t-\mu_t)^2}{2\sigma_t^2}] \tag{5.41}$$

式中，t 是盛期火灾持续时间；μ_t、σ_t 分别是盛期火灾持续时间 t 的平均值和标准差。

如果 k 能作为常数来处理，则有如下的关系式

$$\mu_t = k\mu_w = \frac{A_f}{0.092 A \sqrt{H}} \mu_w \tag{5.42}$$

$$\sigma_t = k\sigma_w = \frac{A_f}{0.092 A \sqrt{H}} \sigma_w \tag{5.43}$$

5.3.3   极端情况下火灾引起的建筑物坍塌概率

一、极端情况下火灾引起建筑物的坍塌概率

通常当某个建筑物内发生火灾后，由于有效的消防扑救，火灾发展成盛期火灾的可能性并不是很大。为了对火灾引起的建筑物的坍塌概率进行估算、预测，我们引入一个极端情况下火灾的概念，这里的极端情况下火灾是指建筑物某层的某处一旦发生火灾，由于没有防灭火措施和人工扑救，火灾便能蔓延成长为盛期火灾直至该层内的可燃物全部烧尽。火灾时建筑物是否会坍塌主要取决于火灾的持续时间和建筑物的耐火时间极限。假定建筑物的主体结构的耐火时间极限是 t_{max}，则当火灾持续时间 $t > t_{max}$ 时表示建筑物将会发生坍塌。那么极端情况下火灾

引起建筑物坍塌的概率 $p_{failure}$ 为：

$$p_{failure} = \int_{t_{max}}^{\infty} \frac{1}{\sqrt{2\pi}\sigma_t} \exp[-\frac{(t-\mu_t)^2}{2\sigma_t^2}] \mathrm{d}t \tag{5.44}$$

由于建筑物耐火时间的设计是根据 GBJ16-87 的《建筑设计防火规范》而进行的，那么对于不同功能的建筑物，或相同功能不同层高的建筑物所要求耐火时间必然不同，其坍塌概率也必然不同。

二、极端情况下建筑物的耐火极限与坍塌概率的关系

根据(5.44)式，为了求出建筑物的坍塌概率，首先必须要知道建筑物火灾持续时间的概率密度分布数学表达式。也就是说，必须要求出(5.44)式中的 μ_t 和 σ_t 的具体值，根据(5.42)式和(5.43)式可知，μ_t 和 σ_t 不仅与火灾荷载有关，还与建筑物的结构特征，即建筑物的地表面积、窗口的开口面积和高度有关。为了得到不同功能建筑物的 $\dfrac{A_f}{0.092A\sqrt{H}}$ 数值，笔者对一些建筑物结构特性进行了统计测量，表5.2 列出了一些不同功能建筑物的 k 值的平均值。

表 5.2　不同用途建筑物的 k 值的统计平均值

建筑物用途	办公楼	住宅
k 的平均值	86.1	91.1

将办公楼的 μ_w 以及 σ_w 的统计结果和其 k 值的平均值 86.1 分别代入(5.42)及(5.43)式得 $\mu_t = 2109.5$，$\sigma_t = 551.0$。则火灾持续时间的概率密度分布函数式为

$$f(t) = \frac{1}{1380.8} \exp[-\frac{(t-2109.5)^2}{607202.0}] \tag{5.45}$$

将(5.45) 式代入(5.44) 式可得办公楼在极端情况下坍塌概率的计算式

$$p_{failure} = \frac{1}{1380.8} \int_{t_{max}}^{\infty} \exp[-\frac{(t-2109.5)^2}{607202.0}] \mathrm{d}t \tag{5.46}$$

根据(5.46)式，我们可以作出不同火灾持续时间的概率密度分布函数图，图5.8 是基于办公楼的火灾荷载统计结果和办公楼的建筑物结构的统计测量值得到的盛期火灾持续时间的概率密度分布图。

当办公楼的火灾荷载统计平均值为 24.5kg/m^2，标准差为 6.4kg/m^2，$k = 86.1$时，根据(5.46)式可以算出极端情况下火灾引起办公楼的坍塌概率与其耐火时间的关系，图 5.9 为计算所得关系曲线。

由图 5.9 可知，在建筑物的火灾平均持续时间附近，适当增加其耐火时间可有效地减少该建筑物在极端情况下火灾引起的坍塌概率。

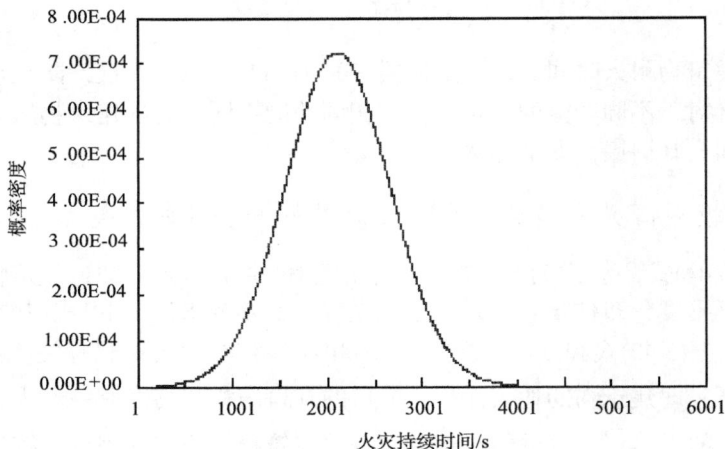

图 5.8　办公楼火灾持续时间与其概率密度分布关系

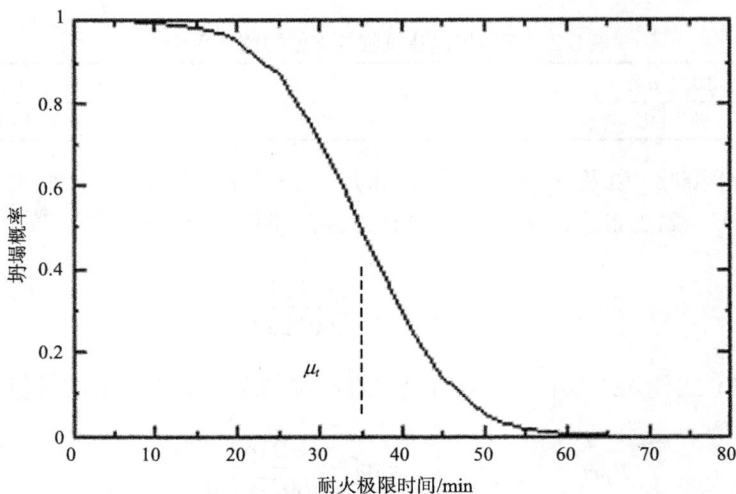

图 5.9　极限情况下办公楼的坍塌概率与其耐火极限时间的关系

5.3.4　基于建筑物防灭火特性的坍塌概率评估

由火灾引起的建筑物坍塌是一系列连锁现象作用的结果，首先是火灾的发生；其次是火灾发生后能够成长为盛期火灾；再其次是扑救失效；最后是火灾的持续时间超过建筑物的耐火极限而造成坍塌。因此，某建筑物在其寿命期内由于火灾而造成它坍塌的概率可以用(5.47) 式来估算。

$$P_{failure} = Y_L S p_{fire} p_{grow} p_{fail} p_{failure} \tag{5.47}$$

式中，Y_L 及 S 分别表示建筑物的使用寿命(年) 及总面积(m^2)；p_{fire} 表示建筑物发生火灾的概率(起/m^2/年)；p_{grow} 表示由初期火灾发展成盛期火灾的概率；p_{fail} 表示消防扑救失败的概率；$p_{failure}$ 为极端情况下火灾引起的建筑物的坍塌概率。

对于某个目标建筑物而言，S 为已知，Y_L 可取其设计使用年限，$p_{failure}$ 可用(5.46) 式来求得，p_{fire} 由统计结果而定，虽然我国目前还没有关于单位面积的建筑物一年内发生火灾的概率统计结果，但可以借鉴国外同功能建筑物的统计数据(表 5.3 为日本东京消防厅关于不同功能建筑物火灾发生概率的统计结果[20])，p_{fail} 主要取决于消防队到火灾现场所需要的时间、火灾环境和消防环境等，工程计算一般取经验值。那么关键的问题就是如何确定 p_{grow}。

表 5.3　不同功能建筑物的火灾发生概率

建筑物用途	火灾发生概率(起/m^2/年)
办公楼	6.67×10^{-7}
商店	4.12×10^{-6}
住宅	6.43×10^{-6}

建筑物火灾发生后能否发展成盛期火灾主要取决于以下几个因素，首先是建筑物有没有安装火灾探测、报警及自动灭火设备。如果有，其探测、报警和自动灭火的有效概率是多少？其二是第一步失效后有没有进行人工早期扑救(这里的早期扑救主要是指小型灭火器类的灭火)？如果有早期扑救，其有效扑救的概率有多大？其三是如果早期扑救失败后，有没有用建筑物内消火栓进行扑救？如果有，扑救成功的概率有多大？

如果用 p_{de} 表示有效探测、报警的概率；p_{auto} 表示有效自动灭火概率；p_Z 表示有效早期扑救概率，它主要取决于火灾成长系数、早期对应行动的快慢、是否是职业消防人员等；p_X 表示消火栓的有效扑救的概率，它的主要影响因素与 p_Z 的基本一致；则由初期火灾发展成盛期火灾的概率为

$$p_{grow} = (1 - p_{de} p_{auto})(1 - p_Z)(1 - p_X) \tag{5.48}$$

(5.48)式中的 p_{de} 及 p_{auto} 可以根据统计结果得到，但 p_Z 和 p_X 的数值还是以经验取值为主。将(5.48) 式代入(5.47)式得由火灾引起的建筑物坍塌概率的估算式。

$$P_{failure} = Y_L S p_{fire}(1 - p_{de}p_{auto})(1 - p_Z)(1 - p_X)p_{fail}p_{failure} \qquad (5.49)$$

通过对由火灾引起建筑物坍塌的影响因素分析，并基于根据火灾统计结果，给出了一般建筑由于火灾引起的坍塌概率的简单估算方法。但要指出的是虽然 (5.49) 式中的大部分数据能从统计结果得到，但在工程计算上有些数据还须取经验值，所以在计算结果上多少会带有一些误差。

5.4 工 程 算 例

为了更加详细地对本章提出的建筑火灾直接财产损失评估方法进行说明，以大型办公楼为工程算例，起火室的尺寸为 20m × 15m，层高为 4m，有两个高 2.1m，宽 4m 的门，起火室所在防火分区的面积为 1000m²。

考虑到该建筑是办公楼，设定为快速增长型火灾，起火室内墙壁认为是不燃或难燃装饰材料，其热惯性取值为混凝土的热惯性。考虑在有和没有安装自动水喷淋灭火系统的两种情况下，对建筑物发生火灾时预期烧损面积进行预估。各个阶段防灭火设备实施的概率均参照文献[10]的相关统计数据。建筑物起火室的相关数据如表 5.4 所示。

表 5.4 起火室的相关数据

特征参数	数值
起火室的面积/层高/m	20 × 15/4
开口高度(m)/开口宽度(m)	2.1/4
房间温度(℃)/环境温度(℃)	25/293.15
起火室门的耐火时间/h	0.6
热惯性/kW²s/m⁴K²	2
火灾蔓延速度/m/s	0.006

结合表 5.2 中建筑物起火室的相关数据和式(5.1)~(5.30)，在有自动水喷淋的情况下，阶段 1~3 火灾风险评估的初始参数和计算结果如表 5.5~表 5.7 所示。

表 5.5 阶段 1 的初始条件和计算结果

初始参数	P_{de}	P_{fe}	α / kW/s²	t_{fa} / s
	0.94	0.51	0.04689	60
计算结果	P_{ph1}		T_{ph1} /s	A_1 / m²
	0.52		202	2.28

表 5.6　阶段 2 的初始条件和计算结果

初始参数	P_{sp}	P_{me}	P_{hy}	P_{ph1}
	0.81	0.72	0.38	
计算结果	P_{ph2}		T_{ph2} /s	A_2 /m^2
	0.072		295	6.25

表 5.7　阶段 3 的初始条件和计算结果

初始参数	T_{ht} /℃	$k\rho C$ /kW^{2}s/m^{4}K^2	A_T /m^2	A /m^2	H /m	T_∞ /K	T_0 /℃	P_{ph2}	P_{fb3}
	600	2	880	16.8	2.1	293.15	25	0.09	0
计算结果	P_{ph3}			T_{ph3}/s				A_3/m^2	
	0.072			794				60.94	

　　基于文献[10]，办公楼火灾荷载的平均值和标准差分别为 24.5kg/m^2 及 6.4kg/m^2。分别代入(5.24)与(5.25) 式得 $\ln t_{dur}$ 的平均值和标准差为 8.05 及 0.27。火灾持续时间的概率密度分布和累积概率分布如图 5.5 所示。

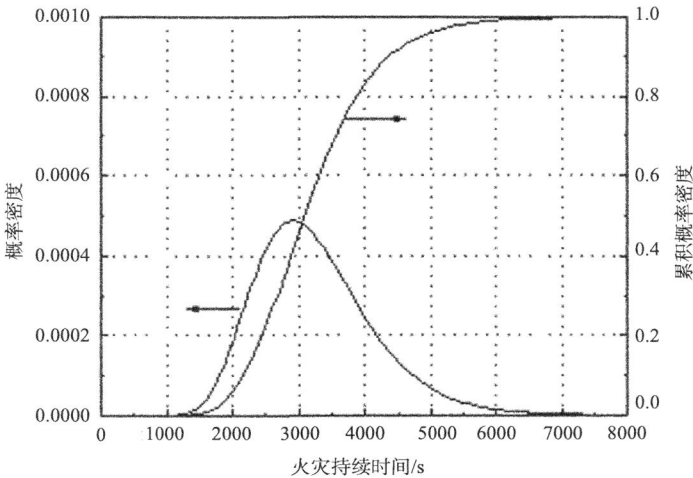

图 5.10　火灾持续时间的概率密度分布和累积概率分布

　　由图 5.10 可知，当起火室与相邻区域连接的门的耐火时间 $t_{max} = 0.6$h 时，阶段 4 火灾突破分隔开始蔓延至相邻区域的概率为 0.9。基于式(5.26)与表 5.5，火灾发展超出阶段 4 的概率为 $P_{ph4} = 0.065$。此时的烧损面积即为起火室的面积 300m^2。阶段 5 火灾风险评估的初始参数和计算结果如表 5.8 所示，此时的烧损面积即为起火室所在防火分区的面积 1000m^2。

表 5.8　阶段 5 的初始条件和计算结果

初始参数	P_{fc}	P_{fb5}	P_{ph4}
	0.91	0.97	0.065
计算结果	P_{ph5}		A_4/m^2
	0.0002		1000

　　基于表 5.5~5.8 对阶段 1、阶段 2、阶段 3、阶段 4 和阶段 5 的计算结果，可以得出有自动水喷淋的情况下，该建筑物发生火灾时可能造成的烧损面积为 $25.72m^2$。

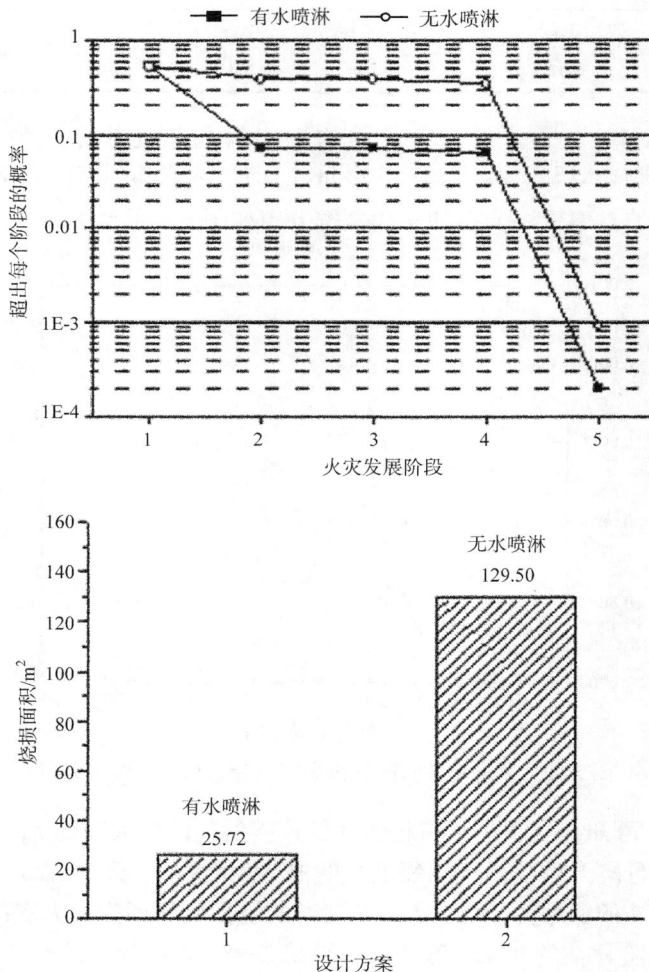

图 5.11　火灾超出每个阶段的概率及烧损面积

　　同理，可以求出没有自动水喷淋的情况下火灾超出各阶段的概率和发生火灾时可能造成的烧损面积。图 5.11 是在每个阶段火灾烧损面积和这两种情况下该建筑物发生火灾时火灾超出各阶段的概率的比较。可以看出，无水喷淋系统情况下，可能造成的烧损面积为 129.50m^2。安装有自动水喷淋灭火系统时，火灾超出每个阶段的概率降低了很多，火灾可能导致的烧损面积也减少了 103.78m^2。

　　基于建筑火灾蔓延的动力学特征，提出了描述火蔓延的分阶段动力学模型，将火灾由初期发展蔓延到整个防火分区划分为 5 个阶段。建立了基于火灾动力学理论、建筑物防灭火特性以及防灭火措施的可靠性和有效性相耦合的火蔓延概率估算方法。通过对每个阶段进行分析，得到了火灾发展过程中每个阶段的临界时间，并以此为基础导出了火灾发生后建筑物烧损面积的预测方法。进而引入建筑物的财产因子，建立了火灾直接财产损失的评估方法。

　　结合本章提出的建筑火灾直接财产损失评估方法，参考相关统计数据，针对办公楼发生火灾后可能导致的烧损面积进行了估算。结果表明，当办公楼安装自动水喷淋系统时，火灾发生后的预期烧损面积仅为 25.12m^2，如果没有安装自动水喷淋系统，其预期烧损面积可达 126.28m^2。此外，该建筑物安装有自动水喷淋灭火系统时，火灾超出各阶段的概率比未安装水喷淋系统时降低了很多。

参 考 文 献

[1]　Robert J, Johan L. The Swedish case study different fire safety design methods applied on a high rise building[R]. Report 3099. Lund, Sweden: Department of Fire Safety Engineering, Lund University, 1998.

[2]　He Y P, Horasan M, Taylor P, et al. Stochastic modelling for risk assessment[C]//Proceedings of the Seventh International Symposium on Fire Safety Science. International Association on Fire Safety Science, 2002: 333-344.

[3]　Johansson H. Investment appraisal using quantitative risk analysis[J]. Journal of Hazardous Materials. 2002, 93: 77-91.

[4]　Johansson H, Malmnäs P E. Application of supersoft decision theory in fire risk assessment[J]. Journal of Fire Protection Engineering 2000, 14: 55-84.

[5]　李引擎, 季广其, 李淑惠, 等. 火灾损失统计计算方法的研究[J]. 火灾科学. 6(2): 24-33.

[6]　李引擎, 季广其, 邓正贤, 等. 建筑物火灾损失统计计算和保险费率的确定[J]. 建筑科学. 14(5): 3-7.

[7]　徐志胜, 白国强, 冯凯. 灰色预测理论在火灾损失预测中的应用[J]. 湘潭矿业学院学报.19(1): 24-26.

[8]　姜学鹏, 徐志胜. 我国火灾损失的时间趋势分析及动态预测[J]. 消防科学与技术. 24(4): 412-414.

[9]　Johansson H, Malmnäs P E. Application of supersoft decision theory in fire risk assessment[J]. Journal of Fire Protection Engineering. 2000, 14(1):55-84.

[10]　刘小勇, 孙金华, 褚冠全. 基于火灾风险评估的企业火灾保险费率的厘定[J]. 火灾科学. 15(2): 84-88.

[11]　范维澄, 孙金华, 陆守香. 火灾风险评估方法学[M]. 北京：科学出版社, 2004,6: 183-188.

[12]　Custer RLP. Fire and arson investigation[M]. In//Cote AE, Linville JL. Fire protection handbook. 18th ed. Quincy, MA: National Fire Protection Association, 1997.

[13]　Nelson HE. An engineering analysis of the early stages of fire development—the fire at the Du Pont Plaza hotel and casino December 31 1986. US National Bureau of Standards, NBSIR. Washington DC: 1987: 87-3560.

[14]　NFPA 92B. Guide for smoke management systems in malls, atria and large areas[M]. Quincy, MA: National Fire Protection Association, 1991.

[15]   BSI DD 240. Fire safety engineering in buildings. London: British Standards Institution, 1997.

[16]   東京消防庁火災予防審議会. 建築物の防災特性に応じた防火安全性の総合評価[M]. 2003.

[17]   Peacock R D, Reneke P A, Bukowski R W, et al. Defining flashover for fire hazard calculations[J]. Fire Safety Journal. 1999, 32:331-345.

[18]   Babrauskas V, Peacock R D, Reneke P A. Defining flashover for fire hazard calculations[J]. Fire Safety Journal. 2003, 38:613-622.

[19]   Mccaffrey B J, Quintiere J G, Harkleroad MF. Estimating room temperatures and the likelihood of flashover using fire test data correlations[J]. Fire Technology. 1981, 17(2): 98-119.

[20]   陈爱平, Mccaffrey 等. 估计轰然前火灾温度方法的改进[J]. 火灾科学, 2003, 12(2): 58-64.

[21]   Kawagoe K. Fire behavior in Room[R]. BRI Report, No. 27, Building research institute. Tokyo: 1958.

[22]   Aburano K, Yamanaka H, Ohmiya Y, et al. Survey and analysis on surface area of fire load[J]. Fire Safety Science and Technology. 1999, 19(1): 11-26.

[23]   王有为. 建筑防火的新动向[A]//第九届国际消防设备技术展览会学术研讨会论文集[C]. 北京: 2002:28-36.

[24]   松山賢等. 区画火災性状の簡易予測法[J]. 日本建築学会構造系論文集. 1995, 469: 159-164.

第 6 章　火灾保险费率厘定

费率厘定是保险经营的一项核心内容。费率厘定是否合理，将影响保险经营的全过程，如保险公司的保单销售、保险赔付、经营利润、偿付能力等。因此，科学厘定保险费率，是保险经营的一个关键问题。

将火灾风险评估应用到火灾保险费率厘定当中，使保户所承担的费率与其标的的风险状况相一致，能够充分发挥费率的杠杆作用，达到促进投保户自觉增加消防设施投入、加强消防管理的目的，从而有助于火灾保险减灾防损职能的实现。同时，科学厘定火灾保险费率，也有利于鼓励更多的单位和个人购买火灾保险，改善目前火灾事故发生频繁、损失居高不下，但保险赔偿太低的现状。

6.1　费率厘定概述

6.1.1　保费构成及费率计算

保险费简称保费，是投保人为获得经济保障而缴纳给保险人的费用。当保险人销售保险时，其收取的保费须考虑如下因素[1, 2]：

(1) 能够为可能发生的索赔提供充分的资金；

(2) 能够为保险人经营保险所发生的管理成本提供补偿；

(3) 能够产生期望的利润，以补偿销售保险所必需的资本成本；

(4) 投资收益。这是由于保险人收取保费和向被保险人支付赔偿存在时间差，保险人可以通过投资产生收益，被保险人应该获得相应的补偿。

保费的主要决定因素如图 6.1 所示。

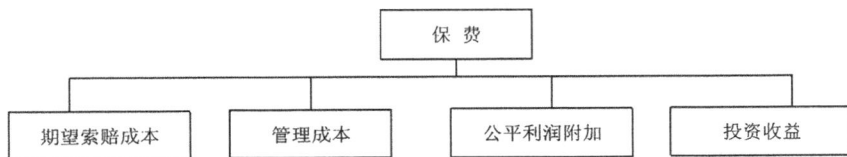

图 6.1　保费的决定因素

保险费的简化计算通常分成两部分：一部分为纯保费，用来支付保险事故发生时的给付费用，根据损失概率来计算；另一部分为附加保费，用来支付业务开支等。此外，财产保险的重大危险，都应该有一定的"安全系数"，即所谓的安全费，用来弥补统计误差。

$$保险费＝纯保费＋附加保费＋安全费$$

保险费率表示单位保额的保费，即：

$$保险费率＝\frac{保险费}{保险单位数}$$

在火灾保险中，通常以保险期间一年、保险金额一千元为一保险单位。因此

$$保险费率＝纯费率＋附加费率＋安全费率$$

式中，纯费率等于单位保额的纯保费，即保额损失率。在财产保险中，

$$纯费率＝损失频率×损失额度＝\frac{理赔次数}{保险单位数}×\frac{损失总额}{理赔次数}＝\frac{损失总额}{保险单位数}$$

附加费率等于单位保额的附加保费。

$$附加费率＝\frac{业务开支总和}{保险单位数}$$

安全费率通常是保额损失率的一次、二次或多次均方差数值，作为风险附加。

6.1.2 费率厘定的基本原则

保险在形式上是一种经济补偿活动，而实质上是一种商品交换行为。因此，制定保险商品的价格，即厘定保险费率，便成为保险的一个重要因素。保险费率的厘定应遵循以下基本原则[3]：

(1) 保证充足原则

指保险人收取的保费应足以应付赔款支出及各种营业费用、税收及公司的预期利润。充分性原则是为了保证保险人有足够的偿付能力。

(2) 公平合理原则

指保险费率在保险人与投保人之间及各投保人之间要体现公平合理。保险人和投保人之间的公平合理，一方面表现为保证补偿原则的贯彻，另一方面则强调费率不能偏高，致使保险人获得超额利润。各投保人之间的公平合理，则体现为投保人所承担的保险费率应与其保险标的的风险状况相适应。对于危险程度高的保险标的，应按较高的费率收取保费；对于危险程度低的保险标的，则按较低的

费率收取保费。

(3) 稳定灵活原则

指保险费率应保持相对稳定性。如果费率时常波动，会诱发投保人的投机心理，影响保险公司的声誉，也会给财务核算带来困难，不利于保险业务的开展。当然，稳定是相对的，费率也要随风险状况、保险责任变化、及市场需求等因素而作适当的调整，要有一定的灵活性。

(4) 促进防损原则

指费率的制定要有利于促进投保人加强减灾防损、减少事故发生。一方面是要鼓励和引导投保人从事预防损失的活动，如配置完善的消防设备可以适当降低费率；另一方面，保险公司也要积极从事防灾监督检查，其所需经费，在厘定费率时也应予以考虑。

6.1.3　费率厘定的数学原理

火灾，作为可承保的风险之一，其发生符合"大数法则"和"中心极限定理"，有一定的发生规律，这也正是火灾保险得以开办的基础之所在[4]。

(1) 大数法则

设 X_i 为随机变量，表示某一投保人的损失，$i = 1, 2, \cdots, n$，这里 n 为被保险人的数量。假设 X_i 独立同分布，且期望值为 μ，标准差为 σ。那么，

对于任意的 $\varepsilon > 0$，

$$\lim_{n \to \infty} P \left\{ \left| \frac{1}{n} \sum_{i=1}^{n} X_i - \mu \right| < \varepsilon \right\} = 1 \tag{6.1}$$

这个公式表明，在投保人数 n 很大的情况下，损失金额的平均数将非常接近于每个人的期望损失额，即数量越大，预期损失率越稳定。

(2) 中心极限定理

假定变量符号和上面的大数法则一致。中心极限定理表明，随着 n 增大，平均损失的分布将接近于标准正态分布，其均值为 μ，方差为 $\sigma/\sqrt{n}$。即：

$$\lim_{n \to \infty} P \left\{ \left| \frac{\frac{1}{n} \sum_{i=1}^{n} X_i - \mu}{\sigma / \sqrt{n}} \right| < x \right\} = \int_{-\infty}^{x} \frac{1}{\sqrt{2\pi}} e^{-\frac{1}{2} t^2} dx \tag{6.2}$$

该公式表明，随着被保险人的增多，损失分布的方差变小了，即风险减少了。

大数法则和中心极限定理共同表明，保险人只要能够聚合足够多的同质风险，损失分布就能够被准确的预测。因此，把承保的保费大量的汇聚，可以抵消少数

小概率事件发生所造成的较大额度的赔付。

6.1.4　费率厘定的常用方法

从理论上讲，根据损失概率，再加上附加费率及适当的安全费率，即得到保险费率。在实际应用中，保险费率的计算方法，大致可以分为三类，即观察法、分类法和增减法[4,5]。这三类方法并不是互相排斥，而是并存互用。大部分保险费率的计算，除观察法外，先计算分类费率，必要时，再用增减法予以调整。在调整时，其标准与幅度，又经常凭观察法来决定。下面，将三种方法分别予以说明。

(1) 观察法

观察法是对个别标的的风险因素进行分析，凭借过去的有关经验及对现在和将来发展趋势的预测，估计其损失概率的方法。海上保险和大部分陆上运输货物保险采用观察法计算费率，此外，有些缺乏充分统计资料的新业务，也采用观察法。观察法制定的费率，最能反映个别风险的特性，具有灵活的特点。

(2) 分类法

分类法是将性质相同的风险，分别归类，而对同一类的各风险单位，根据它们共同的损失概率，制订出相同的保险费率。分类法是现代保险经营中确定费率的最主要方法。分类法用于住宅的火灾保险时，同一类建筑的住宅，可以归于同一费率类别中。分类费率的计算，又可以分为两种：纯保费法和损失率法。

① 纯保费法

纯保费法是建立在纯保费的基础上，得到基于每一风险单位的指示费率，即能弥补期望索赔损失和费用支出，并提供适当利润的费率。

$$R = \frac{P+F}{1-V-Q} \tag{6.3}$$

式中，R 为每风险单位的指示费率；P 为纯保费，是由损失经验得到的预测最终损失；F 为每风险单位的固定费用；V 为可变费用因子；Q 为利润因子。

需要注意的是，纯保费法需要严格定义的、一致的风险单位，如果风险单位不易认定或不一致，则纯保费法不适用。例如在火灾保险中，各风险单位差异较大，较难采用纯保费法。

② 损失率法

在许多情形下，纯保费法可能不能直接运用。由于分类较多，而使每一分类中，在一定期间仅有少量风险单位，从统计的观点来看，这些少量数据并不足以决定纯保费。因此，必须合并多数风险性质较为近似的类别的损失资料，作为制订费率的基础。

损失率法得到的是指示费率的变化量。指示费率可由一个调整因子乘以当前费率得到，调整因子等于经验损失率和目标损失率之比。

$$R = \frac{W}{T} R_0 \tag{6.4}$$

其中，

经验损失率：

$$W = \frac{1 - V - Q}{1 + G} \tag{6.5}$$

式中，V 为可变费用因子，或与保费直接相关的费用因子；Q 为利润因子；G 为与保费不直接相关的费用与损失之比。

目标损失率：

$$T = \frac{L}{ER_0} \tag{6.6}$$

式中，L 为经验损失；E 为经验期限内的风险单位；R_0 为当前费率。

由于需要用到当前费率和保费经验的记录，损失比率法不适用于新业务的费率厘定。

(3) 增减法

所谓增减法，就是在同一费率类别中，根据被保险人的实际损失经验，对保险费率进行调整。采用增减法的目的，就是为了达成费率的公正性，使实际损失低于平均损失的被保险人，得以减少保险费，反之则增加保险费。增减法在实施中，又有下面几种具体的方式：

① 表定法

采用表定法必须首先在分类中对各项特殊显著的风险因素，设立客观标准。当被保险人购买保险时，就以这种客观标准来测度风险的大小。

例如，我们可以以砖造、具有一般消防设施的建筑物为一类别。依据影响建筑物火灾的因素(如用途、位置、构造、防护措施等)设立调整幅度表，如表 6.1 所示。

表 6.1　表定法举例

风险因素	调整幅度
A：用途	−5% 至 5%
B：位置	−5% 至 5%
C：构造	−5% 至 5%
D：防护措施	−10% 至 10%

② 经验法

采用经验法制订费率，就是根据被保险人以往的损失经验，对按照分类费率制订的保险费率加以增减变动。又因为它是以过去若干年(通常 3~5 年)的平均损失来调整未来各年的保险费，故又称预期经验法。经验法较表定法最显著的优点，就是在计算时，并不像表定法只局限于少数实质风险因素。其理论认为，凡是能影响将来损失的因素，也必已影响被保险人的过去的损失经验。其调整方法如下：

$$M = \frac{A-E}{E} \times C \times T \tag{6.7}$$

式中，M 为保险费调整的百分比；A 为经验时期被保险人的实际损失；E 为被保险人适用某分类时的预期损失；C 为信赖因素；T 为趋势因素。主要为了顾及平均补偿金额支出的趋势及物价指数变动等。

③ 追溯法

追溯法是与经验法相对的一种增减法。它以保险期内被保险人的实际损失为基础，计算被保险人当期应交的保险费。

在使用这种方法时，先在保险期开始前，以其他方式确定预缴保险费 X，然后在保险期满时，对已交保险费进行增减变动。通常，利用追溯法计算保险费要受到最大额 M 和最小额 m 的限制。被保险人实际应交的保险费可用一个分段函数来表示：

$$P = \begin{cases} m, & (\text{当} X \leq m) \\ X, & (m \leq X \leq M) \\ M, & (\text{当} X \geq M) \end{cases} \tag{6.8}$$

④ 折扣法

保险公司出售保单的各种费用，并不按比例随保费增加。折扣法就是对某些保费很大的被保险人，在不采用追溯法时，用折扣法减少一定的费用。

综上所述，增减法集合了观察法的灵活准确性、分类法的使用广泛的优点。增减法计算费率时，具有预防损失的鼓励作用，这是增减法日益普遍采用的重要原因。但同时，增减法只适用于少数保额较大的被保险人。这是因为增减法成本较高，而且只有保额比较大才有增减保险费的必要。

6.1.5 火灾保险费率的影响因素

公平合理是厘定保险费率的一个基本原则，即保险标的的保险费率要与其风险状况相一致。从这个角度出发，凡是能影响保险标的火灾风险状况的因素都能

影响其火灾保险费率。这些因素主要包括:

(1) 占用性质

占用性质是影响火灾风险状况的一个重要因素。比如,烟花爆竹企业要比一般生产企业火灾保险费率高,这是因为烟花爆竹很容易发生爆炸;一些可燃材料的贮存车间,由于其火灾荷载密度较大,其火灾保险费率也要相对高一些。

(2) 房屋的建筑结构

房屋的建筑结构直接决定了火灾发生后,火灾蔓延、人员疏散的难易程度以及造成财产损失的严重程度。比如,采用难燃的建筑材料建造、具有合理防火分区设计,以及完善的人员疏散设施等,其火灾后果相对较小,因而火灾保险费率要相对低一些。

(3) 投保人的消防措施及安全管理水平

若投保标的采用了完备的消防措施,火灾发生后能够被尽早地识别和扑灭,避免了更大损失的发生。若投保人的安全管理水平较高,则能够有效降低火灾发生的可能性。

(4) 地理位置及周围环境

地理位置主要考虑到各地由于气候、植被、经济状况、人口等因素造成的火灾发生率的不同。例如,在经济发达地区,其火灾发生次数明显高于欠发达地区。周围环境则主要是考虑到了火灾发生的连带性,即周围建筑是否容易起火,以及是否容易被波及等。

(5) 历史损失数据

历史损失数据是投保标的的火灾风险状况的真实反映,任何影响标的风险状况的因素都会在历史损失数据中得到体现。根据历史损失数据进行火灾保险费率的调整,能够使费率和风险状况逐渐趋于一致。

(6) 市场竞争因素

市场竞争因素则是保险公司在销售保单时,面对市场竞争而对费率进行微量的调整,以便赢得更多的客户。

6.2 保险公司的火灾保险费率

6.2.1 中国

中国内地

在我国内地,火灾保险包含在财产保险之中。财产基本险的保险责任主要包括五大类,即火灾、雷击、爆炸、飞行物体及其他空中运行物体坠落,以及“停电、停水、停气”造成的直接损失。财险年费率的确定按占用性质分为三大类 13 小类,如表 6.2 所示。同时，可以在财产基本险的基础上，加保各种自然灾害风险，表 6.3 给出了各种附加险年费率[6]。

表 6.2　财产基本险年费率表

单位: 千元

大类	小类	占 用 性 质	费率
工业类	1	第一级工业	0.6
	2	第二级工业	1.00
	3	第三级工业	1.45
	4	第四级工业	2.50
	5	第五级工业	3.50
	6	第六级工业	5.00
仓储类	7	一般物资	0.60
	8	危险品	1.50
	9	特别危险品	3.00
	10	金属材料、粮食专储等	0.35
普通类	11	社会团体、机关、事业单位	0.65
	12	综合商社、饮食服务业、商贸、写字楼、展览馆、体育场所、交通运输业、牧场、农场、林场、科研院所、住宅、邮政、电信、供电高压线路、输电设备等	1.50
	13	石油化工商店、液化石油气站、日用杂品商店、废旧物资收购站、修理行、文化娱乐场所、加油站等	2.50

表 6.3　财产基本险的部分附加险年费率表

单位: 千元

附加险险别	费率	附加险险别	费率
暴雨、洪水险	0.3	暴风、龙卷风险	0.15
泥石流、崖崩、突发性滑坡险	0.1	雹灾险	0.2
雪灾、冰凌险	0.1		

台湾地区

台湾地区火灾保险分为住宅火灾保险和商业火灾保险两种。下面以商业火灾保险为例来说明。

台湾商业火灾保险承保办公处所、行号商店、仓库、公共场所、工厂等场所的火灾、爆炸引起之火灾、闪电雷击的风险，并可约定扩大承保地震、台风、洪水等自然灾害风险。

台湾的商业火灾保险费率由产物保险商业同业公会制定。费率厘定采用表定法，根据使用性质(分为 20 个大类，并细分为近 800 个小类) 和建筑等级(分为特一、特二、头等、二等、三等等五个等级) 来分类[7]。

当需要厘定费率时，首先根据保险标的的使用性质查表得知其档级(总共分为 80 个档级)，然后据商业火灾保险基本危险费率档级总表查找对应的基本危险费率，如表 6.4 所示。

表 6.4　商业火灾保险基本危险费率档级总表　　　　单位: 千元

建筑等级 档级	特一	特二	头等	二等	三等
2	0.30	0.32	0.57	0.70	0.80
3	0.41	0.43	0.77	0.94	1.07
4	0.45	0.48	0.86	1.05	1.20
5	0.49	0.52	0.93	1.14	1.30
6	0.56	0.59	1.06	1.29	1.47
7	0.60	0.63	1.13	1.38	1.57
…	…	…	…	…	…
…	…	…	…	…	…
77	4.26	4.49	8.08	9.87	11.22
78	4.42	4.65	8.37	10.22	11.62
79	4.75	5.00	8.99	10.99	12.49
80	5.02	5.29	9.51	11.63	12.31

　　知道基本危险费率后，再依据其楼层高度、消防设备、自负额等情况，进行费率调整，其调整公式如下:

$$调整后火险危险保费 = 基本危险保费 \times (1 + 加费比率 - 减费比率)$$
$$\times (1 - 自负额扣减率)$$

　　表 6.5、表 6.6、表 6.7 分别给出了高楼加费比率、消防设备减费比率、自负额扣减率标准。

　　另外，还详细规定了消防设备的安装标准。如果消防设备安装不符合标准，将不能获得消防设备减费的优惠。

表 6.5　高楼加费比率表

建筑物楼层别	加费比率
15~24 层或五十公尺以上(高层建筑)	10%
25 层或九十公尺以上(超高层建筑)	15%

表 6.6　消防设备减费比率表

	减　　　费　　　项　　　目	减费比率
自动警报设备	备有火警自动警报设备	5%
自动灭火设备	有效防护范围达到建筑物总面积 100%者 有效防护范围达到建筑物总面积 75%者 有效防护范围达到建筑物总面积 50%者 有效防护范围达到建筑物总面积 25%~50%者	20% 15% 10% 5%
消火栓	备有室内消火栓	5%
消火栓	有效防护范围超过建筑物总面积 70%者 有效防护范围超过建筑物总面积 50%至 70%者	10% 5%
机动消防车	工厂设有机动消防车(包括机动化学消防车) 并备有行车执照者	5%
防火管理	建筑物设有防灾中心，其防灾中心内备有各种防灾及相关设备之监视、控制装置并日夜二十四小时有消防人员二人以上执勤	5%

表 6.7　自负额扣减率表

自负额 \ 扣减率% \ 自负额与保险金额比例	未达1%	1%(含)以上	2%(含)以上	3%(含)以上	4%(含)以上	5%(含)以上	6%(含)以上	7%(含)以上	8%(含)以上	10%(含)以上	12%(含)以上	14%(含)以上	16%(含)以上
100000	4	6	8	9	10	11	12	13	14	16	18	19	20
200000	5	7	9	10	11	12	13	14	15	17	19	20	21
300000	6	8	10	11	12	13	14	15	16	18	20	21	22
500000	7	9	11	12	13	14	15	16	17	19	21	22	23
750000	8	10	12	13	14	15	16	17	19	20	22	23	24
1000000	9	11	13	14	15	16	17	18	20	21	23	24	25
1500000	11	13	15	16	17	18	19	20	21	22	24	25	26
2000000	12	14	16	17	18	19	20	21	22	23	25	26	27
3000000	14	16	18	19	20	21	22	23	24	25	26	27	28
4000000	16	18	20	21	22	23	24	25	26	27	28	29	30

6.2.2　美国

美国工厂联合保险(FM global)是世界上最大的工商资产保险公司，承担着世界约24％的大型工商企业(保险费超过 10 万美金) 资产保险业务[8]。下面就以 FM global 为例，来说明美国的火灾保险费率情况。

FM global 主要承保"严格受控风险(HPR)"的大型工商企业资产保险业务。满足 HPR 要求的客户，可以获得低保费、高赔付的保险。同时，FM 咨询机构拥有众多资深的技术人员，为美国三大工业保险公司和投保企业从事咨询服务。通过 FM 咨询的投保人，可在三大保险公司投保时获得低费率、高赔付的益处。

FM 不雇佣精算师，而是根据现场调查情况谨慎承保，其目标在于通过深入了解危险、细致风险评估及利用适当的消防设备和防灾防损办法来预防和控制火灾的发生。FM 深究损失的起源和特征，发展先进的减灾防损方法，为工程师们提供所需要的知识。

同时，美国的保险公司特别注重加强消防与保险合作，以实现减灾防损的目的，其主要方式包括：

(1) 通过费率杠杆调动保户防范风险

将投保企业的风险评估结果，作为厘定火灾保险费率的基础。他们的风险评估体系不仅包括建筑结构、占用性质等，还包括消防资源，如城市消防基础设施和消防部队的战斗力等公共防火资源和建筑物安装使用的消防设备等。通过运用保险费率杠杆调动企业加强自我防范。

(2) 联合开展减灾防损工作

消防部门加强火灾监管来消除火灾隐患，保险公司定期对保户进行消防安全检查，对保户存在的各种隐患和风险提出改进方案，并为保户提供消防产品、设施分布等方面的咨询和指导。

(3) 保险业缴纳消防税，资助消防研究

美国消防经费充足，社会消防安全保障程度很高，一方面得益于它的经济发达，另一方面也是因为它的消防经费来源多元化，除政府拨款外，还向保险企业和个人征收消防税，补贴消防经费。

6.3　基于保险业务统计的火灾保险费率厘定及信度分析

基于保险业务统计来厘定保险费率，是保险精算中比较成熟的理论，并已得到广泛的应用。该方法通过搜集整理承保理赔数据，根据概率统计理论对数据进行分析处理，并厘定保险费率。

本节首先介绍基于保险业务统计厘定火灾保险费率需用到的理论和模型：损失分布拟合、短期聚合风险模型、信度理论。在随后的案例中，应用以上理论和模型，对理赔记录进行了拟合，求出了火灾保单平均纯保费，并对求解结果进行了信度分析。

6.3.1　保险业务统计方法介绍

下面将简要介绍保险业务的数理统计所涉及的基本理论及模型[4, 6, 9]。

一、损失分布拟合

根据大数法则，保险人必须聚合足够多的同质风险，把承保保费大量的汇聚，用以抵消少数小概率事件发生所导致的较大额度的赔付。进行这项工作的一个基本前提就是要对保险标的的损失分布，包括损失的频度和每次损失的额度，进行正确的预测。

获得一个随机变量的概率分布的方法有数理统计方法、贝叶斯方法和随机模拟方法(又称 Monte Carlo 方法)。数理统计方法主要是依靠样本信息估计未知参数，从而获得概率分布；贝叶斯方法通过采用"先验概率"、"损失函数"等主要信息，在不具备足够样本信息的情况下估计未知参数，获得损失分布；随机模拟方法则是利用现代计算机技术、通过构造模型来模拟实际过程，以获得对实际过程的了解。通常，损失分布的拟合是否恰当，需要进行检验。下面分别进行介绍。

1. 数理统计方法

数理统计方法获得损失变量的概率分布通常按照以下步骤进行：

1) 充分利用所获得的历史记录，获得损失分布的大体轮廓，比如从一组损失记录中先确定最大损失、最小损失、中位数、平均值、众数、分位点等特殊值来画出损失分布的大致形状；

2) 从各种已知的理论概率分布中选择一种分布类型作为所寻求的概率分布，比如正态分布、伽马分布、韦伯分布等；

3) 估计所选择分布类型中所包含的参数，从而确定损失分布，可以使用数理统计中的矩估计法、极大似然法以及分位点法等。

2. 贝叶斯方法

在非寿险精算中，往往难以获得足够的样本，这就需要对损失分布掺入主观假设，并用获得的样本数据修正原来的假设，这样就可以用于解决小样本统计问题。其步骤如下：

1) 设 $X \sim F(x, \theta)$，假定先验分布服从 $\theta \sim F(\theta), f(\theta)$。这种假设是建立在研究者的经验和知识的基础上，也可以是一种纯主观的判断。

2) 确定似然函数。 通过实验和观察获得一些变量 X 的新的信息，假设观察值为 $x_1, x_2, \cdots x_n$，构造似然函数：

$$L(x_1, x_2, \cdots x_n)\ldots\ldots\ldots\ldots f(x \mid \theta) = \prod_{i=1}^{n} f(x_i \mid \theta) \tag{6.9}$$

3) 确定后验分布。根据贝叶斯原理，可以求得关于参数 θ 的后验分布：

$$f(\theta \mid x) = \frac{f(x \mid \theta) f(\theta)}{\int f(x \mid \theta) f(\theta) \mathrm{d}\theta} \tag{6.10}$$

4) 选择损失函数。选择损失函数来描述参数的真实值和估计值之间的差异程度。比如平方函数：

$$y = x^2 \tag{6.11}$$

5) 根据所选择的损失函数和参数的后验分布，通过求损失函数的期望值的最小值的解来作为参数 θ 的贝叶斯估计值。即求解：

$$\min \int (\hat{\theta} - \theta)^2 f(x \mid \theta) f(\theta) \mathrm{d}\theta \tag{6.12}$$

3. 随机模拟方法

随机模拟方法在非寿险精算中的应用非常广泛，即可用于确定性问题，又可用于随机问题的处理。当某一问题用传统的方法处理有较大困难或计算过于繁杂时，就可以采用随机模拟方法，比如分析保险资产与负债配比策略、聚合理赔风险等。一般来说，在以下几种情况下，模拟方法将发挥其独特作用：

1) 在费用和时间上均难以对风险系统进行大量实测；
2) 由于实际风险系统的损失后果严重而不能进行实测；
3) 难以对复杂的风险系统构造精确的解析模型；
4) 解析模型不易求解；
5) 为了对解析模型进行验证

随机模拟的基本步骤如下：

1) 建立恰当模型
2) 建立实验方法
3) 从一个或多个概率分布中重复生成随机数
4) 对随机数进行分析
4. 拟合优度检验

通常，损失分布拟合是否恰当，还需要进行检验，常用的方法是 χ^2 检验。先将观察记录按大小分组，比如分作 n 组，统计每个分组中出现频数的"观察值 O_i"，并计算出所选择的分布模型 "理论值 E_i"。然后，利用近似公式

$$\chi^2 = \sum_{i=1}^{n} \frac{(O_i - E_i)^2}{E_i} \sim \chi_f^2 \tag{6.13}$$

来作检验。这里 χ_f^2 表示自由度为 f 的 χ^2 分布。自由度等于 n 减去估计参数的个数，若观察记录是完整的，还要再减去 1。

二、短期聚合风险模型

短期聚合风险模型是将同类保单视为一个整体，以每次理赔为基本对象，按理赔发生的时间顺序将所有的理赔量累加起来。

若用 X_i 表示某类保单的第 i 次理赔额，N 表示在单位时间(比如一年)内所有这类保单发生的理赔次数，记这一年内这类保单的理赔总量为 T，则有：

$$T = X_1 + X_2 + \cdots + X_N = \sum_{i=1}^{N} X_i \tag{6.14}$$

为了使该模型具有可操作性，通常假定随机变量 N，X_1，X_2，… 之间相互独立，并且 X_1，X_2，… 是具有相同分布的随机变量，即 X_i 为同质风险。不难看出，研究聚合风险模型，首先要明确 N，X_i 的分布，才能研究 T。对于 N，通常选择泊松分布或负二项分布等离散型分布；对于 X_i，通常用正态分布、对数正态分布，伽马分布或其他分布。

1. T 分布的计算

主要有以下四种方法：

1) 矩母函数法

按照矩母函数的定义有：

$$M_T(t) = E(e^{tT}) = E[E(e^{tT} \mid N)] = E[\{M_X(t)\}^N]$$
$$\cdots\cdots\cdots = E[e^{N\lg M_X(t)}] = M_N(\lg M_X(t)) \tag{6.15}$$

也就是说，只要获得理赔次数 N 的矩母函数 $M_N(t)$ 和个别理赔额 X 的矩母函数 $M_X(t)$，便可把这两个函数进行复合运算，得到 T 的矩母函数。

2) 迭代法

从分布函数的定义出发，并用卷积的方法获得关于 T 分布函数和密度函数的迭代公式。

3) 正态近似，在理赔分布基本上对称的情形时采用。

4) 平移伽马近似，在理赔分布有偏斜的情形时采用。

2. 理赔总量 T 的均值和方差

利用概率统计知识，可以导出理赔总量 T 的均值 ET 和方差 $\mathrm{Var}T$：

$$ET = EN \cdot EX \tag{6.16}$$

$$\mathrm{Var}T = E^2 X \cdot \mathrm{Var}N + EN \cdot \mathrm{Var}X \tag{6.17}$$

3. 假定损失数据足够充分，满足统计的要求。若用 n 表示保单数量，在求出这些保单理赔总量 T 之后，就可以算出每份保单的平均纯保费 P

$$P = \frac{ET}{n} \tag{6.18}$$

三、信度理论

在非寿险精算中，纯保费的估算可以根据两类数据：一类是通过观察得到的本险种一组保单的近期损失数据；另一类是同险种保单早期损失数据或类似险种保单的同期损失数据，它是根据人们的主观选择得到的数据，所以称为先验信息数据。

所谓信度理论，在这里，就是研究如何合理利用这两类信息，用两类保险费的加权平均作为保险费的估计值。

$$C = (1 - Z)M + ZT \tag{6.19}$$

式中，T 为本险种一组保单的近期损失，M 为先验信息数据，$Z\,(0 \leq Z \leq 1)$ 称为信度。显然，当 Z 的值接近于 1 时，表明实际损失数据提供的信息相当充分，据此足以获得正确的估费。

信度理论有两种基本方法：最大精度信度法和有限波动信度法。最大精度信度方法旨在使估计误差尽可能地小，其发展最完善的方法就是最小平方信度，即使估计误差平方的期望值最小。有限波动信度方法则试图控制数据中的随机波动对估计的影响。下面分别加以介绍：

记 C 的估计量为 $\hat{C}$ ，

$$\hat{C} = (1-Z)M + ZT \tag{6.20}$$

1. 最小平方信度方法

即找出 Z ，使得

$$E[\hat{C}-C]^2 = E[(1-Z)M + ZT - C]^2 \tag{6.21}$$

达到最小。用这样的 Z 计算出来的 $\hat{C}$ 称为的 C 最小平方信度估计。

2. 有限波动信度方法

即求使 $\hat{C}$ 与 C 的相对误差不超过一定限度的概率足够大的 Z 值，即

$$\Pr\left(\left|\frac{\hat{C}-C}{\hat{C}}\right| < k\right) > 1-p \tag{6.22}$$

这里 k ， p 都是给定的很小的正数。

在有限波动理论中， $\hat{C}$ 可以表示为

$$\hat{C} = (1-z)M + ZET + Z(T - ET)$$

等式右端第三项表示总损失的随机波动。现在要对给定的 k 、 p 选择 Z ，满足：

$$\Pr\left(\frac{|Z(T - ET)|}{ET} < k\right) > 1-p$$

对于对称分布 $(T - ET)$ 或近似对称分布，上式可以改写为：

$$\Pr\big(Z(T - ET) < kET\big) > \frac{1-p}{2}$$

也就是：

$$\Pr\left(T \ge \left(\frac{k}{Z} + 1\right)ET\right) < 1 - \frac{1-p}{2} = \frac{1+p}{2}$$

可以解出：

$$\left(\frac{k}{Z}+1\right)ET = t_\alpha \tag{6.23}$$

这里 $t = \frac{1+p}{2}$，　t_α 表示损失分布 T 的 α 百分位点。

NP(normal power)近似方法是对正态近似在偏斜度方面作一定的调整，也就是在已知 T 分布的数学特征的基础上，代入 T 分布的 α 百分位点：

$$t_\alpha \approx ET\{1+C_T[U_\alpha + S_T(U_\alpha^2 - 1)/6]\} \tag{6.24}$$

最终可以求得信度

$$Z = k/[U_\alpha\sqrt{m_2/EN} + (m_3/m_2)(U_\alpha^2 - 1)/6EN] \tag{6.25}$$

这里用到了前面的聚合风险模型，损失 T 用理赔总量来代替，

$$T = X_1 + X_2 + \cdots + X_N = \sum_{i=1}^{N} X_i$$

m_2 和 m_3 是理赔总量 T 的分布的形状参数，

$$m_2 = n_2 + C_X^2，\qquad m_3 = S_X C_X^3 + 3n_2 C_X^2 + n_3$$

其中，索赔额 X 的标准差系数 $C_X = \frac{\mathrm{Var}X}{EX}$，偏度系数 $S_X = \frac{E(X-EX)^3}{\mathrm{Var}X^{1.5}}$，

$n_i = E(N-EN)^i/EN \qquad i = 1,\ 2\ldots$

U_α 为标准正态分布的 α 百分位点，$\alpha = \frac{1+p}{2}$。

从公式(6.25)可以看出，当知道理赔总量 T 的分布后，信度 Z 的大小只取决于期望理赔次数 EN。

6.3.2　基于保险业务统计的费率厘定及信度分析

基于保险业务统计数据来厘定保险费率，需要对理赔额和理赔次数的分布进行拟合，并利用短期聚合风险模型计算出该组火灾保险单的赔付总量，进而求出平均纯保费，最后还需要对求解结果进行信度分析。这里以算例 I 为例来说明。

算例 I：

现用随机模拟方法产生了一组火灾保险单 P，总共售出 7821 份，总保险金额 1 亿，发生理赔 81 次。其每次理赔额记录和理赔次数分布分别如表 6.8 和表 6.9 所示。

表 6.8　理赔额记录　　　　　　　　　　　单位: 万元

16.2540	12.09118	4.37626	2.07969	2.17547	18.39953	5.51708	11.28515	1.11476
3.65626	0.71554	4.10847	18.7556	1.01468	2.36829	2.62842	0.75785	2.05437
7.20443	1.17777	19.46549	0.7844	2.06736	6.67349	0.49473	7.54852	5.3547
3.58501	2.95777	1.2728	9.01844	1.37462	2.79099	1.66206	6.60188	4.70958
1.3596	3.05543	2.72626	0.69106	1.91188	0.72305	5.8539	1.48631	3.64641
0.78962	1.22267	4.03126	7.57622	3.14438	0.70351	1.10509	1.20864	1.6849
9.87252	0.62272	1.23111	7.97848	0.55647	1.45587	1.12482	1.28395	1.74148
4.32721	1.10587	3.68089	8.91997	3.72827	2.47884	3.69689	2.1071	5.09622
9.29014	3.87074	6.25142	4.30721	3.28668	1.73926	13.88406	0.92738	1.63063

表 6.9　理赔次数分布

理赔次数(j)	发生 j 次理赔保单数目
0	7742
1	77
2	2
其他	0
合计	7821

(1) 理赔额的拟合

要选定合适的分布类型拟合损失分布，需要对理赔额记录(表 6.8)进行统计分析。借助统计软件 SPSS 10.0, 得出了理赔额的一些统计参数, 如表 6.10 所示。并对理赔额按损失大小进行分组, 如表 6.11 所示, 以此为依据, 作出频数/理赔额曲线, 如图 6.2 所示。

通过观察理赔额统计参数(表 6.10) 及频数/理赔额曲线(图 6.2)的特征, 选定对数正态分布进行拟合, $X \sim \mathrm{Lg}N(\mu,\sigma^2)$,

由于对数正态分布满足:　　　$EX = \mathrm{e}^{\mu+\frac{1}{2}\sigma^2}$　　　$\mathrm{Var}X = \mathrm{e}^{2\mu+\sigma^2}(\mathrm{e}^{\sigma^2}-1)$

又由表 6.10 的统计结果:　　　$EX = 4.50$　　　$\mathrm{Var}X = 39.29$

可以求得:　　　　　　　　　$\mu = 1.0$　　　　$\sigma^2 = 1.0$

表 6.10　理赔额统计参数

参数	统计值	参数	统计值
N	81	Minimum	0.49
Median	2.7263	Maximum	19.47
Mode	0.49	Range	18.97
Sum	343.21	Variance	39.29
Mean	4.50	Std. Deviation	6.268
Std. Error of Mean	0.4836		

表 6.11 理赔额分组统计

序号	组别/万元	频数	序号	组别/万元	频数	序号	组别/万元	频数
1	0 ~ 0.5	1	9	4.0~5.0	6	17	12.0~13.0	1
2	0.5~ 1.0	10	10	5.0~6.0	4	18	13.0~14.0	0
3	1.0~1.5	15	11	6.0~7.0	3	19	14.0~15.0	0
4	1.5~2.0	6	12	7.0~8.0	4	20	15.0~16.0	0
5	2.0~ 2.5	7	13	8.0~9.0	1	21	16.0~17.0	1
6	2.5~ 3.0	4	14	9.0~10.0	3	22	17.0~18.0	2
7	3.0~ 3.5	3	15	10.0~11.0	0	23	>18.0	1
8	3.5 ~ 4.0	7	16	11.0~12.0	1			

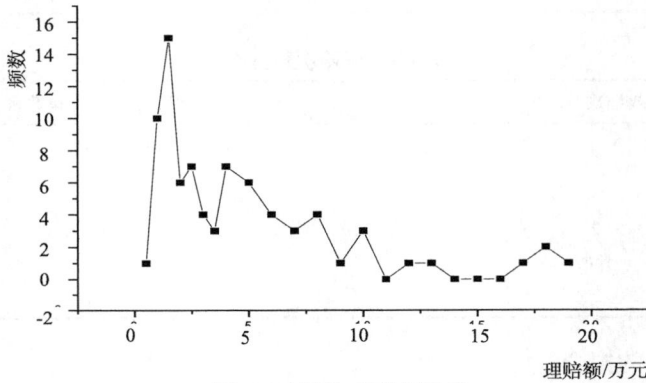

图 6.2　频数/理赔额曲线

下面对拟合结果进行检验。表 6.12 给出了每一理赔金额分组区间出现频数的"观察值 O_i"及"理论值 E_i"。

根据前面提到的 χ^2 检验法，得出：

$$\chi^2 = \sum_{i=1}^{n} \frac{(O_i - E_i)^2}{E_i} = 27.20$$

查 χ^2 分布表，在置信水平 99.9% 下的值为 28.41，即 $\chi_{1-0.1^2}^2 (23-2-1) = 28.41 > \chi^2$。所以认为，用 $X \sim \mathrm{Lg}N(1.0,1.0)$ 拟合该组理赔额是恰当的。

表 6.12 拟合优度检验

序号	理赔额组别 (万元)	O_i	E_i	序号	理赔额组别 (万元)	O_i	E_i	序号	理赔额组别 (万元)	O_i	E_i
1	0 ~ 0.5	1	3.66	9	4.0~5.0	6	6.36	17	12.0~13.0	1	0.81
2	0.5~ 1.0	10	9.19	10	5.0~6.0	4	4.61	18	13.0~14.0	0	1.66
3	1.0~1.5	15	9.51	11	6.0~7.0	3	3.41	19	14.0~15.0	0	0.55
4	1.5~2.0	6	8.37	12	7.0~8.0	4	2.58	20	15.0~16.0	0	0.46
5	2.0~2.5	7	7.06	13	8.0~9.0	1	1.99	21	16.0~17.0	1	0.39
6	2.5~3.0	4	5.88	14	9.0~10.0	3	1.56	22	17.0~18.0	2	0.33
7	3.0~3.5	3	4.90	15	10.0~11.0	0	1.24	23	>18.0	1	0.28
8	3.5 ~ 4.0	7	4.10	16	11.0~12.0	1	1.00				

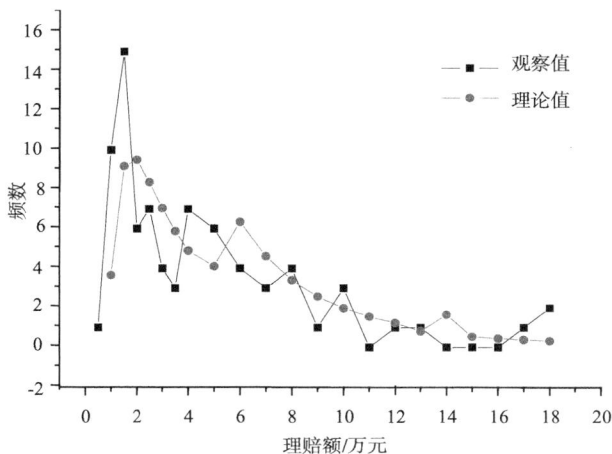

图 6.3　拟合优度检验

(2) 理赔次数的拟合

根 据理赔次数分布(表 6.9)，求出每份保单的理赔频率，并和 Poisson ($\lambda = 0.01$) 分布概率理论值进行对比，如表 6.13 所示。

通过比照发现，每份保单的理赔次数 M 近似服从 Poisson ($\lambda = 0.01$)分布，且

$$EM = 0.01, \quad VarM = 0.01$$

从而，该组保单理赔次数 N 的期望和方差分别为：

$EN = nEM = 0.01 \times n$ ， $VarN = nVarM = 0.01 \times n$ ， n 为保单数量，这里 n = 7821

表 6.13　每份保单理赔次数分布

理赔次数(j)	发生 j 次理赔保单数目	理赔频率	Poisson ($\lambda = 0.01$) 分布概率理论值
0	7742	0.9899	0.99004984
1	77	0.0098	0.009900498
2	2	0.0003	4.95025E-05
其他	0	0	<0.00001
合计	7821		

(3) 理赔总量及平均纯保费的计算

依据短期聚合风险模型，将前面的拟合结果：

$EN = 0.01 \times n$ ，$\qquad$ $VarN = 0.01 \times n$ ，$\qquad$ $EX = 4.50$ ，$\qquad$ $VarX = 39.29$

代入公式(6.10) 和(6.11)，可以得到理赔总量 $T = \sum\limits_{i=1}^{N} X_i$ 的期望和方差：

$$ET = 0.045 \times n = 352, \qquad \text{Var}T = 0.60 \times n = 4693, \qquad 保单份数 \ n = 7821$$

假定数据充分,由公式(6.18)求出该组保单的平均纯保费 $P = \dfrac{ET}{n} = 0.045$ 万元。

(4) 信度分析

依据有限波动信度确定信度 Z 的方法,给定参数 $k = 0.05$,$p = 0.9$,根据公式(6.25)计算出了不同保单份数所对应的信度值,如表 6.14 所示。

表 6.14 信度分析

保单数量 n (份)	信度 Z
100	0.01
1000	0.044
7821	0.142
10000	0.163
100000	0.544
330000	1.0

从表 6.14 可以看出,要达到完全信度 $Z = 1.0$,需达到保单数 $n = 330000$。在本案例中,保单数 $n = 7821$,信度 $Z = 0.142$,现有数据远不充分,尚需结合先验信息数据来厘定费率。

6.4   基于事件树分析法的企业火灾风险评估及费率厘定

6.4.1   事件树分析法在企业火灾风险评估中的应用

事件树分析法(event tree analysis,ETA)是安全系统工程中重要的分析方法[10, 11]。事件树分析法是一种时序逻辑的事故分析方法。它是按照事故的发展顺序,分阶段一步一步地进行分析,每一步都从成功和失败两种可能后果考虑,直到最终结果为止。所分析的情况用树枝状图表示,故叫事件树。事件树分析法,可以定性地了解整个事件的动态变化过程,又可以定量计算出各阶段的概率,最终了解事故的各种状态的发生概率。

事件树最初用于可靠性分析,它是用元件可靠性表示系统可靠性的系统方法之一,现已在许多领域得到了广泛应用。例如,事件树分析法在运筹学中用于对不确定的问题作决策分析。美国 1974 年耗资 300 万美元对核电站进行风险评价项目中,事件树分析法起了重要作用,现在许多国家形成了标准化的分析方法。事件树分析法已经成为一种重要的火灾风险评估方法。本小节将应用事件树分析法来量化企业的火灾风险。

一、事件树分析法介绍

事件树分析法也常用在火灾风险评估中，将事件可能性、消防系统成功概率和火灾后果结合起来度量风险。

基于事件树的完整的火灾风险分析一般包括 8 个步骤：

1) 项目目标分析；
2) 风险容忍度确定；
3) 损失场景设计与事件树构建；
4) 初始事件可能性；
5) 危害分析模型的建立；
6) 消防系统成功概率；
7) 风险估计以及与风险容忍度比较；
8) 对减小风险措施的成本效益分析。

其中，损失场景设计与事件树构建是事件树分析法最核心的问题，其步骤及方法如下：

1. 确定火灾初始事件

初始事件是构建火灾事件树场景时的第一个事件。这个事件可能是系统或设备失效(电短路)、人员失误、物质自燃或外部事件如地震、交通事故、人为纵火等，这些都可能形成火灾初始事件。辨识初始事件可以综合运用以下方法：

1) 场景辨识工作表；
2) 事故树分析；
3) 历史事故记录分析；
4) 企业数据和历史情况；
5) 危险评述、经验和工程判断。

2. 确定路径因素

路径因素是初始事件后序发生的事件。建立事件树时，分析人员需要对影响火灾蔓延或者限制初始事件的相关重要因素进行辨识。包括：

1) 燃料性质(热释放速率)；
2) 火焰传播与二次引燃；
3) 通风作用；
4) 结构失效；
5) 消防系统，如：探测系统、应急控制系统、自动灭火系统、限制蔓延作用(如防火间隔)、人工灭火系统、空间限制特点(将火灾限制在源区的结构或分区特点)。

3. 构建事件树分支

事件树以初始事件开始，经历消防系统的响应，显示事故的时序发展过程，其输出即为火灾事故结果。尽管很多情况下事件几乎是同时发生的，但在分析时，消防系统的功能应按照顺序描述。

初始事件发生可能性以频率表示(次/年)，路径因素以条件概率(0~1)来表示。注意事件树结构有以下特点：

1) 事件树是由左至右；

2) 通常，上分支表示系统成功，下分支表示失败(且成功概率 = 1 − 失败概率)；

3) 分支概率等于初始事件可能性与支线上各中间事件的条件概率相乘；

4) 事件树的不同分支得到不同的火灾事故结果；

5) 时间线为估计一定时间内消防系统成功概率和后果提供了参照系。

4. 事故结果评价

按照后果严重程度，对火灾风险事件树分支的后果进行分级评定。参照保险领域最初的定义，可以简单分为三类，即最好情形、最坏情形和其他可能情形：

1) 最好的情况对应正常损失期望(NLE)，指在所有的火灾探测和防护系统均正常工作并发挥其设计控制功能时的损失期望值水平。

2) 其他可能情形对应可能最大损失值(PML)，指基本的火灾自动防护系统不在工作状态时的损失期望值水平。在这种情况下，应考虑被动防火手段(如防火墙)以及人工灭火能力有效。

3) 最坏场景对应最大可能损失值(MFL)，指自动和人工防火设施均处于不可用状态时的损失期望值水平。在这种情况下，只考虑被动防火手段的防火能力。

当然，也可以根据具体情况，对事故后果进行更为详细的划分。

5. 支线概率的量化

由初始火灾发生概率和消防系统成功概率可以给出支线概率。

6. 量化风险

火灾风险是所有支线的风险总和：

$$[L] = \sum_i [F_i] \times [V_i] \tag{6.26}$$

式中，[L]为火灾风险；[F_i]为支线 i 的发生概率；[V_i]为支线 i 的可能损失。

二、事件树分析法量化企业火灾风险

在我国近年的火灾事故中，商业、交通运输业和农产品加工业火灾严重。据中国人保山东分公司统计，1999 年商贸行业火灾财产损失就占到火灾总损失的

27%[12]。所以，这里以一商贸类企业为例，来说明如何应用事件树分析法来量化火灾风险。这里以算例 II 为例来说明。

算例 II：

某商贸企业 M 投保火灾保险，标的的基本情况如下：

占用性质：普通类(商贸)，建筑面积 10000 m²；

消防设施：配备了火灾探测、自动扑救、手动扑救等一整套消防系统；

资产情况：建筑资产 1000 万元，设备资产 1000 万元，仓储资产 1000 万元。

企业投保火灾保险，其财产主要可以分为建筑资产、设备资产、仓储资产三类。为了定量评估后果，根据其损失严重程度进行了如下等级划分，见表 6.15。

表 6.15　企业财产损失等级划分

资产类别	损失等级	损失比例(‰)	等效比例 K(‰)	等级描述
建筑资产 [S_1]	1	0-1	0.5	几乎不影响
	2	1-10	2.5	轻微损失，修复容易
	3	10-100	50	有一定伤害，修复代价较大
	4	100-700	400	损失较严重，修复代价很大
	5	700-1000	1000	损失很严重，只好作废
设备资产 [S_2]	1	0-1	0.5	几乎不影响
	2	1-10	2.5	轻微损失，容易修复
	3	10-100	50	有一定伤害，修复代价较大
	4	100-700	400	损失较严重，修复代价很大
	5	700-1000	1000	损失很严重，只好作废
仓储资产 [S_3]	1	0-1	0.5	可以忽略的损失
	2	1-10	2.5	轻微损失
	3	10-100	50	损失了很小部分
	4	100-500	300	部分损失
	5	500-1000	750	大部分损失

为了用事件树分析方法评价、预测标的的火灾财产损失，首先必须知道不同功能建筑的火灾发生频率，及消防设备的可靠性和有效性的统计数据。由于国内关于火灾发生频率及消防设备的可靠性和有效性统计的统计数据不全，这里火灾发生频率的取值参考了日本东京消防厅统计数据[13]，如表 6.16 所示。各种消防设备的可靠性和有效性统计数据参考文献[14, 15]，如表 6.17 所示。

表 6.16　不同功能建筑火灾发生频率

标的占用性质	火灾发生频率(起/平方米·年)
办公楼	6.67×10^{-7}
商贸	4.12×10^{-6}
住宅	6.43×10^{-6}

表 6.17   消防设施成功/失败概率

系统	成功概率	失败概率
探测系统	$[B_1] = 0.94$	$\overline{B_1} = 0.06$
自动扑救系统	$[C_1] = 0.81$	$\overline{C_1} = 0.19$ $\overline{C_2} = 1.00$
手动扑救系统	$[D_2] = [D_3] = 0.51$	$\overline{D_2} = \overline{D_3} = 0.49$
消防队扑救	$[E_3] = [E_4] = 0.97$	$\overline{E_3} = \overline{E_4} = 0.03$

表 6.18 给出了企业火灾风险评估的事件树，下面将说明所涉及的参数的计算方法。

(1) 年起火频率，查表 6.16，可知该标的的年起火频率：

$$[A] = 4.1210^{-6} \times 10000 = 0.0412 \text{ 次/年}$$

(2) 各支线的概率、事故后果的货币价值和火灾财产损失值

以支线 1 为例，计算方法如下：

支线 1 的概率：

$$[F_1] = [A][B_1][C_1] = 0.0412 \times 0.94 \times 0.81 = 0.0314$$

支线 1 事故后果的货币价值：

要评估事故后果严重度，首先要分别评估各种资产的损失等级，损失等级的划分方法见表 6.15。根据下面的公式计算该支线的事故后果的货币价值：

$$[V_1] = \sum_{i=1}^{3} ([S_i] \times K) = 1000 \times 0.5‰ + 1000 \times 0.5‰ + 1000 \times 0.5‰ = 1.5 \text{ 万元}$$

式中，$[S_i]$ 为第 i 类资产的总价值，$i = 1$，2，3；K 为该类资产的损失等级所对应的等效比例。

从而，支线 1 的火灾财产损失为：

$$[L_1] = [F_1] \times [V_1] = 0.047 \text{ 万元}$$

(3) 火灾风险

知道了各支线的发生概率和事故后果严重度，就可以求出该标的总的火灾风险：

$$[L] = \sum_i [F_i] \times [V_i] = 1.421 \text{万元/年}$$

所有参数的取值或计算结果一并列于表 6.18 中。

表 6.18 企业火灾风险事件树

起火频率	消防系统运作成功概率				事故可能性		事故后果严重度				火灾财产损失
	探测系统	自动扑救系统	手动扑救系统	消防队扑救	支线概率		资产损失等级			货币价值	$[L]=[F]\times[V]$ /万元
					编号	$[F]$	建筑	设备	仓储	$[V]$/万元	
	0.81				1	0.0314	1	1	1	1.5	0.047
	$[C_1]$										
	0.94 $[B_1]$	0.51			2	0.0038	2	2	1	5.5	0.021
		$[D_2]$									
功成 0.0412	0.19 $[\overline{C_1}]$	0.97			3	0.0035	3	3	3	150	0.524
		$[E_3]$									
$[A]$	0.49 $[\overline{D_2}]$	0.03			4	0.00011	5	5	4	2300	0.249
		$[\overline{E_3}]$									
失败	0.51				5	0.0013	2	2	2	7.5	0.01
	$[D_3]$										
0.06 $[\overline{B_1}]$	1.00 $[\overline{C_1}]$	0.97			6	0.0012	3	3	4	400	0.470
		$[E_4]$									
	0.49 $[\overline{D_3}]$	0.03			7	0.000036	5	5	5	2750	0.100
		$[\overline{E_4}]$			火灾风险 $[L]$/万元/年:					1.421	

6.4.2 基于事件树分析法的企业火灾保险费率厘定模型

(1) 模型的建立

从 6.3 节的分析可以知道，基于保险业务统计来厘定火灾保险费率，首先需要有充分的面临同质风险的保单数据。然而，由于火灾保险的特殊性，保险公司往往缺乏足够的保单数据。而且，各个保险标的由于占用性质、所采取的消防措施、风险管理水平、所处人文地理环境等的不同，所面临的火灾风险存在较大的差异性。

火灾风险评估技术是面向具体对象合理量化火灾风险的专门技术方法。但是，由于火灾本身包含确定性和随机性双重规律，现有的火灾风险量化评估方法很难准确给出火灾风险。

基于以上考虑，将保险业务统计和火灾风险评估结合起来，利用信度理论来共同厘定火灾保险费率，是一种面向保险标的合理厘定火灾保险费率的办法。

现建立如下基于保险业务统计和火灾风险评估相耦合的火灾保险费率厘定模型：

$$R = (1-Z)R_f + ZR_b \tag{6.27}$$

式中，R 为火灾保险纯费率；R_f 为火灾风险期望损失率，即由火灾导致的单位保额的可能损失，由火灾风险评估来量化，它可以通过下式计算得到；

$$R_f = \frac{\text{投保标的火灾风险}[L]}{\text{投保标的保险金额}[S]} \tag{6.28}$$

R_b 为保额损失率，即火灾保险单最近一年的单位保额的平均损失，可以由保险业务统计求出，它可以通过下式计算得到；

$$R_b = \frac{\text{理赔总量}T}{\text{总保险金额}S} \tag{6.29}$$

Z 为信度，由信度理论求得。

(2) 算例Ⅲ

本算例将本章的算例Ⅰ和算例Ⅱ综合起来考虑。现假定算例Ⅱ中的该商贸企业 M，投保算例Ⅰ中的该类火灾保险 P，下面将说明如何利用该模型来厘定该商贸企业 M 的火灾保险费率。

为了便于说明，这里再次简要列出火灾保险 P 和商贸企业 M 的基本情况：

算例Ⅰ：火灾保险 P

根据以前的业务统计，该火灾保险 P：

1) 总共售出保单 7821 份；

2) 发生理赔 81 次；

3) 总保险金额 1 亿。

在本章 6.3.2 节中，算例Ⅰ的统计结果表明，该火灾保险 P：

保额损失率：

$$R_b = \frac{\text{理赔总量}T}{\text{总保险金额}S} = \frac{4.50\text{万元}}{1\text{亿元}} = 0.450‰$$

信度： $Z = 0.142$

算例Ⅱ：商贸企业 M

1) 占用性质：普通类(商贸)，建筑面积 10000 m²；

2) 消防设施：配备了火灾探测、自动扑救、手动扑救等一整套消防系统；

3) 资产情况：建筑资产 1000 万元，设备资产 1000 万元，仓储资产 1000 万元。

在 6.4.1 节中，应用事件树分析法评估得到了该商贸企业 M 的火灾风险，火灾风险期望损失率：

$$R_f = \frac{投保标的火灾风险[L]}{投保标的保险金额[S]} = \frac{1.421万元}{3000万元} = 0.474‰$$

现该商贸企业 M 投保该类火灾保险 P，应用基于保险业务统计和火灾风险评估相耦合的火灾保险费率厘定模型(公式 6.27)，可以求得该商贸企业 M 的火灾保险纯费率：

$$R = (1 - Z)R_f + ZR_b = 0.471‰$$

可以看出，如果单纯依据保险业务统计数据来厘定费率，其火灾保险费率应为 0.450‰。根据信度分析结果，该统计结果的信度只有 0.142，故需结合风险评估结果来调整费率。该模型的计算结果表明，费率需上调至 0.471‰。

6.5　基于层次分析法的建筑火灾风险评估及费率厘定

层次分析法[16](analytic hierarchy process，AHP)是美国匹兹堡大学教授萨蒂 (T L Saatty)于 20 世纪 70 年代提出的一种系统分析方法，当时由于研究工作的需要，创造和发展了一种综合定性和定量分析、解决多因素复杂系统特别是难以定量描述的系统的分析方法。萨蒂于 1971 年用 AHP 为美国国防部研究"应急计划"并取得了满意的效果。现在，层次分析法已经在资源分配、决策预报和风险评估等复杂系统领域得到了广泛的应用。

层次分析法原理简单，通过两两比较标度值的方法，把人们依靠主管经验来判定的定性问题定量化，既有效的吸收了定性分析的结果，又发挥定量分析的优势；既包含了主观的逻辑判断和分析，又依靠客观的精确计算和推演，使决策过程具有较强的条理性和科学性。

6.5.1　层次分析法在建筑火灾风险评估中的应用

一、层次分析法介绍

层次分析法的基本原理是把一个复杂问题中的各个影响要素通过划分相互之间的关系分解为若干有序的层次，通常可划分为最高层(目标层)、中间层(准则层)和最低层(指标层)。按照对一定客观事实的判断，对每层中的指标通过两两比较判断的方式确定它们的相对重要性，进而建立判断矩阵。然后，利用数学方法计算每个层次的判断矩阵中各指标的相对重要性权数。最后通过各层次相对重要性权数的组合，得到全部指标的累积权重。

利用层次分析法进行风险评估步骤如下：

表 6.19 相对重要性判断基准

A_i 与 A_j 的相对重要性	a_{ij} 的取值
A_i 与 A_j 同等重要	1
A_i 与 A_j 稍微重要	3
A_i 与 A_j 明显重要	5
A_i 与 A_j 强烈重要	7
A_i 与 A_j 极其重要	9
以上各值的中间值	2,4,6,8
A_j 与 A_i 的相对重要性	各值的倒数

1. 分析系统中各影响因素之间的关系，建立递阶层次的指标体系

一般可以分为三层：

1) 最高层，也称目标层，是分析问题的预定目标或理想结果；

2) 中间层，也称准则层，包括实现目标所涉及的中间环节；

3) 最低层，也称指标层，是为实现目标而供选择的各种措施、决策方案。

2. 构造判断矩阵，并求解各指标相对权重

1) 构造两两成对比较的判断矩阵判断矩阵元素的值反应了人们对因素关于目标的相对重要性的认识。假设要比较某一层 n 个元素 A_1，A_2，…，A_n，对上一层因素 C 的影响，则每次取出两个元素 A_i，A_j，用 a_{ij} 表示它们对 C 的影响之比，比较结果构成判断矩阵：

$$A = \begin{bmatrix} a_{11} & a_{12} & ... & ... & a_{1n} \\ a_{21} & a_{22} & ... & ... & a_{2n} \\ ... & ... & ... & ... & ... \\ ... & ... & ... & ... & ... \\ a_{n1} & a_{n2} & ... & ... & a_{nn} \end{bmatrix}$$

判断矩阵中对 a_{ij} 的赋值采用 1-9 标度法，如表 6.19 所示。

2) 计算各元素的相对权重

对于权重的计算，可以采用多种方法。这里采用的是方根法，计算步骤如下：

a) 计算判断矩阵每一行元素乘积 m_i

$$m_i = \prod_{j=1}^{n} a_{ij} \qquad i = 1, 2, \cdots, n \tag{6.30}$$

b) 计算 m_i 的 n 方根 w_i

$$w_i = \sqrt[n]{m_i} \tag{6.31}$$

c) 将向量 $\boldsymbol{W} = (w_1, w_2, \cdots, w_n)^T$ 归一化，即

$$w_i = \frac{w_i}{\sum\limits_{j=1}^{n} w_j} \tag{6.32}$$

d) 计算判断矩阵 A 的最大特征值 $\lambda_{\max}$

3) 判断矩阵的一致性检验

要求判断矩阵具有一致性，是为了避免出现"指标 A 比指标 B 重要，指标 B 比指标 C 重要，而指标 C 又比指标 A 重要"等的违反常识的判断，这将导致评价失真。检验方法如下：

定义判断矩阵 A 的一致性比率 $C.R.$(consistency ratio)：

$$C.R. = \frac{C.I.}{R.I} \tag{6.33}$$

其中，$C.I.$ (consistency index) 为矩阵的相容指标，其计算公式为：

$$C.I. = \frac{\lambda_{\max} - n}{n-1} \tag{6.34}$$

$R.I.$(random index)为随机构造的正反矩阵的平均随机一致性指标，其取值方法如表 6.20：

表 6.20   平均随机一致性指标($R.I.$)

n	1	2	3	4	5	6	7	8	9
R.I.	0	0	0.52	0.89	1.12	1.24	1.32	1.41	1.45

一般认为，若 $C.R. \leq 0.10$，就可以认为判断矩阵 A 具有一致性，据此计算的权重集就可以接受，否则需要调整判断矩阵。

3. 确定最低层指标的累积权重

计算出各指标在其所属层次及类别中的相对权重后，采用权重乘积的方式，可以确定所有评价指标对于总目标的累积权重。

假定最低层指标 C_i 所属的中间层指标为 B_j，而 B_j 所属的最高层指标为 A_k，则指标 C_i 的累积权重：

$$W_{C_i} = w_{A_k} w_{B_j} w_{C_i} \tag{6.35}$$

4. 建立指标评价尺度和系统评价等级

通过以上工作，确立了评价指标体系和各评价指标的权重，尚需建立指标评价尺度和系统评价等级。经过研究和分析，并依据相关法规、标准，给出如下指标评价尺度和系统评价等级，如表 6.21 和表 6.22 所示。

表 6.21　指标评价尺度

各指标的定性评价	好	较好	中等	较差	差
各指标对应的分数	5	4	3	2	1

表 6.22　系统评价等级

系统安全分区间	[4.5，5]	[3.5，4.5]	(2.5，3.5)	(1.5，2.5)	[1，1.5]
各指标对应的分数	5	4	3	2	1

表 6.22 中，系统安全分是所有评价指标得分与其累积权重乘积的和，计算方法如下：

设最低层评价指标 C_i 的得分为 P_{C_i}，其累积权重为 W_{C_i}，则系统安全分 $S.V.$ 为：

$$S.V. = \sum_{i=1} P_{C_i} \cdot W_{C_i} \tag{6.36}$$

二、建筑火灾风险评价指标集的建立及权重的求解

通过对消防规范、标准的研读，以及对火灾保险理赔数据的研究，针对建筑火灾风险，本文应用层次分析法，构造了建筑火灾风险评价指标集，见表 6.23。

本部分采用专家会议法，由五名火灾学专家及中高级核保人员，构造了评价指标判断矩阵。然后，求解出各评价指标的相对权重及累积权重。

1. 第一层指标($A_1 - A_2 - A_3$)的判断矩阵及相对权重

1) 构造判断矩阵

$$A = \begin{bmatrix} 1 & 1 & 5 \\ 1 & 1 & 3 \\ \frac{1}{5} & \frac{1}{3} & 1 \end{bmatrix}$$

2) 计算判断矩阵 A 中每一行元素的乘积，计算结果如下：

$$m_1 = 1 \times 1 \times 5 ; \qquad m_2 = 1 \times 1 \times 3 ; \qquad m_3 = \frac{1}{5} \times \frac{1}{3} \times 1 ;$$

3) 计算 m_i 的 n 方根 $w_i = \sqrt[n]{m_i}$

$$w_1 = \sqrt[3]{5} = 1.7099; \qquad w_2 = \sqrt[3]{3} = 1.4423; \qquad w_3 = \sqrt[3]{\frac{1}{15}} = 0.4803;$$

4) 对向量 $\boldsymbol{W} = (w_1, w_2, w_3)^T$ 归一化，

$$\boldsymbol{W} = (w_1, w_2, w_3)^T = (0.480, 0.405, 0.115)^T$$

这里记为：

$$(w_{A_1}, w_{A_2}, w_{A_3})^T = (0.480, 0.405, 0.115)^T$$

5) 计算判断矩阵 $\boldsymbol{A}$ 的最大特征值 $\lambda_{\max}$ ，可以求得 $\lambda_{\max} = 3.029$

6) 一致性检验

$$C.I. = \frac{\lambda_{\max} - n}{n - 1} = 0.0145$$

$$C.R. = \frac{C.I.}{R.I} = \frac{0.0145}{0.52} \approx 0.03 < 0.1$$

故其满足一致性要求。

2. 其他指标的判断矩阵及相对权重

依照以上构造判断矩阵及求权重的方法，可得出其他指标的判断矩阵和权重，结果如下：

1) 指标 $(B_1 - B_2 - B_3)$

$$\begin{bmatrix} 1 & 1 & 2 \\ 1 & 1 & 2 \\ \frac{1}{2} & \frac{1}{2} & 1 \end{bmatrix} \qquad \begin{aligned} & (w_{B_1}, w_{B_2}, w_{B_3})^T \\ & = (0.480, 0.405, 0.115)^T \end{aligned}$$

2) 指标 $(B_4 - B_5)$

$$\begin{bmatrix} 1 & 2 \\ \frac{1}{2} & 1 \end{bmatrix} \qquad \begin{aligned} & (w_{B_4}, w_{B_5})^T \\ & = (0.667, 0.333)^T \end{aligned}$$

3) 指标 $(B_6 - B_7)$

$$\begin{bmatrix} 1 & \frac{1}{2} \\ 2 & 1 \end{bmatrix}$$

$$(w_{B_6}, w_{B_7})^T$$
$$= (0.333, 0.667)^T$$

4) 指标$(C_1 - C_2 - C_3)$

$$\begin{bmatrix} 1 & 3 & 3 \\ \frac{1}{3} & 1 & 1 \\ \frac{1}{3} & 1 & 1 \end{bmatrix}$$

$$(w_{C_1}, w_{C_2}, w_{C_3})^T$$
$$= (0.600, \ 0.200, \ 0.200)^T$$

5) 指标$(C_4 - C_5 - C_6 - C_7)$

$$\begin{bmatrix} 1 & 1 & 2 & 4 \\ 1 & 1 & 2 & 4 \\ \frac{1}{2} & \frac{1}{2} & 1 & 2 \\ \frac{1}{4} & \frac{1}{4} & \frac{1}{2} & 1 \end{bmatrix}$$

$$(w_{C_4}, w_{C_5}, w_{C_6}, w_{C_7})^T$$
$$= (0.364, 0.364, 0.182, 0.090)^T$$

6) 指标(C_8) $\qquad\qquad w_{C_8} = 1.000$

7) 指标$(C_9 - C_{10} - C_{11} - C_{12})$

$$\begin{bmatrix} 1 & 2 & \frac{1}{3} & 1 \\ \frac{1}{2} & 1 & \frac{1}{6} & \frac{1}{2} \\ 3 & \frac{1}{6} & 1 & 3 \\ 1 & 2 & \frac{1}{3} & 1 \end{bmatrix}$$

$$(w_{C_9}, w_{C_{10}}, w_{C_{11}}, w_{C_{12}})^T$$
$$= (0.364, 0.364, 0.182, 0.090)^T$$

8) 指标$(C_{13} - C_{14} - C_{15} - C_{16} - C_{17})$

$$\begin{bmatrix} 1 & 1 & \frac{1}{3} & \frac{1}{2} & 1 \\ 1 & 1 & \frac{1}{3} & \frac{1}{2} & 1 \\ 3 & 3 & 1 & 2 & 3 \\ 2 & 2 & 1 & 1 & 2 \\ 1 & 1 & \frac{1}{3} & \frac{1}{2} & 1 \end{bmatrix}$$

$$(w_{C_{13}}, w_{C_{14}}, w_{C_{15}}, w_{C_{16}}, w_{C_{17}})^T$$
$$= (0.364, 0.364, 0.182, 0.090)^T$$

9) 指标$(C_{18} - C_{19})$

$$\begin{bmatrix} 1 & \dfrac{1}{2} \\ 2 & 1 \end{bmatrix} \qquad (w_{C_{18}}, w_{C_{19}})^T = (0.333, 0.667)^T$$

10) 指标$(C_{20} - C_{21})$

$$\begin{bmatrix} 1 & 1 \\ 1 & 1 \end{bmatrix} \qquad (w_{C_{20}}, w_{C_{21}})^T = (0.500, 0.500)^T$$

3. 评价指标累积权重

利用累积权重的求解公式(6.36)，就可以得到最低层各指标的累积权重。现将各层指标的相对权重以及最低层指标的累积权重一并列于表 6.23 中。

表 6.23　建筑火灾风险评价指标集

最高层 指标及相对权重	中间层 指标及相对权重	最低层 指标及相对权重		累计权重%
A_1 建筑自身因素 0.480	B_1 建筑等级 0.400	C_1 建筑材料	0.600	11.52
		C_2 楼层高度	0.200	3.84
		C_3 使用年限	0.200	3.84
	B_2 消防设计 0.400	C_4 防火分区	0.364	6.99
		C_5 防烟分区	0.364	6.99
		C_6 消防通道	0.182	3.49
		C_7 与消防队距离	0.090	1.73
	B_3 火灾荷载 0.200	C_8 荷载密度	1.000	9.60
A_2 消防设备因素 0.405	B_4 主动灭火系统 0.667	C_9 火灾探测系统	0.182	4.92
		C_{10} 火灾报警系统	0.091	2.46
		C_{11} 自动灭火系统	0.545	14.72
		C_{12} 手动灭火系统	0.182	4.92
	B_5 被动防火系统 0.333	C_{13} 诱导系统	0.125	1.68
		C_{14} 疏散设备	0.125	1.69
		C_{15} 防排烟系统	0.375	5.06
		C_{16} 防火门	0.250	3.37
		C_{17} 通风系统	0.125	1.69
A_3 人为管理因素 0.115	B_6 人为因素 0.333	C_{18} 消防意识	0.333	1.28
		C_{19} 消防培训	0.667	2.55
	B_7 管理因素 0.667	C_{20} 安全管理	0.500	3.83
		C_{21} 专职值班	0.500	3.83

三、建筑火灾风险指标评价尺度的建立

经过研究和分析相关法规、标准及规范[17]，以及火灾保险赔付案例，并参考我国财产保险年费率[6]、中国台湾火灾保险费率规章[7]、古斯塔夫(gustav purt) 火灾危险度法[19]，以及文献[20~22]等，给出了指标评价尺度。并在上面给出的评价指标集及权重的基础上，建立如下建筑火灾风险调查表，如表 6.24 所示。

表 6.24   建筑火灾风险调查表

序号	指标	评分标准	判分	权重 %	指标得分
1	建筑材料	钢筋混泥土	3	11.52	3
		砖瓦、钢结构	2		
		木材结构及其他	1		
2	楼层高度	地上且 15 层以下	3	3.84	3
		15~25 层或五十公尺以上或地下一层	2		
		25 层或九十公尺以上或地下两层以上	1		
3	使用年限	1~10 年	5	3.84	5
		10~30 年	3		
		30~50 年	2		
		50 年以上	1		
4	防火分区	按标准设置	4	6.99	4
		不设置	2		
5	防烟分区	按标准设置	4	6.99	2
		不设置	2		
6	消防通道	设置且畅通	4	3.49	4
		设置但不畅通	2		
		没有设置	1		
7	与消防队距离	1km 以内	5	1.73	3
		1~6km	3		
		6~11km	2		
		11km 以上	1		
8	荷载密度	低	5	9.60	3
		中	3		
		高	1		
9	火灾探测系统	设置且性能良好	5	4.92	3
		设置但性能一般	4		
		没有设置	3		
10	火灾报警系统	设置且性能良好	5	2.46	1
		设置但性能一般	3		

续表

序号	指标	评分标准	判分	权重 %	指标得分
		没有设置	1		
		设置且有效防护范围达到总面积50%以上	5		
11	自动灭火系统	设置且有效防护范围达到总面积50%以下	4	14.72	3
		没有设置	3		
		设置且及时维护	5		
12	手动灭火系统	设置但不及时维护	2	4.92	2
		没有设置	1		
		设置且指示清晰	5		
13	诱导系统	设置且指示效果一般	3	1.68	5
		没有设置	1		
		完全符合标准	5		
14	疏散通道	基本符合标准	3	1.69	3
		不符合标准	1		
		设计合理且性能良好	5		
15	防排烟系统	设计一般且性能一般	3	5.06	3
		没有设置或性能不好	1		
		设置且耐火等级为甲级	5		
16	防火门	设置且耐火等级为乙、丙级	4	3.37	3
		没有设置	3		
17	暖通系统	防火合格	4	1.69	4
		防火不合格	2		
		居民消防意识很强	5		
18	消防意识	居民消防意识一般	3	1.28	5
		居民消防意识较差	1		
19	消防培训	有消防培训	4	2.55	4
		没有消防培训	2		
		有明确的安全管理规定且执行很好	5		
20	安全管理	有一定的安全管理规定且执行一般	3	3.83	3
		无明确的安全管理规定或执行的不好	1		
21	专职值班	有人专职值班	4	3.83	4
		无人专职值班	2		
		系统安全分 *S.V.* (算例)			3.0548

注：评分标准中 3 分表示一般常见情况，评价等级为中等，5 分表示评价等级为好，1 分表示评价等级为差，参见表 3。不同类别的建筑可以依据具体情况作适当的调整。

6.5.2　基于层次分析法的建筑火灾保险费率厘定模型

一、模型的建立

在我国，火灾保险包含在财产保险之中。财产保险基本险的保险责任主要包括五大类，即火灾、雷击、爆炸、飞行物体及其他空中运行物体坠落，以及"停电、停水、停气"造成的直接损失。财险年费率的确定按占用性质分为三大类 13 小类[6]，如表 6.25 所示。

可以看出，我国的财产保险基本险费率仅仅取决于投保标的的占用性质，而忽略了建筑物的结构设计、消防设施，以及投保者的安全管理情况等因素对费率的影响，十分的粗略。

基于风险评估结果来厘定火灾保险费率，使标的的保险费率与其风险状况相一致，将更加科学，并能促进投保者加强减灾防损工作。

表 6.25　我国财产基本险年费率表　　　　　　　　单位：千元

大类	小类	占 用 性 质	财险年费率	火险纯费率(推算)
工业类	1	第一级工业	0.6	0.130
	2	第二级工业	1.00	0.217
	3	第三级工业	1.45	0.315
	4	第四级工业	2.50	0.543
	5	第五级工业	3.50	0.760
	6	第六级工业	5.00	1.085
仓储类	7	一般物资	0.60	1.130
	8	危险品	1.50	0.326
	9	特别危险品	3.00	0.651
	10	金属材料、粮食专储等	0.35	0.076
普通类	11	社会团体、机关、事业单位	0.65	0.141
	12	综合商社、饮食服务业、商贸、写字楼、展览馆、住宅、输电设备等	1.50	0.326
	13	液化石油气供应站、日用杂品商店、废旧物资收购站、文化娱乐场所等	2.50	0.543

参考台湾地区火灾保险费率的调整办法[7]，现建立如下基于层次分析法的建筑火灾保险费率模型：

假定某建筑投保火灾保险，其对应的火灾保险基本费率为 R_b，并且基于建筑火灾风险调查表(表 6.24) 得出的系统安全分为 S.V.，则该建筑火灾保险费率 R：

$$R = R_b \times [1 - 10\% \times (\text{S.V.} - 3)] \tag{6.37}$$

值得说明的是：

　　1. 我国没有开设专门的火灾保险，火灾风险是财产保险的承保风险之一，所以缺乏火灾保险基本费率的数据。由于火灾是财产保险基本险中最主要的保险责任，该模型中，火灾保险费率 R_b 用财产保险基本险年费率来代替。

　　2. 该模型中，以 3 分为标准得分，最高分为 5 分，最低分 1 分，费率浮动范围设定在基本费率的(−20%，20%)。即安全等级高的保险标的，费率最多可优惠20%；反之，安全等级低的保险标的，费率最高可加收 20%。

二、火灾保险费率的推算

　　理论上讲，火灾保险(简称火险)的纯保费，应等于期望火灾损失。通过火灾损失统计可以获得期望火灾损失，但由于我国火灾损失方面的统计数据缺乏，因而通过火灾损失统计来厘定火灾保险费率困难不少。

　　我国重新开办财产保险(简称财险)以来，经过二十多年的运营，其保险费率经过不断的调整，已具有一定的合理性。从近年赔付的统计结果来看，火灾是造成财险赔付的重要原因，据中国人保山东分公司 2000 上半年统计，火灾导致的财险赔付高达 41.02%[12]。

　　这里给出一种从财险费率中推算火险费率的粗略方法：

　　火险纯费率 = 财险费率 × 财险中火灾导致的赔付比重 × 财险中纯费率比重

$$(6.38)$$

式中，

$$\text{财险中火灾(含爆炸引发火灾)导致的赔付额比重} = \frac{\text{财险中火灾导致的赔付额}}{\text{财险总赔付额}}$$

$$(6.39)$$

$$\text{财险中纯费率比重} = \frac{\text{财险纯费率}}{\text{财险费率}} = \frac{\text{财险总赔付额}}{\text{财险总保费收入}}$$

$$(6.40)$$

　　表 6.26 是中国人保山东省企业财险出险原因的统计结果[12]，可以得到：

　　财险中火灾(含爆炸引发火灾)导致的赔付额比重 = 27.96% + 9.44% = 0.374

　　表 6.27 是中国人保 1985~2003 年财险保费收入及赔款支出统计[23~25]。由于 2002 和 2003 年的统计结果是净保费和净赔付数据，故选取 2002 及 2003 年的统计结果，可得：

　　财险中纯费率比重 = (412700 + 328500) / (634600 + 643700) = 0.58

根据公式(6.38)，可从财险费率中推算出火险纯费率，计算结果列于表 6.25 中。

表 6.26　中国人保山东省 1999 年企业财险业务统计

序号	出险原因	起数	占总起数(%)	赔款(万元)	占总赔款(%)
1	火灾	2609	19.47	9601	27.96
2	爆炸	268	2.00	3240	9.44
3	雷击	571	4.26	1132	3.30
4	洪水	178	1.33	1779	5.18
5	台风	31	0.23	88	0.26
6	暴风雨	2259	16.86	5996	17.46
7	雪灾	19	0.14	22	0.06
8	空中运行物体	12	0.09	6	0.02
9	其他	7455	55.36	12470	36.32
合计		13402	100	34332	100

表 6.27　中国人保 1985-2003 财产保险保费收入及赔款支出统计(万元)

	1987	1988	1989	1990	1991	1992
保费收入	161673	195671	235659	278482	324456	400476
赔付金额	64069	77517	92877	97858	252704	225308
	1993	1994	1995	…	2002	2003
保费收入	423739	462627	513061	…	634600(净)	643700(净)
赔付金额	231185	319471	296527	…	412700(净)	328500(净)

三、算例Ⅳ

下面以某高校一办公楼为例，应用该模型来厘定火灾保险费率。

该办公楼建于 20 世纪 90 年代末，五层楼高，主要用作师生办公学习场所。该办公楼的消防设计基本上符合标准，但配备的消防设备比较简陋。师生的消防意识很强，也会定期进行消防培训，但管理比较松散。

通过对该办公楼的实地调查，依据前面制定的建筑火灾风险调查表，依次对各评价指标进行了打分，结果列于表 6.24 中。可得出该办公楼的系统安全分：

$$S.V. = 3.0548$$

查表 6.25 知道基本费率 $R_b = 1.50‰$，代入公式(6.37)中，可得该建筑火灾保险费率：

$$R = 1.50‰ \times [1 - 10\% \times (3.0548 - 3)] = 1.402‰$$

保险费率的调整幅度：$\Delta R = R - R_b = -0.08‰$，即需下调 0.08‰ 。

参 考 文 献

[1] Scott E H, Gregory R N. 风险管理与保险[M]. 陈秉正等译. 北京：清华大学出版社，2001.

[2] 郝演苏. 财产保险[M]. 北京：中国金融出版社，2002.

[3] 吴小平. 保险原理与实务[M]. 北京：中国金融出版社，2002.

[4] 胡炳志. 保险经营中的计算[M]. 北京：中国金融出版社，1991.

[5] 谢志刚，韩天雄. 风险理论与非寿险精算[M]. 天津：南开大学出版社，2000.

[6] 张念编. 保险学原理[M]. 成都：四川大学出版社，2000.

[7] 台湾产物保险商业同业公会. 台北：台湾火灾保险费率规章[M]，2002.

[8] http://www.fmglobal.com [OL].

[9] 卡尔斯 R，胡法兹 M，达呐 J，等. 现代精算风险理论[M]. 唐启鹤，胡太忠等译. 北京：科学出版社，2005.

[10] Thomas F, Barry P E. Risk-informed performance based industrial fire protection[M]. Tennessee: Tennessee Valley Publishing，2002.

[11] Frantzich H.Uncertainty and risk analysis in fire safety engineering[M]. Copyright Institutionen för brandteknik，Lunds Tekniska Högskola，Lunds universitet，Lund 1998.

[12] 王晓音. 企财险火灾事故发生特点及防范[J]. 中国保险，2000(9):25-26.

[13] 松山賢等. 区画火災性状の簡易予測法[C]. 日本建築学会構造系論文，1995, 469:159-164.

[14] Yoshida Y. Analysis of simulation evacuation of the world trade center, In// Faridah S，Richard B，Ron K.The CIB-CTBUH Conference on Tall Buildings: Strategies for Performance in the Aftermath of the World Trade Centre，CIB TG50，Malaysia，2003.

[15] 東京消防庁火災予防審議会. 建築物の防災特性に応じた防火安全性の総合評価[M]. 2003.

[16] 赵焕臣，许树柏. 层次分析法[M]. 北京：北京:教育出版社，1986.

[17] 李引擎，边久荣. 建筑安全防火设计手册[M]. 河南：河南科学技术出版社，1996.

[18] 孙金华，赵钶，刘小勇. 火灾荷载统计及其危险度分析[J]. 亞洲消防，2004(16):43-47.

[19] 范维澄，王清安，姜冯辉. 火灾学简明教程[M]. 合肥：中国科学技术大学出版社，1995.

[20] 左哲，田宏等. 关于商场建筑火灾风险评估等级与保险费率的相关性探讨[J]. 沈阳航空工业学院学报，2004，21(3):62-65.

[21] 刘小勇. 孙金华等.基于火灾风险评估的企业火灾保险费率的厘定[J]. 火灾科学，2005，15(2):84-88.

[22] 李引擎，邓正贤等. 建筑物火灾损失统计计算和保险费率的确定[J]. 建筑科学，1998，14(5): 3-7.

[23] 中国人民保险公司业务统计资料汇编[G]. 1980-1995 年.

[24] 中国人民财险保险截至 2003 年全年业绩公布[EB]. http://www.picc.com.cn.

[25] 粟芳. 中国非寿险保险公司的偿付能力研究[C]. 上海：复旦大学出版社，2001.

第7章 火灾公众责任险及其费率厘定方法

7.1 火灾公众责任险

7.1.1 火灾公众责任险的定义

这几年在商场市场、宾馆饭店、歌舞娱乐场所等公众聚集场所，火灾致使公众伤害的问题非常突出，不断造成重大人员伤亡和财产损失。发生火灾后经营单位无力承担对火灾受害人的赔偿责任，往往由政府"兜底包揽"对伤亡人员的灾后救助和经济赔偿，负担很重。所以现在国家急切需要一种完整的保障机制，火灾公众责任险就在这种背景下应运而生，它是专门以公共营业场所为主要承保对象的单一险种。

公众责任险又称普通责任险，它主要承保被保险人在公共场所进行生产、经营或其他活动时，因发生意外事故而造成的他人人身伤亡和财产损失，依法应由被保险人承担的经济赔偿责任。随着我国法律制度的逐步健全，机关、企事业单位及个人在经济活动过程中常常因疏忽或意外事故造成他人人身伤亡或财产损失，依照法律须承担一定的经济赔偿责任，伴随着公众索赔意识的增强，此类索赔逐渐增多，影响当事人经济利益及正常的经营活动顺利进行。公众责任险正是为适应上述机关、企事业单位及个人转嫁这种风险的需要而产生的，它可适用于工厂、办公楼、旅馆、住宅、商店、医院、学校、影剧院、展览馆等各种公众活动场所。其形式多样，主要有普通责任险、综合责任险、场所责任险、电梯责任险、承包人责任险等。

而火灾公众责任险实质上是公众责任保险的一个变异险种，其特点是以单一火灾责任作为保险责任的一种保险，具有保险责任针对性强的特点。火灾公众责任险是指在公众聚集场所等发生火灾后，将由保险公司向受害的第三方及时提供赔偿(第三者人员伤亡和财产损失)，它与普通家财险或企财险中的火灾险不一样，普通火险是指保险公司对于投保家庭或企业发生火灾后所造成的财产损失的补偿。

7.1.2 目前火灾公众责任险的实施办法及问题

火灾公众责任险的出台无疑是对公共场所人员的一种保障，和机动车第三者责任保险一样，凸显人性化关怀，是一件利国利民的好事。然而，作为投保方的商场市场、宾馆饭店、歌舞娱乐等公众聚集场所对投保火灾公众责任险却不甚积极，不少民众还搞不清楚什么是火灾公众责任险，与自己的切身利益有何关系。

为解决火灾公众责任险普及率不高的问题，不少业内人士建议，早日把火灾责任险纳入法定保险范围，强制实行"火灾公众责任险"的呼声很高。中国保监会有关负责人也呼吁有关各方应共同探讨将公共场所火灾公众责任保险明确为法定保险的必要性和可行性。利用行政手段或制定法律法规的方法，来强制商场市场、宾馆饭店、歌舞娱乐等公众聚集场所的经营者购买火灾公众责任险在目前阶段也许是一种不错的选择，但非科学、合理的方法有可能会出现一些负面作用。

我们认为目前投保火灾公众责任险不积极，推行比较困难主要因为以下几点：1) 公众对火灾公众责任险的认识还不到位，特别是商场市场、宾馆饭店、歌舞娱乐等公众聚集场所的经营者；2) 政府和保监会虽然都很积极，但是尚未形成切实可行的实施方案，更没有明确的法律法规作支撑；3) 没有科学的厘定火灾公众责任险费率的方法。对于第 1 和第 2 点，通过加强宣传、深化认识，建立和健全相应的法律法规应该可以达到比较好的预期目标。但是如果没有科学的火灾公众责任险费率的厘定方法，也许在现阶段看不出什么重大问题，但是隐患却非常大。

目前关于火灾公众责任险费率的确定方法通常是根据公众聚集场所的人员的多少来确定的。如天津市在实施火灾公众责任险时其费率的确定方法是：对于宾馆饭店则按床位数收取保费；对于歌舞厅等娱乐场所则按容纳人数；对于服务业、商场等公共场所则按建筑面积 m^2；对于易燃、易爆物质则按场所性质来分。具体收费标准如下表 7.1 至表 7.4。

表 7.1　宾馆饭店火灾公众责任险收费方法

床位数/张	主险与附加险	保费元/年
0~50	主险：人员伤亡	1000
	附加险：财产损失	200
50~100	主险：人员伤亡	2000
	附加险：财产损失	1000
100~200	主险：人员伤亡	4000
	附加险：财产损失	2000
200~∞	主险：人员伤亡	6000
	附加险：财产损失	4000

表 7.2　歌舞等娱乐场所火灾公众责任险收费方法

容纳人数/人	主险与附加险	保费元/年
0~50	主险：人员伤亡	500
	附加险：财产损失	200
50~100	主险：人员伤亡	1000
	附加险：财产损失	1000
100~200	主险：人员伤亡	2000
	附加险：财产损失	2000
200~∞	主险：人员伤亡	4000
	附加险：财产损失	4000

表 7.3   服务业、商场等火灾公众责任险收费方法

经营面积/m²	主险与附加险	保费元/年
0~100	主险：人员伤亡	500
	附加险：财产损失	200
100~500	主险：人员伤亡	1500
	附加险：财产损失	1000
500~1000	主险：人员伤亡	3000
	附加险：财产损失	2000
1000~∞	主险：人员伤亡	5000
	附加险：财产损失	4000

表 7.4   易燃、易爆等生产经营场所火灾公众责任险收费方法

场所类别	主险与附加险	保费元/年
生产	主险：人员伤亡	4000
	附加险：财产损失	300
储存	主险：人员伤亡	4000
	附加险：财产损失	6000
运输	主险：人员伤亡	1500
	附加险：财产损失	1500
经营	主险：人员伤亡	2500
	附加险：财产损失	3000

很显然，上表所列的收费办法非常粗略，也不科学，它基本没有考虑不同投保对象的风险水平，特别相同功能建筑在不同消防投入和管理水平基础上体现出的不同风险水平，这对于投保者很不公平。比如相邻的两家酒店：建筑基本情况完全一样；一家配套了完整的消防设施，并有专职消防员负责维护及落实消防管理制度，另一家则没有。显然发生火灾的几率不同，火灾发生后的后果将相差很大，但他们在投保公众责任险时的收费却相同，获赔也相同，这对于那些火灾消防设施好、平常管理水平高的投保人不公平，有可能引起道德风险和逆选择的发生，不利于促进火灾的减灾防损。因此，必须科学地厘定火灾公众责任险的费率，才能真正实现保险对消防的促进作用。

7.2   火灾时人员风险预测方法

在一些超高、超大、设计新颖的建筑为现代城市增色的同时，随之而来也有日益严峻的火灾安全问题。这些建筑中的防火设计单纯依靠现行"处方式"设计规范已无法解决，只能依靠性能化防火设计方法，而火灾风险评估则是性能化防火设计过程中的一个十分关键的环节。只有合理、准确地进行火灾风险评估，性

能化防火设计才能达到预期的目标。由于这些超规建筑人员集中、功能复杂以及疏散困难等原因，一旦发生火灾很容易造成群死群伤以及巨大的财产损失。火灾发生时，首先需要保证的是人员的生命安全，而保障人员安全的一个十分重要的因素就是要有合理有效的火灾安全设计方案。切实可行的建筑物火灾安全性能化设计离不开科学的火灾风险评估方法。火灾安全设计的目标就是要使生命和财产的火灾风险控制在最低程度。因此，科学地预测人员火灾风险是选取合理的火灾安全设计方案的基础。He[1, 2] 通过随机建模的方式提出了概率的火灾风险评估框架，对人员面临的预期火灾风险进行量化，并与可接受的火灾安全设计方案比较以确定设计方案是否可行。Kristiansson [3] 基于概率分析的方法对建筑物内的人员安全进行了评估。Robert 等[4] 通过考虑一些不确定性因素对高层建筑进行了性能化火灾安全分析与设计。Frantzich [5] 提出了定量风险分析(QRA) 来量化人员面临的火灾风险。随着火灾安全工程的发展，人们对人员火灾风险评估结果的量化程度和合理程度要求也越来越高。然而火灾与人员疏散都是十分复杂的现象，因此预测人员火灾风险注定是一个艰难的过程。一方面，火灾是一个十分复杂的现象，具有双重性：确定性和随机性。另一方面，人员疏散也是一个十分复杂的过程，涉及建筑物结构、火灾发展过程和人员行为三种基本因素，其中的人员行为极其复杂，高度不可预测并受许多因素和变量的影响。因此，为了更加合理地预测人员火灾风险，为火灾安全设计提供可靠的支持，就需要在火灾风险评估中考虑更多的不确定性和随机性因素。

在本章提出的预测人员火灾风险的研究中，火灾风险定义为火灾场景发生的概率及其对应后果的乘积[6]。

$$Risk = \int_{-\infty}^{+\infty} g(s')P(s=s')\mathrm{d}s' \tag{7.1}$$

式中，$g(s')$ 为表示后果严重程度的函数。

一般而言，火灾风险评估考虑的火灾场景应当是有限的，那么式(7.1) 可以转化为

$$Risk = \sum_{i=1}^{n} g(s_i)P(s=s_i) \tag{7.2}$$

式中，n 为所考虑的火灾场景的数目；$g(s_i)$ 为火灾场景 i 可能导致的后果的函数；$P(s=s_i)$ 为火灾场景 i 出现的概率。

根据式(7.2)，预测人员火灾风险主要有两项任务：确定火灾场景出现的概率；计算每个火灾场景可能造成的伤亡人数。

在对火灾风险进行定量评估时，通常会遇到两种不确定性问题。一是与火灾可

能导致的后果相关的不确定性。这种类型的不确定性称为内在不确定性、随机不确定性或不可避免的不确定性[7]；另一种不确定性是人们由于知识不完备导致的对事物认识得不全面。其不确定性将随人们的认识的加深而减少，称为认识不确定性、可减少的不确定性或主观的不确定性[7]。

在确定火灾场景出现概率时，随机不确定性问题已经得到了广泛重视和研究，通常是在考虑建筑物内消防设施的影响下，基于事件树分析构建不同的火灾场景来减少这种不确定性。然而，另一种不确定性，即认识不确定性，在计算火灾场景概率时，较少得到考虑。如构建不同火灾场景时涉及相关变量取值时所遇到的不确定性问题。只有充分考虑这两种不确定性，才能期望得到较为合理的风险评估结果。因此，在确定火灾场景出现的概率时，本研究着重于考虑防灭火措施实施概率这个变量取值时的认识不确定性问题。概率的取值不是简单地以确定值表示，而是以概率分布函数的形式减少其不确定性。

在评估每个火灾场景可能造成的伤亡人数时，目前仅是通过比较所需安全疏散时间 $RSET$ 与可用安全疏散时间 $ASET$ 两者的大小关系来确定人员能否逃生至安全区域。如果 $RSET$ 小于 $ASET$，则表示在危险状态来临之前，人员已疏散至安全区域；如果 $RSET$ 大于 $ASET$，则表示在危险状态来临之前，仍有部分人员未疏散至安全区域，那么这些人员就有受伤甚至死亡的危险，此时对应的人数即为火灾可能造成的伤亡人数。然而，火灾与人员疏散均为十分复杂的过程，其中包含着诸多随机性因素。当前普遍采用的单纯比较 $RSET$ 与 $ASET$ 大小关系的方法，没有考虑各自的随机性因素，如：$RSET$ 中的火灾探测报警时间，人员疏散准备时间均取为定值，$ASET$ 仅考虑特定火灾场景下的火灾动力学特征等等。此外，简单比较 $RSET$ 与 $ASET$ 两个值的大小关系，作为某种特定火灾场景条件下人员能否安全疏散的判断依据尚可，但对于评估可能造成的伤亡人数，则不够合理。因此，在确定火灾场景出现的概率时，本研究着重于考虑人员疏散时间计算过程中，火灾探测时间，人员疏散准备时间的随机性，火灾危险状态来临时间的随机性。这里需要指出的是，在性能化防火设计中，所需安全疏散时间 $RSET$(required safe egress time) 与可用安全疏散时间 $ASET$(available safe egress time) 作为判断建筑物的防火安全设计对于人员疏散是否安全的依据已经被人们广泛接受，而本文主要是侧重于在危险状态来临时，未疏散人数的评估。因此，为了避免混淆，在阐述本研究过程中主要评估两个参数：人员疏散时间、火灾危险状态来临时间。

7.2.1 火灾场景出现的概率

一、基于事件树分析可能导致的火灾场景

由于遮光性、毒性和高温的影响，火灾烟气对人员构成的威胁最大。烟气的存在使建筑物内的能见度降低，从而延长了人员的疏散时间，使他们不得不在高温且含有多种有毒物质的燃烧产物影响下停留较长时间。统计结果表明，在火灾中85%以上的死亡者是由于烟气导致的，其中大部分是吸入了烟尘及有毒气体昏迷而致死的[8~11]。因此，在评估人员面临的预期火灾风险时，需要考虑影响火灾发展与烟气运动等相关因素。除了可燃物特性与建筑环境之外，建筑物内的防灭火措施工作的可靠性和有效性也是十分重要的影响因素。防灭火措施将会影响到火灾发展与烟气蔓延的后果，进而导致不同的火灾场景。例如，火灾报警可以被水喷淋动作反馈的信号启动，也可以被感烟探测器联动或人员手动。如果水喷淋或感烟探测器正常工作，火灾报警就能够自动发出信息。如果水喷淋或感烟探测器出现故障，那么就只能依靠人员手动进行火灾报警。一般而言，影响火灾发展与烟气蔓延的主要防灭火措施有自动水喷淋、火灾探测、人员发现火灾、机械排烟。可能导致的火灾场景可由图7.1所示的事件树得到。

图7.1　基于防灭火措施的事件树及可能的火灾场景

根据图7.1所示的事件树，如果每个影响事件的概率已知，那么就可以得到每个火灾场景出现的概率。一般情况下，通常使用防灭火措施的可靠概率作为对应影响事件的概率。然而，有些影响事件的概率值不是一个定值，而是随着时间变化的。例如假定自动水喷淋系统可靠率达到100%，在火灾发展的早期阶段，顶棚温度未达到使得水喷淋动作的阈值，那么此时事件树对应的水喷淋启动成功的概率就为 0。随着时间的发展，水喷淋启动成功的概率逐渐增加。再者，在火灾的初期发展阶段，人员很难发现火灾，但是随着时间的流逝，火灾规模的扩大，建筑物内的人员总会发现火灾。此外，在人员火灾风险评估中，需要考虑人员疏散与危险状态随时间的变化情况，因此，为了得到更加合理的火灾风险评估结果，需要考虑每个影响事件概率的认识不确定性问题，以得到火灾场景出现的概率随时间的变化情况。

(1) 自动水喷淋系统

通常自动水喷淋的启动并扑灭或控制火灾包括两步：启动和扑灭或控制火灾。对于自动水喷淋启动而言，在火灾发展的早期，由于室内的温度不足以使得水喷淋动作，那么自动水喷淋启动成功的概率较低。随着火灾的发展，室内温度的不断升高，自动水喷淋成功启动的概率逐渐增加。因此，自动水喷淋启动成功的概率可以表达为累积概率分布的形式。对于自动水喷淋扑救火灾而言，在火灾发展的初级阶段，由于火灾功率较小，比较容易被扑灭或控制。随着火灾功率的增大，成功扑灭或控制火灾的概率将会越来越低。为了计算自动水喷淋成功扑灭或控制火灾的概率，利用故障树进行分析，如图 7.2 所示。

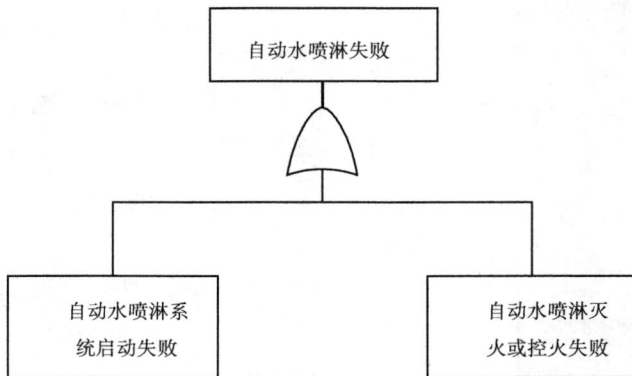

图 7.2 自动水喷淋失败的故障树分析

基于图 7.2 所示的故障树，可以得到顶上事件自动水喷淋系统失败的概率为

$$1-P_{spa}P_{spc} \tag{7.3}$$

前面的分析都是默认自动水喷淋系统的可靠性为 100%的情况下进行的，如果考虑自动水喷淋系统本身的可靠性，那么图 7.1 所示事件树中自动水喷淋系统成功的概率为

$$P_{sp} = P_{spr} P_{spa} P_{spc} \tag{7.4}$$

式中，P_{sp} 为自动水喷淋系统成功的概率；P_{spr} 为自动水喷淋系统的可靠性概率；P_{spa} 为自动水喷淋系统启动成功的概率；P_{spc} 为自动水喷淋系统成功扑灭或控制火灾的概率。

(2) 火灾探测系统

从理论上来讲，在着火初期，由于火灾产生的烟气或热量相对较少，火灾探测系统启动的概率较小。随着火灾的发展，火灾探测系统启动的概率将会增加，其值随时间的变化情况可以通过累积概率分布表示，即在保证火灾探测系统可靠性的前提下，随着火灾的发展，火灾探测系统成功启动的概率不断增加。那么图7.1 所示事件树中火灾探测系统成功的概率为

$$P_d = P_{dr} P_{da} \tag{7.5}$$

式中，P_d 为火灾探测系统成功的概率；P_{dr} 为火灾探测系统的可靠性概率；P_{da} 为火灾探测系统启动成功的概率。

(3) 人员发现火灾

当建筑物内的火灾探测系统失效时，人员发现火灾对于人员的及时疏散、消防设施的手动开启有着十分重要的影响。在火灾发展的初期阶段，人员发现火灾的可能性较低。然而，随着火灾的发展，建筑物内人员发现火灾的可能性将越来越大。人员发现火灾的概率随时间的变化可以表示为累积的概率分布函数。

(4) 机械排烟系统

机械排烟系统的及时启动对于延缓上部烟气层沉降的速度，为人员逃生赢得更多的时间有着十分重要的作用。通常，火灾探测失效或人员未能及时发现火灾都可能导致机械排烟系统的启动失败。在火灾发展的初级阶段，机械排烟系统启动成功的概率较小，随着火灾的发展，机械排烟系统启动的概率将越来越高。机械排烟系统启动的概率随时间的变化可以表示为累积的概率分布函数。如果将机械排烟系统的可靠性考虑其中，那么图 7.1 事件树中机械排烟系统成功的概率为

$$P_s = P_{sr} P_{sa} \tag{7.6}$$

式中，P_s 为机械排烟系统成功的概率；P_{sr} 为机械排烟系统的可靠性概率；P_{sa} 为机械排烟系统启动成功的概率。

二、火灾场景出现概率随时间变化的随机性分析

图 7.1 所示事件树中每个防灭火措施的概率是随火灾发展的时间而变化的，

因此每个火灾场景出现的概率也是随着火灾发展时间变化的。此外，对于人员火灾风险评估而言，主要是比较人员疏散和火灾烟气蔓延随着时间变化的关系，如果人员疏散时间小于火灾危险状态来临时间，那么人员可以安全逃生。如果人员疏散时间大于火灾危险状态来临时间，那么在危险状态来临之时，仍然有部分人员未能逃生至安全区域，这样未逃生人员就可能受到火灾的威胁导致受伤甚至死亡。那么危险状态来临，部分人员未疏散至安全区域这个时刻，所对应的火灾场景的发生概率对于预测人员火灾风险极其重要。因此，在分析每个火灾场景发生概率的时候，很有必要考虑其随火灾发展时间变化的情况。

基于前面的分析，每个火灾场景在不同时刻的变化可根据 Markov 链的方法进行随机分析[12, 13]。本研究利用离散时间 Markov 链分析每个火灾场景发生概率随火灾发展时间变化的情况。如果对任何一列状态 i_0，i_1，$\cdots$，i_{n-1}，i，j，及对任何 $n \geq 0$，随机过程 $\{X_n, n \geq 0\}$ 满足 Markov 性质

$$P\{X_{n+1} = j \,|\, X_0 = i_0, \cdots, X_{n-1} = i_{n-1}, X_n = i\} = P\{X_{n+1} = j \,|\, X_n = i\} \qquad (7.7)$$

则称 X_n 为离散时间 Markov 链。简而言之，一个随机过程如果给定了当前时刻 t 的值 X_t，未来 $X_s(s > t)$ 的值不受过去值 $X_u(u < t)$ 的影响就称为是有 Markov 性。

假设火灾发展时间被分为 n 个时刻，每个时刻有 j 个状态，那么任一时刻 i 的状态向量可以表示为

$$\boldsymbol{S_i} = \left(s_{i,0}, s_{i,1}, \ldots, s_{i,j} \right), i = 1, 2, \cdots, n \qquad (7.8)$$

由于风险评估所关心的是每个状态在任意时刻的概率，那么在时刻 i 的概率向量可以表示为

$$\boldsymbol{P(S_i)} = \left(p\left(s_{i,0}\right), p\left(s_{i,1}\right), \cdots, p\left(s_{i,j}\right) \right) \qquad (7.9)$$

根据离散时间 Markov 链的性质，在时刻 $i+1$ 的概率向量可以通过时刻 i 的概率向量和转移矩阵计算得到

$$\boldsymbol{P(S_{i+1})} = \boldsymbol{P(S_i)} \times \boldsymbol{P_{i+1}} \qquad (7.10)$$

式中，$\boldsymbol{P_{i+1}}$ 为 $i+1$ 时刻的转移矩阵。

具体到人员伤亡预期风险评估而言，火灾发展时间可以划分为若干离散的时刻，而状态则可以根据火灾场景来划分，火灾场景和状态的对应关系如图 7.1 所示。火灾发生时，由于建筑物内所有的防灭火措施都没有启动工作，而火灾场景 10 对应的影响事件是水喷淋失败，火灾探测失败，人员发现火灾失败，可以认为

火灾场景 10 所对应的防灭火措施都没有动作，故将火灾场景 10 作为火灾发生时的初始状态。基于图 7.1 所示的事件树及各火灾场景之间的关系，可以得到如图 7.3 所示的各状态之间的状态转移图。

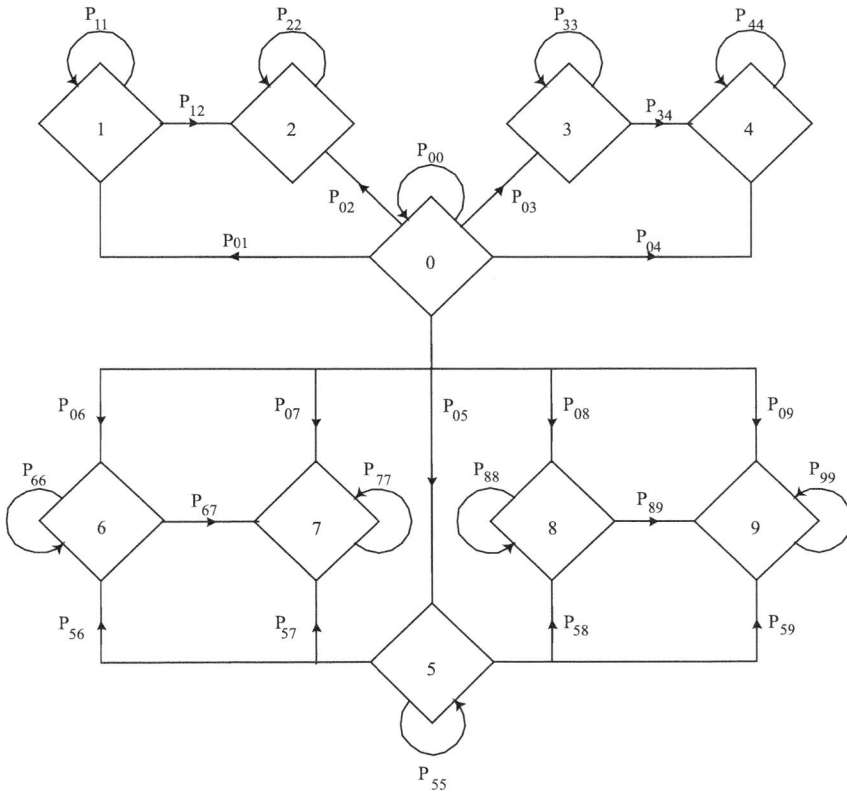

图 7.3　火灾场景对应各状态之间的状态转移图

在图 7.1 所示的事件树中，我们将防灭火措施实施成功的每个状态，即火灾场景 1，3，6，8 作为吸收状态，是本分析过程的末状态。由于是吸收状态，那么其他状态就有可能向它们转移。初始状态 0 有可能向其他任何一个状态转移。每个状态都有可能出现三种转移情形：(1) 自身状态的转移；(2) 来自其他状态的转移；(3) 发向其他状态的转移。对于第一种转移情形，这里认为每个火灾场景对应的状态都存在。对于后两种转移情形，总的规则是防灭火措施失败对应的状态向防灭火措施成功对应的状态转移，但还需根据事件树对应的实际情形确定。

基于图 7.3 所示的状态转移图，可以得到转移概率矩阵

$$\boldsymbol{P}=\begin{pmatrix} P_{00} & P_{01} & \cdots & P_{09} \\ P_{10} & P_{11} & \cdots & P_{19} \\ \vdots & \vdots & \vdots & \vdots \\ P_{90} & P_{91} & \cdots & P_{99} \end{pmatrix} \tag{7.11}$$

式中，P_{ij} 为状态 i 向状态 j 的转移概率。当 $P_{ij}=0$ 时，表示状态 i 没有向状态 j 转移；当 $P_{ij}>0$ 时，表示存在状态 i 向状态 j 的转移过程。图 7.3 中状态 i 向其他状态转移的概率为式(7.11) 转移概率矩阵的第 i 行。

根据离散 Markov 链的性质，由于概率是非负的，而且过程总要转移到某一状态去，所以很自然地有，对任何 $i,j\ge0$，

$$P_{ij}\ge0 \text{ 且 } \sum_{j=0}^{9}P_{ij}=1,\ i=1,\ 2,\ \cdots,9. \tag{7.12}$$

根据图 7.1 所示的事件树分析，可得转移概率矩阵

$\boldsymbol{P}=$

$$\begin{pmatrix} \bar p_{sp}\bar p_d\bar p_m & \bar p_{sp}\bar p_d p_m\bar p_s & \bar p_{sp}\bar p_d p_m p_s & \bar p_{sp}p_d\bar p_s & \bar p_{sp}p_d p_s & \bar p_{sp}\bar p_d p_m & \bar p_{sp}\bar p_d p_m\bar p_s & \bar p_{sp}\bar p_d p_m p_s & \bar p_{sp}p_d\bar p_s & \bar p_{sp}p_d p_s \\ 0 & \bar p_s & p_s & 0 & 0 & 0 & 0 & 0 & 0 & 0 \\ 0 & 0 & 1 & 0 & 0 & 0 & 0 & 0 & 0 & 0 \\ 0 & 0 & 0 & \bar p_s & p_s & 0 & 0 & 0 & 0 & 0 \\ 0 & 0 & 0 & 0 & 1 & 0 & 0 & 0 & 0 & 0 \\ 0 & 0 & 0 & 0 & 0 & \bar p_d p_m & \bar p_d p_m\bar p_s & \bar p_d p_m p_s & p_d\bar p_s & p_d p_s \\ 0 & 0 & 0 & 0 & 0 & 0 & \bar p_s & p_s & 0 & 0 \\ 0 & 0 & 0 & 0 & 0 & 0 & 0 & 1 & 0 & 0 \\ 0 & 0 & 0 & 0 & 0 & 0 & 0 & 0 & \bar p_s & p_s \\ 0 & 0 & 0 & 0 & 0 & 0 & 0 & 0 & 0 & 1 \end{pmatrix}$$

$$\tag{7.13}$$

式中，P_m 为人员成功发现火灾的概率。

由于火灾场景 10 是初始状态，那么其对应的概率向量为 $\boldsymbol{P}(\boldsymbol{S}_0)=(1,0,\cdots,0)$，根据式(7.10) 与(7.13) 可以得到每个时刻火灾场景的概率向量，即火灾场景随时间的变化情况。

7.2.2　火灾危险状态来临时间的随机性分析

保证建筑物内人员安全疏散的基本条件是：在一定的时间内，在人员所在区域

或疏散经过的通道中不会出现对人员生命构成危险的状况。而评价火灾对人员生命构成危险通常用火灾危险状态来临时间进行量化。火灾过程中的燃烧状况通常是非常不完全的，一般都会生成大量的浓烟。烟气是火灾中对人们生命安全危害最大的因素。火灾中的临界危险状态是指火灾环境可对室内人员造成严重伤害的火灾状态。一般根据以下三种因素判定火灾对人员构成的危险：火焰和烟气的热辐射、烟气层的高度以及烟气中的有毒气体的浓度。火灾危险状态来临时间受到如火灾荷载、点火源、房间内衬材料的热特性、房间高度和通风状况、火灾产物的特性、火灾探测与报警系统、控火或灭火设备等多方面因素的影响，与火灾的蔓延以及烟气的流动密切相关。可见，火灾危险状态来临时间受到诸多不确定性因素的影响。

　　在火灾风险评估中，只有较为科学地设定火灾并选取合适的火灾热释放速率随时间变化的曲线，才有可能得到合理的火灾危险状态来临时间，进而得到合理的评估人员伤亡的预期风险值。火灾风险评估中所涉及的火灾是一种人为的假设，假设越合理，依据它进行模拟计算所得到的结果就越真实[14]。通常以火灾的热释放速率描述火灾发展情况，热释放速率主要由可燃物的化学能、几何状态、空气的供给量以及建筑环境等许多因素所决定，情况比较复杂。对于人员面临的火灾风险评估而言，我们关心的仅是火灾发展到对人有生命危险的时间，只需考虑火灾发生后的 10~15min，因为这个时间阶段是建筑物内人员可能逃生至安全区域所需的时间。火灾初级阶段的热释放速率大体按 t^2 规律增长[15]：

$$Q = \alpha t^2 \tag{7.14}$$

式中，α 为火灾增长系数(kW/s^2)；t 为点火后的时间(s)。火灾的初期增长可分为慢速、中速、快速、超快速等四种类型[16, 17]，对应的火灾增长系数依次为 0.002931、0.01127、0.04689、0.1878。α 的取值是根据火源热释放速率分别在 600s、300s、150s 和 75s 达到 1055kW 时得到的，火灾热释放速率曲线如图 7.4 所示。

　　通常，使用粗木条、厚木版制成的家具的初期火灾可认为是慢速增长，装饰性的家具、床垫、沙发等物品的初期火灾可认为是中速增长，纸箱、衣物等较薄物品的初期火灾可认为是快速增长，而可燃液体与塑料的初期火灾为超快速增长。然而，这 4 种火灾增长类型只是人为按照大小划分而成，对于实际火灾发展情况的火灾增长系数可能位于两种增长类型之间。在评估火灾对人员造成的风险时，火灾增长系数选取的偏差很有可能导致人员面临火灾风险值的差异，因此，在火灾风险评估过程中，很有必要考虑火灾增长系数的不确定性。Holborn 等[18] 通过大量火灾数据统计结果表明，火灾增长系数服从对数正态分布。

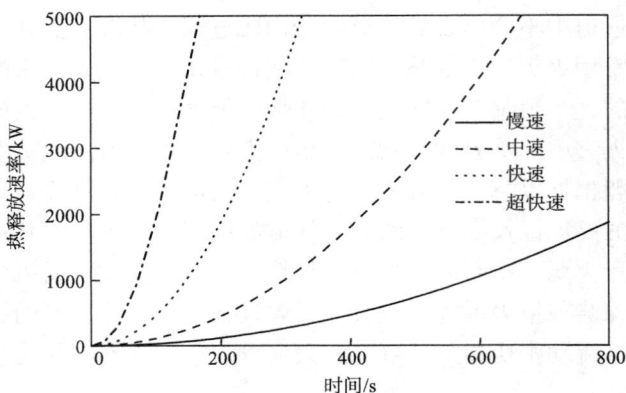

图 7.4　火灾增长的 t^2 模型

由于人员火灾风险评估主要面向一些大型公共建筑，而这些建筑多为大空间建筑结构，这里以大空间类型建筑为例，分析火灾危险状态来临时间的随机性。自然填充烟气情况下，火源初期为 t^2 规律增长时，基于区域模型思想的烟气填充计算方程为[19, 20]：

$$Z = \left[0.075 \left(\frac{\alpha g}{\rho_0 C_p T_0 A^3} \right)^{\frac{1}{3}} t^{\frac{5}{3}} + H^{-\frac{2}{3}} \right]^{-\frac{3}{2}} \tag{7.15}$$

式中，Z 为烟气层下表面距地面的高度(m)；g 为重力加速度(m/s²)；ρ_0 为环境空气的密度(kg/m³)；C_p 为空气的定压比热(kJ/(kgK))；T_0 为环境空气的温度(K)；A 为地板面积(m²)；t 为火灾初期发展时间(s)；H 为房间高度(m)。

式(7.15)可以转化为

$$Z^{-\frac{2}{3}} - H^{-\frac{2}{3}} = 0.075 \left(\frac{g}{\rho_0 C_p T_0 A^3} \right)^{\frac{1}{3}} \alpha^{\frac{1}{3}} t^{\frac{5}{3}} \tag{7.16}$$

热烟气层降至与人体直接接触的高度时，即烟气层界面低于人眼特征高度，此时即为危险状态来临时刻。人眼的特征高度通常为 1.2~1.8m，通常取烟气层的高度下降到 1.5m 高度，即 $Z_c = 1.5$。

$$\frac{Z_c^{-\frac{2}{3}} - H^{-\frac{2}{3}}}{0.075 \left(\frac{g}{\rho_0 C_p T_0 A^3} \right)^{\frac{1}{3}}} = \alpha^{\frac{1}{3}} t_c^{\frac{5}{3}} \tag{7.17}$$

其中，t_c 为火灾危险状态来临时间。

令 $\dfrac{Z_c^{-\frac{2}{3}} - H^{-\frac{2}{3}}}{0.075\left(\dfrac{g}{\rho_0 C_p T_0 A^3}\right)^{\frac{1}{3}}} = k_c$ ，对于一定的建筑环境下， k 为一常量，则有

$$k_c = \alpha^{\frac{1}{3}} t_c^{\frac{5}{3}} \tag{7.18}$$

式(7.18) 两边取自然对数可得，

$$\ln t_c = -\frac{1}{5}\ln\alpha + \frac{3}{5}\ln k_A \tag{7.19}$$

由于火灾增长系数 α 服从对数正态分布，那么 $\ln\alpha$ 服从正态分布，由正态分布的性质， $\ln t_c$ 也服从正态分布。若服从对数正态分布的火灾增长系数 α 的平均值和标准差分别为 μ_α 与 σ_α ，那么正态分布 $f(\ln\alpha)$ 的平均值和标准差分别为

$$\mu_{\ln\alpha} = \ln\frac{\mu_\alpha}{\sqrt{1 + \dfrac{\sigma_\alpha^2}{\mu_\alpha^2}}} \tag{7.20}$$

$$\sigma_{\ln\alpha} = \sqrt{\ln\left(1 + \frac{\sigma_\alpha^2}{\mu_\alpha^2}\right)} \tag{7.21}$$

根据正态分布的性质， $f(\ln t_c)$ 的函数式及其平均值和标准差分别为

$$f(\ln t_c) = \frac{1}{\sqrt{2\pi}\sigma_{\ln t_c}}\exp\left[-\frac{(\ln t_c - \mu_{\ln t_c})^2}{2\sigma_{\ln t_c}^2}\right] \tag{7.22}$$

$$\mu_{\ln t_c} = -\frac{1}{5}\ln\frac{\mu_\alpha}{\sqrt{1 + \dfrac{\sigma_\alpha^2}{\mu_\alpha^2}}} + \frac{3}{5}\ln k_A \tag{7.23}$$

$$\sigma_{\ln t_c} = \frac{1}{5}\sqrt{\ln\left(1 + \frac{\sigma_\alpha^2}{\mu_\alpha^2}\right)} \tag{7.24}$$

由式(7.22)，可得 $f(t_c)$ 服从对数正态分布，即火灾发展到对人员生命构成危险的临界时间服从对数正态分布，其函数式为

$$f\left(t_c\right)=\frac{1}{\sqrt{2\pi}\sigma_{\ln t_c}t_c}\exp\left[-\frac{\left(\ln t_c-\mu_{\ln t_c}\right)^2}{2\sigma_{\ln t_c}{}^2}\right] \tag{7.25}$$

$f\left(t_c\right)$ 的平均值与方差为

$$\mu_{t_c}=\exp\left(\mu_{\ln t_c}+\frac{1}{2}\sigma_{\ln t_c}^2\right) \tag{7.26}$$

$$\sigma_{t_c}^2=\exp\left(\sigma_{\ln t_c}^2+2\mu_{\ln t_c}\right)\cdot\left[\exp\left(\sigma_{\ln t_c}^2\right)-1\right] \tag{7.27}$$

若 取 $H=3.5\text{m}$， $g=9.8\text{m/s}^2$， $\rho_0=1.2\text{kg/m}^3$， $C_p=1\text{kJ/kgK}$， $T_0=300\text{K}$，$A=500\text{m}^2$，那么 $k_A=7286.8$。

基于文献[15]中关于商业类型建筑火灾增长系数的统计数据，火灾增长系数 α 的自然对数的平均值和标准差为 $\mu_{\ln\alpha}=-5.4$， $\sigma_{\ln\alpha}=1.9$。

由式(7.23) 与(7.24)，可得

$$\mu_{\ln t_c}=6.42 \tag{7.28}$$

$$\sigma_{\ln t_c}=0.38 \tag{7.29}$$

由式(7.26)、(7.27) 可得， t_c 的对数正态分布的平均值和标准差

$$\mu_{t_c}=661 \tag{7.30}$$

$$\sigma_{t_c}=261 \tag{7.31}$$

火灾发展到对人员生命造成危险的临界时间的自然对数的正态分布曲线 $f\left(\ln t_c\right)$ 与 t_c 的对数正态分布曲线 $f\left(t_c\right)$ 分别如图 7.5、图 7.6 所示。

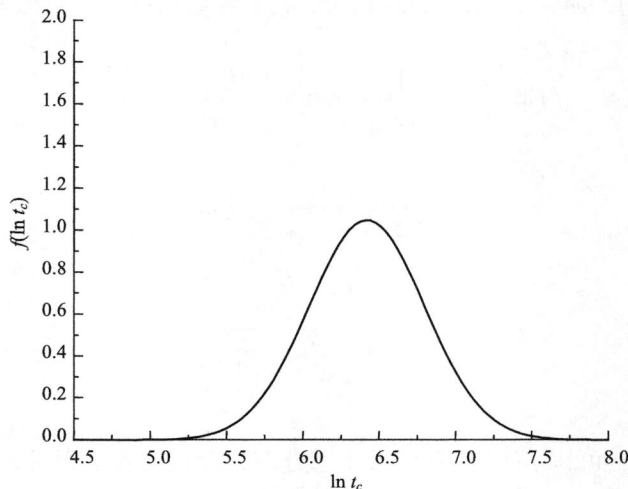

图 7.5 火灾危险状态来临时间的自然对数的正态分布曲线

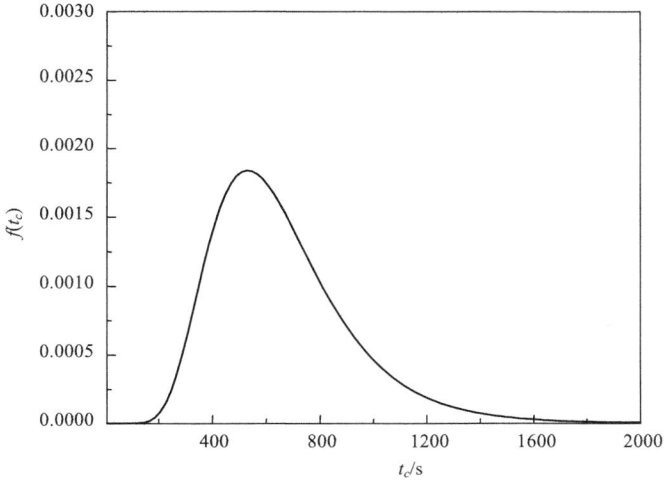

图 7.6 火灾危险状态来临时间的对数正态分布曲线

7.2.3 人员疏散时间的随机性分析

一、火灾探测报警时间的随机性分析

火灾情况下的人员疏散是一个涉及建筑物结构、火灾发展过程和人员行为三种基本因素的极其复杂的过程。建筑物内某处发生火灾后，人们未必能及时发现，只有当火灾发展到一定规模的时候，才有可能被火灾探测系统探测到火灾，并发出报警信号，而一般情况下，此时人们才能察觉火灾。在人们听到火灾报警或发现火灾信号时，就会开始准备疏散。因此，准确估测火灾探测报警时间对于合理计算人员疏散时间十分重要。

火灾探测时间与报警时间主要受火灾发展初期动力学特征、起火区域的建筑环境与探测报警装置特性的影响，可以根据火灾蔓延模型以及探测系统的特性进行计算和预测。以感烟火灾探测器为例，工程计算常将烟气高度沉降到房间高度 5%以下作为响应时间[21]。火灾烟气高度经验公式有以下几点假设：(1) 房间的顶棚面积、地板面积以及各处标高相同；(2) 火灾初期按照 t^2 规律增长。

$$Z = \left[0.075 \left(\frac{\alpha g}{\rho_0 C_p T_0 A^3} \right)^{\frac{1}{3}} t^{\frac{5}{3}} + H_r^{-\frac{2}{3}} \right]^{-\frac{3}{2}} \tag{7.32}$$

当 $Z = 0.95 H_r$ 时，

$$\alpha^{\frac{1}{3}} t_d^{\frac{5}{3}} = \frac{(0.95H_r)^{-\frac{2}{3}} - H_r^{-\frac{2}{3}}}{0.075 \left(\dfrac{g}{\rho_0 C_p T_0 A_r^{\,3}} \right)^{\frac{1}{3}}} \tag{7.33}$$

式中，t_d 为火灾探测时间(s)；H_r 为房间净高(m)；A_r 为房间地板面积(m^2)。

令 $k_d = \dfrac{(0.95H_r)^{-\frac{2}{3}} - H_r^{-\frac{2}{3}}}{0.075 \left(\dfrac{g}{\rho_0 C_p T_0 A_r^{\,3}} \right)^{\frac{1}{3}}}$，对式(7.33) 两端取自然对数可得：

$$\ln t_d = -\frac{1}{5} \ln \alpha + \frac{3}{5} \ln k_d \tag{7.34}$$

由火灾增长系数 α 服从对数正态分布可知，$\ln \alpha$ 服从正态分布。对于特定的建筑场景，k_d 为常量，$\ln t_d$ 也服从正态分布。$f(\ln t_d)$ 的平均值和标准差分别为

$$\mu_{\ln t_d} = -\frac{1}{5} \mu_{\ln \alpha} + \frac{3}{5} \ln k_d \tag{7.35}$$

$$\sigma_{\ln t_d} = \frac{1}{5} \sigma_{\ln \alpha} \tag{7.36}$$

这里还以商业类型建筑为例说明，$A_r = 500\text{m}^2$，$H = 3.5\text{m}$。根据火灾增长系数的统计数据，火灾增长系数 α 的自然对数的平均值和标准差为 $\mu_{\ln \alpha} = -5.4$，$\sigma_{\ln \alpha} = 1.9$，那么 $k_d = 243.6$。

那么，

$$\mu_{\ln t_d} = 4.38 , \quad \sigma_{\ln t_d} = 0.38 \tag{7.37}$$

$$\mu_{t_d} = 86.1 , \quad \sigma_{t_d} = 33.9 \tag{7.38}$$

火灾探测时间的自然对数的正态分布曲线 $f(\ln t_d)$ 与火灾探测时间的对数正态分布曲线 $f(t_d)$ 分别如图 7.7、图 7.8 所示。

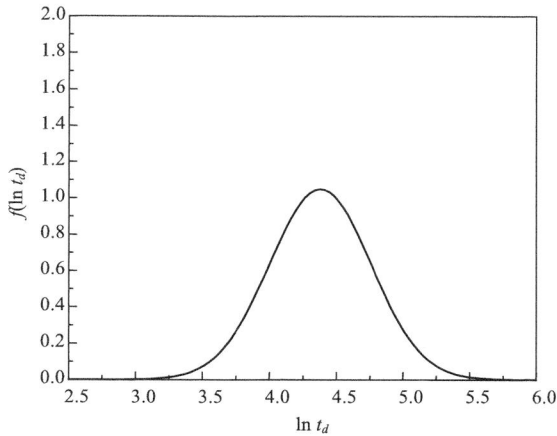

图 7.7　火灾探测时间的自然对数的正态分布曲线

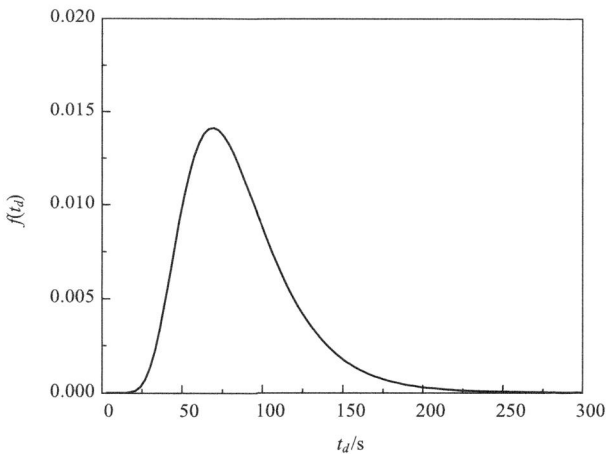

图 7.8　火灾探测时间的对数正态分布曲线

二、疏散准备时间随机性分析

疏散准备时间是人员疏散时间的一个十分重要的组成部分，很多火灾后的问卷调查和事先未通知的疏散演习得到的数据显示，疏散准备时间在人员疏散时间中占有相当的比例，而且有时其值还会大于运动时间[22, 23]。此外，疏散准备阶段的人员行为对运动时间有着至关重要的影响。疏散准备时间由认识时间和反应时间两部分组成。认识时间是从火灾报警或者其他火灾提示明确之后，到人员意识到出现了火灾等紧急情况并开始做出反应的时间，主要与建筑物类型、建筑内人员的清醒状态，熟悉建筑物的程度、报警系统类型等因素相关。反应时间是在人员意识到火灾报警或其他提示之后，到开始向安全出口移动的时间。在这个阶段人员的行为千差万别，如寻找火源、试图灭火；通知或协助他人撤离；向消防队报警，请求灭火支援；收拾财物，准备逃离；直接逃离现场；出现恐慌行为，无法自主行动或盲目从众等。MacLennan 等[24] 和 Purser 等[25] 通过火灾后的问卷调查和事先未通知的疏散演习得到的数据表明，疏散准备时间为服从概率分布的随机变量。基于本文第 5 章疏散准备时间对疏散时间的影响研究，当取正态分布时，当疏散准备时间平均值比较小的情况下，人员疏散时间主要受人员密度的影响；随着疏散准备时间平均值的增加，人员疏散时间受人员密度变化的影响越来越小。而当取为定值时，无论人员疏散准备时间的长短如何，人员疏散时间均随人员密度的增加而增加。两种情形下，疏散准备时间对疏散时间的影响情况截然不同。结果表明，人员疏散时间计算选取疏散准备时间为一定值是不合理的，不能反映真实的疏散过程，从而可能使得疏散时间的计算结果不准确。

因此，为了得到更加合理的所需安全疏散时间，建议将疏散准备时间取为概率分布，这里取为正态分布

$$f(t_p) = \frac{1}{\sqrt{2\pi}\sigma_p}\exp[-\frac{(t_p - \mu_p)^2}{2\sigma_p^2}] \qquad t_p > 0 \tag{7.39}$$

式中，$f(t_p)$ 为疏散准备时间的概率密度函数；t_p 为疏散准备时间；μ_p 为疏散准备时间的平均值；σ_p 为疏散准备时间的标准差。

国外的一些学者开展了建立疏散准备时间的量化模型的相关研究，Vistnes 等[26] 基于概率密度分布函数和 Monte Carlo 模拟建立了估计火灾情况下疏散准备时间的随机模型。Pires [27] 基于网络逻辑图对火灾紧急情况下人员认知行为进行了建模。然而，由于疏散准备时间的统计数据有限，对于不同人员特征和建筑类型，当前还不能较为准确地确定疏散准备时间的具体分布状态[28]。这里引用 CFE 模型[29]中的工程简化计算模型作为预测火灾对人员造成的风险值中关于疏散准备时间的计算。

$$\mu_p = \overline{\mu}_p b(a + c + d + e) \tag{7.40}$$

式中，$\overline{\mu}_p$ 为标准人员疏散准备时间的平均值，可按照表 4.1 取值。无量纲参数 a 的影响因素为火灾发生时间，具体分为人员清醒时刻、休息或沉睡时刻；无量纲参数 b 的影响因素为火灾发生的场所，分为医院、商场和娱乐中心、办公楼及居民住宅区等；无量纲参数 c 的影响因素为火源位置或研究场所与火源之间的距离；无量纲参数 d 的影响因素为火灾强度；无量纲参数 e 的影响因素为报警装置和应急指挥系统的种类及其可靠性。各无量纲参数的取值见表 7.5。

表 7.5　人员疏散准备时间计算模型中的无量纲参数取值表

无量纲参数	对应特征及取值				
a	清醒		休息		沉睡
	1		1.2		1.5
b	商场及娱乐活动区	办公楼及厂房	住宅或学校宿舍	旅馆或公寓	医院或疗养院
	0.5	1.0	1.2~1.5	1.6~1.8	≈2.0
c	与着火房间相隔的房间数/10				
d	火灾强度大		火灾强度中		火灾强度小
	−0.1		0		0.1
e	现场语音广播	录音消防报警	警铃等声光报警		无
			准确	误报率高	
	−0.2	−0.1	−0.1	0.2	0.1

7.2.4　单个火灾场景下可能导致的伤亡人数

人员伤亡预期风险评估一个基本的判据就是比较火灾危险状态来临时间与人员疏散时间的大小关系。

如果人员在火灾到达危险状态之前未能全部疏散至安全区域，那么此时建筑物内剩余的人数即为在当前火灾场景下可能导致的伤亡人数。传统的 $ASET/RSET$ 时间线火灾风险评估示意图如图 7.9 所示。

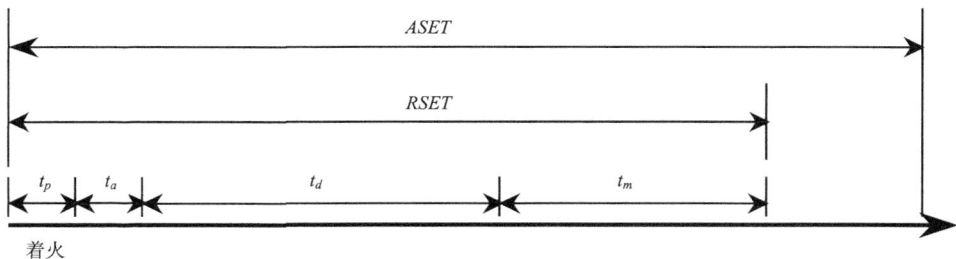

图 7.9　传统的 $ASET/RSET$ 时间线火灾风险评估示意图

在传统的人员火灾风险评估中，均未考虑火灾危险状态来临时间与人员疏散时间中的随机性。火灾探测报警时间、人员疏散准备时间与火灾危险状态来临时间均考虑为定值。由火灾探测报警时间的随机性分析可知，如果将火灾增长系数考虑为服从对数正态分布的随机变量，那么火灾探测报警时间 t_d 呈对数正态分布。由第 4 章的研究结论，对于较长的疏散准备时间，较低的人员密度或较宽的出口，如果没有形成严重的拥塞与排队现象，当疏散准备时间服从正态分布时，疏散时间($t_{ev} = t_p + t_m$)也服从正态分布并向右平移一个值。当t_d服从对数正态分布，t_{ev}
服从正态分布，那么就可以得到总的疏散时间的概率密度函数$f_E(t)$。$f_E(t)$只是
考虑火灾探测报警时间概率分布与疏散准备时间概率分布得到的联合密度函数，
具体的表达式还需依据实际情况确定。

由火灾危险状态来临时间的随机性分析可知，在对数正态分布的火灾增长系
数的情况下，火灾危险状态来临时间为服从对数正态分布的随机变量。那么火灾
危险状态来临时间与疏散人数随时间的变化情况均可通过概率密度函数表示，如
图 7.10 所示。

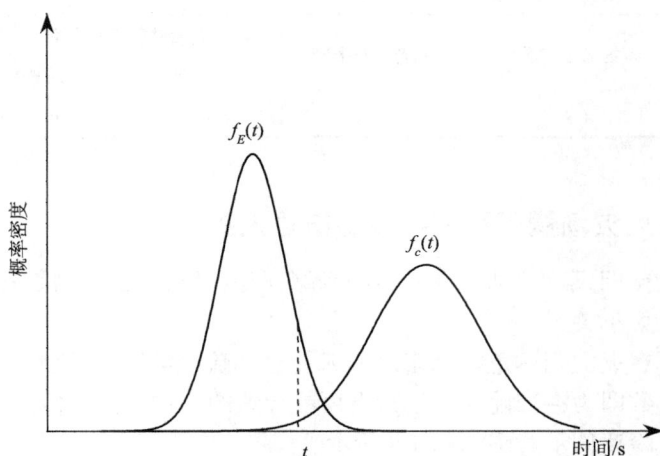

图 7.10　疏散时间与火灾危险状态来临时间的概率分布示意图

图 7.10 中，$f_E(t)$为人员疏散时间的概率密度函数，$f_c(t)$为火灾危险状态来
临时间的概率密度函数。如果$f_E(t)$与$f_c(t)$表示的概率密度分布曲线有重叠部分，
那么则表示火灾危险临界状态来临时，建筑物内仍有部分人员未逃生至安全区域。

假设发生火灾时，建筑物内的人数为N。若任意的时刻t，火灾危险临界状
态来临，那么在时刻t，未来及疏散至安全区域的人数为

$$N \cdot \int_t^\infty f_E(t)\mathrm{d}t \tag{7.41}$$

同理，火灾危险临界状态来临的概率为

$$f_c(t)(t+\mathrm{d}t) - f_c(t)t = f_c(t)\mathrm{d}t \tag{7.42}$$

在实际火灾情况下，人员疏散过程受到火灾发展状况的影响，而火灾危险状
态来临时间则主要与火灾的蔓延以及烟气的流动密切相关，受人员疏散的影响较

小。因此，可以认为，火灾危险临界状态来临、危险状态来临时仍有人员未疏散这两个事件相互独立。那么，在时刻 t 可能导致的伤亡人数为

$$\left(N \cdot \int_t^\infty f_E(t)\mathrm{d}t \right) \cdot f_c(t)\mathrm{d}t \tag{7.43}$$

通过对式(7.43) 积分可得，火灾发生时可能导致的伤亡人数 C 为

$$C = \int_0^\infty \left[\left(N \cdot \int_t^\infty f_E(t)\mathrm{d}t \right) \cdot f_c(t) \right] \mathrm{d}t \tag{7.44}$$

根据概率密度函数的定义，人员疏散时间的累积概率分布函数 $F_E(t)$ 为

$$F_E(t) = \int_0^t f_E(t)\mathrm{d}t \tag{7.45}$$

又

$$\int_0^t f_E(t)\mathrm{d}t + \int_t^\infty f_E(t)\mathrm{d}t = 1 \tag{7.46}$$

那么，式(7.44) 转化为

$$C = N \cdot \int_0^\infty \left[(1 - F_E(t)) \cdot f_c(t) \right] \mathrm{d}t \tag{7.47}$$

对于建筑物人员火灾风险评估而言，积分区间上限值为人员全部疏散至安全区域的时间 t_{eva} ，那么

$$C = N \cdot \int_0^{t_{eva}} \left[(1 - F_E(t)) \cdot f_c(t) \right] \mathrm{d}t \tag{7.48}$$

7.2.5　人员伤亡的预期风险

如果 $f_E(t)$ 与 $f_c(t)$ 表示的概率密度分布曲线重叠部分位于离散时刻 $i-1$ 与时刻 i 之间，基于事件树和离散 Markov 链分析，可以得到时刻 $i-1$ 与时刻 i 区间内火灾场景的概率分布向量 $\boldsymbol{P}(\boldsymbol{S}_i) = \left(p(s_{i,0}), p(s_{i,1}), \dots, p(s_{i,9}) \right)$ 。根据式(7.48)，每个火灾场景下可能导致的伤亡人数也可表示为一向量 $\boldsymbol{C} = \left(c_0, c_1, \dots, c_j \right)^T$ 。那么火灾风险值可以量化为

$$Risk = \sum_{i=1}^n P_i \cdot C_i \tag{7.49}$$

火灾风险即为

$$Risk=\boldsymbol{P}(\boldsymbol{S}_i)\times\boldsymbol{C} = p\left(s_{i,0}\right)\cdot c_0 + p\left(s_{i,1}\right)\cdot c_1 + \ldots + p\left(s_{i,9}\right)\cdot c_9 \tag{7.50}$$

由于可燃物的特性及建筑环境的差异，不同类型的建筑起火概率差别较大。如果引入火灾发生频率，可得到人员伤亡预期风险(expected risk to life，ERL) 为

$$ERL = \frac{P_{if} \cdot Risk \cdot A_f}{N} \tag{7.51}$$

式中，P_{if} 为建筑物发生火灾的频率(1/(米^2·年))；A_f 为建筑物的地面面积(m^2)。

7.2.6 工程算例

这里通过一个工程算例对本章提出的预测人员伤亡预期风险评估方法进行说明。评估对象是平面面积为 5250m^2，层高为 5.5m 的一座单层大型商业超市，其建筑平面示意图如图 7.11 所示，其中黑线标注的为本算例计算区域。

对于火灾烟气蔓延状况，采用双层区域模拟模型进行模拟计算，这里计算工具采用 CFAST[30]。通常，双区域模型将计算空间分为上下两层，即上层热烟气和下层冷空气。然而，由于本算例为典型的大空间建筑，烟气分层不均匀，所以这种传统的双区域模型不适合模拟计算此种情况下的火灾烟气蔓延情况。如果将计算空间划分为若干单元区域[31]，那么就可以减少 CFAST 对预测这类大空间建筑烟气情况的不确定性。划分单元区域越多，计算结果越合理，但由于 CFAST 本身的限制，最多只能划分 30 个单元区域。结合本算例建筑平面图，这里将计算空间划分为 28 个单元区域，如图 7.11 所示。其中，区域 1 和区域 8 的面积为 $19.5 \times 16m^2$，区域 15 到区域 28 的面积为 $12 \times 14m^2$，其他区域的面积为 $12 \times 16m^2$。

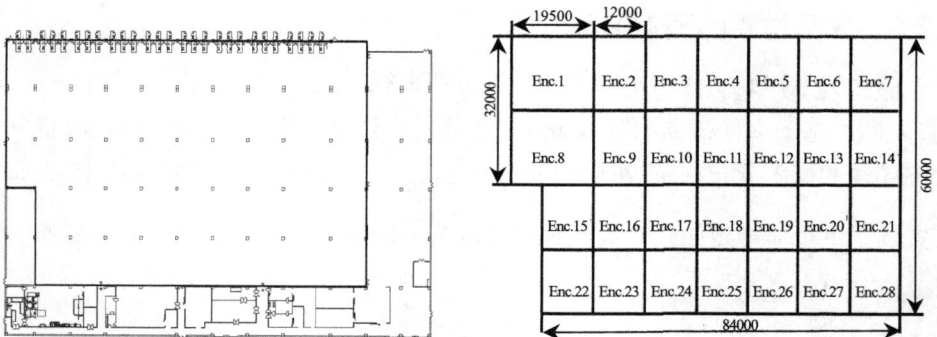

图 7.11   建筑平面图及划分单元区域平面图

人员荷载的计算按照《商店建筑设计规范》(JGJ48-88) 第 3.2.7 条的规定，自选营业厅的面积指标可按每位顾客 1.35m² 计(如用小车选购按 1.70m² 计)，根据该超市的相关资料，设定营业厅中提篮购物的顾客占 30%，推小车购物的顾客占 70%，设计得到的人员荷载如表 7.6 所示。

表 7.6 计算区域的人员荷载设计

计算分区	超市人员使用面积/m²	换算系数/人/ m²		设计人员荷载
		推车(70%)	提篮(30%)	
超市	5250/3377	1/1.7	1/1.35	2141

对于火灾探测报警时间，将烟气高度沉降到房间高度的 5%以下作为响应时间[18]。而对于图 7.1 所示的事件树分支中，人员发现火灾成功的概率比较难以估计，这里认为烟气高度沉降到 10%房间高度时，人员可以发现火灾。人员发现火灾失败对应的探测时间取值为 300s[4]。

人员疏散时间采用 CFE 模型进行计算，该模型基于中国人的身体特点，考虑了火灾产物对人的生理和心理的影响，它集格子气模型与社会力模型的优点于一身，对拥挤动力学的模拟具有较高的准确性和计算效率。疏散准备时间考虑为正态分布形式，依据式(7.40) 取值，可得不同疏散准备时间情形下对应的人数，如图 7.12 所示。

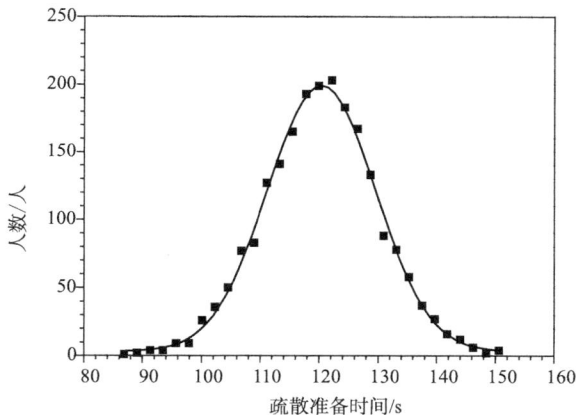

图 7.12 超市算例的人员疏散准备时间

基于 CFE 模型的计算可以得到未疏散人数随时间的变化曲线，即式(7.48)中的 $1-F_E(t)$，如图 7.13 所示。

火灾初期热释放速率按照 t^2 规律增长，根据商业建筑火灾增长系数的统计数据，选取 0.027kW/s², 0.04689kW/s² 与 0.06kW/s² 分别作为最小值、最可能值和

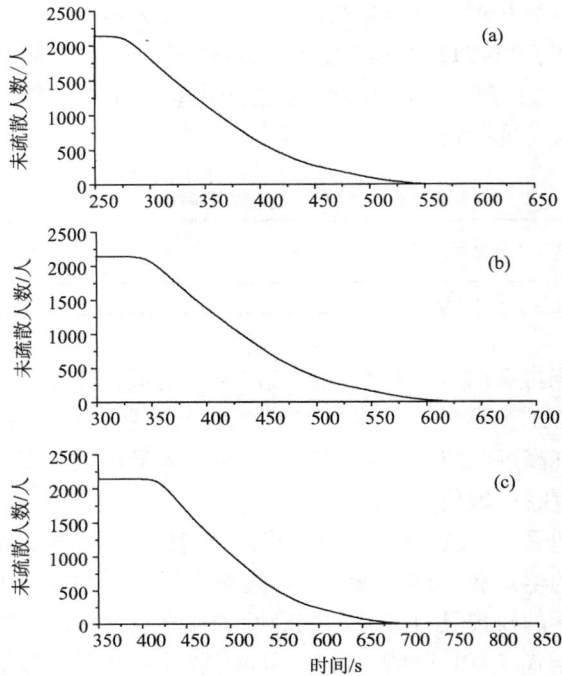

图 7.13 未疏散人数随时间变化曲线
(a) 自动探测成功；(b) 人员发现火灾成功；(c) 人员发现火灾失败

最大值来设定火灾曲线。火灾发展到对人员造成危险的临界时间由以下任一判定标准得到[32]：

- 当上部烟气层降至距离地面 2.1m 时，烟气层温度超过 100℃；
- 在人头部高度累积 CO 浓度超过 $1.5 \times 10^4 \mu l/L \cdot min$；
- 人体接受的热辐射通量超过 $2.5kW/m^2$。

对于火灾危险状态来临时间的概率分布，这里将其简化为三角分布，其最小值 a、最可能值 c 和最大值 b 分别对应于 $0.06kW/s^2$，$0.04689kW/s^2$ 与 $0.027kW/s^2$ 所设定的火灾曲线，计算结果如表 7.7 所示。对于火灾场景 1~5 由于水喷淋启动成功，火灾会被及时控制，不会对人员造成危害，因此不再对这些火灾场景进行计算。

表 7.7 每个火灾场景的火灾危险状态来临时间、人员疏散时间与伤亡人数

火灾场景	火灾危险状态来临时间/s			人员疏散时间/s	伤亡人数
	a	c	b		
6	618	680	847	556	0
7	591	631	772	556	0
8	618	680	847	624	0.16
9	591	631	772	624	7.52
10	591	631	772	696	68.24

由图 7.13 的疏散时间曲线与表 7.4 中火灾危险状态来临时间的取值，根据式(7.48)可得到每个火灾场景可能导致的伤亡人数，计算结果如表 7.3 所示。

如果可以得到不同时刻式(7.12) 所示的转移矩阵，根据离散 Markov 链的性质，就可以得到每个火灾场景在不同时刻出现的概率值。对于人员安全而言，主要是考虑人员可能逃生至安全区域对应的建筑火灾发展的 10 或 15 分钟。因此，这里选取最大时间为 15 分钟，即 900s。从 0s 到 900s，划分为 8 个离散的时间段，分别为 60s，120s，180s，300s，400s，500s，700s 与 900s。

图 7.1 事件树中各防灭火措施的概率随时间变化情况如表 7.8 所示。火灾自动探测报警成功概率分布的平均值是当火灾增长系数为 0.04689kW/s^2 时，上部烟气层降至房间高度的 5%时所对应的时间，即 145s。根据正态随机变量在 $[\mu-3\sigma, \mu+3\sigma]$ 之内的概率为 0.9974，标准差取值为 45s。由于机械排烟系统通常是由火灾探测信号联动启动，故将其启动概率随时间的变化情况考虑与火灾自动探测一致。相似地，人员发现火灾成功概率随时间变化情况表示为累积正态分布，其对应的概率密度分布为 $N(300,100^2)$。根据 DETACT-QS[33]，当火灾增长系数为 0.04689kW/s^2 时对应的水喷淋启动时间平均值 160s，标准差取为 50s。

表 7.8　防灭火措施的概率随时间变化情况

	累积概率分布	表达式
水喷淋启动	正态分布	$t \sim N(160,50^2)$
水喷淋控制或扑灭火灾	—	$P=1-\dfrac{1}{700}t$
自动探测	正态分布	$t \sim N(145,45^2)$
人员发现火灾	正态分布	$t \sim N(300,100^2)$
机械排烟系统	正态分布	$t \sim N(145,45^2)$

对于自动水喷淋扑救火灾而言，在火灾发展的初级阶段，比较容易被扑灭或控制。随着火灾功率的增大，成功扑灭或控制火灾的概率将会越来越低。这里假设表达式为扑救成功概率随着时间呈线性减少。建筑物内的防灭火措施的可靠性概率[34]如表 7.9 所示。

表 7.9　防灭火措施的可靠性概率

防灭火措施	可靠性概率
水喷淋 (商业建筑)	0.93
自动探测 (商业建筑)	0.72
机械排烟系统	0.97

对于表 7.8 中所示的概率是以累积概率分布的形式表示，在计算过程中需要利用贝叶斯定理转化为条件概率。例如，火灾自动探测在时刻 i 到 $i+1$ 之间成功探测，即火灾自动探测在时刻 i 之前未发现火灾。那么，火灾自动探测在时刻 i 之前未发现火灾的前提下，在时刻 i 到 $i+1$ 之间成功探测的概率为

$$P\left(A_i^{i+1} \mid \overline{A_0^i}\right) = \frac{P\left(A_i^{i+1}\right) P\left(\overline{A_0^i} \mid A_i^{i+1}\right)}{P\left(A_0^1\right) P\left(\overline{A_0^i} \mid A_0^1\right) + \cdots + P\left(A_i^{i+1}\right) P\left(\overline{A_0^i} \mid A_i^{i+1}\right) + \cdots + P\left(A_{N-1}^N\right) P\left(\overline{A_0^i} \mid A_{N-1}^N\right)}$$

(7.52)

式中，$P\left(A_i^{i+1}\right)$ 为火灾在时刻 i 到 $i+1$ 之间成功探测的概率；$P\left(\overline{A_0^i}\right)$ 为火灾自动探测在时刻 i 之前未发现火灾的概率。

在本算例中，$N=8$，那么式(7.52)可以转化为

$$P\left(A_i^{i+1} \mid \overline{A_0^i}\right) = \frac{P\left(A_i^{i+1}\right) \cdot 1}{P\left(A_0^1\right) \cdot 0 + \cdots + P\left(A_i^{i+1}\right) \cdot 1 + \cdots + P\left(A_7^8\right) \cdot 1} = \frac{F_{i+1} - F_i}{1 - F_i}$$

(7.53)

式中，F_i 为时刻 i 对应的累积概率。

基于式(7.4)、式(7.5)、式(7.6) 及表 7.8 中防灭火措施的概率随时间表达式，通过式(7.53) 可以得到每个时刻对应的条件概率，结果如表 7.10 所示。

表 7.10 　事件树中各影响事件在不同时间区间的概率

影响事件	0~60s	60~120s	120~180s	180~300s	300~400s	400~500s	500~700s	700~900s
水喷淋	0.020	0.151	0.390	0.526	0.308	0.00027	0	0
自动探测火灾	0.022	0.195	0.500	0.716	0.199	0.00001	0	0
人员发现火灾	0.007	0.028	0.083	0.436	0.682	0.85	0.94	0.022
机械排烟系统	0.030	0.263	0.674	0.966	0.269	9.2E-6	0	0

将表 7.10 中的数值代入到式(7.12) 所示的转移矩阵中，根据离散 Markov 链性质，就可以计算得到火灾场景出现概率分布，如图 7.14。

根据表 7.2 所示的火灾危险状态来临时间，结合图 7.14 所示的火灾场景概率分布，可知在 500~700s 之间仍有部分人员未能逃生至安全区域。此时的火灾场景概率向量为

$$\boldsymbol{P}(\boldsymbol{S}_7) = (0.00002, 0.0064, 0.052, 0.0054, 0.4283)$$

(7.54)

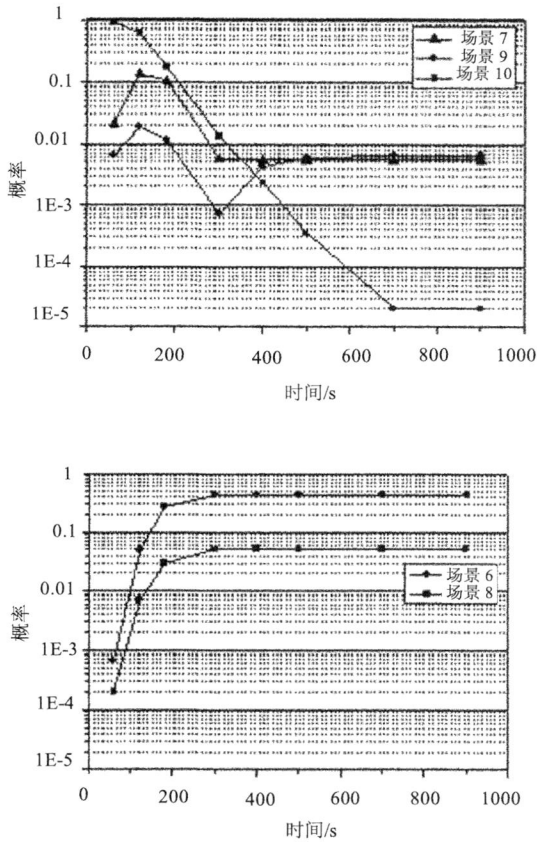

图 7.14 火灾场景概率分布

此时对应的可能导致的伤亡人数向量为

$$\boldsymbol{C} = \left(68.24, 7.52, 0.16, 0, 0\right)^{\mathrm{T}} \tag{7.55}$$

那么，火灾风险为

$$Risk = \boldsymbol{P}(\boldsymbol{S}_7) \times \boldsymbol{C} = 0.058 \tag{7.56}$$

如果引入商业建筑的火灾发生频率 4.12×10^{-6} 次/(m² · 年)[35]，就可以得到人员伤亡预期风险(expected risk to life，ERL) 为

$$ERL = \frac{4.12 \times 10^{-6} \times 0.058 \times 5250}{2141} = 5.86 \times 10^{-7} \tag{7.57}$$

如果计算得到的人员伤亡预期风险 ERL 小于可接受火灾风险水平，则表示当

前的火灾安全设计能够满足人员安全的需求。然而我国目前尚未建立可接受火灾
风险标准体系。故这里将计算得到的人员伤亡预期风险 *ERL* 与我国火灾伤亡情况
作简单地比较，根据我国 1998~2005 年的火灾统计数据[36]，平均每年火灾导致的
伤亡率为 4.81×10^{-6}。可见，计算得到的 *ERL* 小于火灾统计结果，除了风险评估
方法本身以及计算过程带来的误差之外，其原因可能是：由于缺乏我国商业建筑
火灾发生频率的统计数据，所选取的国外数据可能偏小；算例的消防设施较为完
备，而统计结果所涉及的火灾发生场所的消防水平一般会低于本算例；火灾统计
的伤亡率是基于全国火灾统计数据得到的总体情况，而算例只是针对一个具体的
消防设备齐全，管理较完好的商业建筑而言。

7.3　火灾公众责任险保费的厘定

7.3.1　火灾公众责任险保费的厘定模型

　　火灾的发生、发展与人员疏散都是极其复杂的现象，包含着大量的不确定性
因素，为了更加合理地对建筑物发生火灾时人员面临的火灾风险进行评估，需要
考虑一些随机因素。在 7.2 节，我们基于火灾动力学特性，建筑物的特征以及防
灭火措施的影响，结合人员疏散计算，提出了预测建筑火灾人员伤亡预期风险的
评估方法。该方法通过考虑建筑物内影响火灾发展与烟气蔓延的相关因素，基于
事件树与火灾模拟软件构建可能导致的火灾场景，并根据离散 Markov 链分析了
火灾场景发生的概率随火灾发展时刻的变化情况。对于人员疏散时间的计算，基
于火灾增长系数随机性，将火灾探测报警时间取为概率分布，同时考虑人员疏散
准备时间的随机性，将其取为正态分布。对于火灾危险状态来临时间的计算，基
于火灾增长系数随机性考虑设定火灾的不确定性，将火灾危险状态来临时间表示
为概率分布。通过比较火灾危险状态来临时间与人员疏散时间的关系，计算得到
每个火灾场景可能导致的伤亡人数及伤亡概率。

　　火灾发生的频率的大小(次/米 ^{2} · 年)与建筑的功能密切相关，而火灾发生后造
成的后果，特别是人员伤亡情况则不仅与火灾动力学特性有关，还与火灾发生场
所的建筑的功能、防灭火设施的完备和可靠性、消防管理水平等密切相关。如果
火灾公众责任险的收费标准按照目前的粗线条的方式实行，完全没有考虑不同投
保对象的风险水平，不仅对于投保者很不公平，有可能引起道德风险和逆选择的
发生，不利于促进火灾的减灾防损。因此，必须科学地依据实际标的的人员火灾
风险来厘定火灾公众责任险的费率，才能真正实现保险对消防的促进作用。

　　7.2 节的火灾人员风险评估方法是面向具体对象合理量化的人员风险评估的
专门技术，但是，由于火灾本身包含确定性和随机性双重规律，以及现有的火灾

统计基本数据的不完备性，所得到的火灾人员风险量化评估结果也很难说是十分准确。为此，我们需要综合考虑火灾人员伤亡预期风险以及火灾造成人员伤亡的统计结果，在此基础上建立火灾公众责任险的费率厘定模型。(7.58) 式为本研究提出的火灾公众责任险纯费率的厘定模型。

$$M = \alpha \times N \times ERL \times C + (1-\alpha) \times N \times ERL_s \times C + M_p \tag{7.58}$$

式中，M 为标的理论上应收取的火灾公众责任险的保费；M_p 为火灾公众责任险中赔付第三者财产损失应收取的保费，如果不对第三者财产投保，则 $M_p = 0$；C 为赔付额(元/人)；N 为标的内容纳人员的总人数(人)，通常取人数的上限；ERL_s 为火灾造成的与标的相同功能建筑的人员死亡率；α 为火灾人员风险评估可靠性因子，建议取值范围 0.5~1，如果人员火灾风险评估中所用统计数据很准确、火灾动力学规律也很清楚，α 可以取得比较大，可以接近 1。

而实际收取火灾公众责任险的保费必须考虑保险公司的日常运营费、附加风险费和盈利等因素，必须在上述纯理论保费的基础上乘上一个大于 1 的系数，即：

$$M_a = k \times M \tag{7.59}$$

式中，M_a 为实际收取的火灾公众责任险的保费，k 为考虑保险公司日常运营、盈利等因素在内的附加因子。

7.3.2　不同消防及管理条件下火灾公众责任险保费算例比较

这里还以 7.2.6 的某单层大型商业超市进行比较说明，不同的是考虑两种不同的情况，其一是消防设施齐全，且按统计得到的概率值正常启动；其二是所有消防设施均没有，且消防管理混乱，也就是最差的极端情况(相当于图 7.1 的火灾场景 10)。

当消防设施齐全，且按统计得到的概率值正常启动时，前面我们已经算出它的预期风险是 5.68×10^{-7}。在此我们主要计算第二种状态的人员预期风险，由火灾烟气蔓延和人员疏散时间计算结果可知，人员伤亡预期风险(expected risk to life，ERL) 为

$$ERL = \frac{4.12 \times 10^{-6} \times 68.24 \times 5250}{2141} = 6.89 \times 10^{-4} \tag{7.60}$$

根据我国 1998~2005 年的火灾统计数据[36]，平均每年火灾导致的伤亡率为 4.81×10^{-6}。

鉴于人员火灾风险评估中所用统计数据较为准确、该类型建筑的火灾动力学

规律也很清楚,所以火灾人员风险评估可靠性因子 α 取为 0.6。对于赔付额的限额,目前保险业界还没有统一的标准,这里依据当前保险公司的参考数据,取为每人 10 万元,且不考虑火灾公众责任险中赔付第三者财产损失应收取的保费。计算火灾公众责任险保费所需的参数如表 7.11 所示。

表 7.11　火灾公众责任险的保费计算所需参数及结果

参数	最差情况	防灾设施齐全
火灾人员风险评估可靠性因子 α	0.6	0.6
投保标的容纳人数 N /人	2141	2141
赔付额 C /元	100000	100000
相同功能建筑火灾的人员死亡率 ERL_s	4.81×10^{-6}	4.81×10^{-6}

　　基于式(7.58),理论上计算得到的不同防灭火设施及管理情况下火灾公众责任险的保费如表 7.12 所示。

　　从表 7.12 我们可以清楚地看到,消防投入的多少、消防设备是否齐全、消防管理是否到位,对相同功能建筑的人员伤亡预期风险 ERL 影响非常大,与消防设施齐全、管理良好的保险对象相比,消防设施及管理极端差的其人员伤亡预期风险要大 100 多倍。根据我们提出的火灾公众责任险费率模型,收取的火灾公众责任险的保费也相差 100 多倍。很显然根据火灾人员伤亡预期风险来收取火灾公众责任险的保费,不仅是一种较为科学的方法,而且有利于加强消防投入、提高消防管理水平。这样的消防与保险互动才能真正实现保险对消防的促进作用。

表 7.12　不同防灭火设施及管理情况下火灾公众责任险保费的计算结果

	消防设施及管理极端差	消防设施齐全管理良好	不考虑消防设施及管理情况
人员伤亡预期风险 ERL	6.89×10^{-4}	5.68×10^{-7}	
理论上公众责任险纯保费	74272(元)	636(元)	
目前实际收取保费			5000(元)

参 考 文 献

[1]　He Y P, Horasan M, Taylor P,et al. Probabilistic fire safety engineering assessment of a refurbished high rise office building[C]// Proceedings of the International Conference on Engineered Fire Protection Design. Society of Fire Protection Engineers, 2001: 211-228.

[2]　He Y P, Horasan M, Taylor P, et al. Stochastic modelling for risk assessment[C]//　Proceedings of the Seventh International Symposium on Fire Safety Science. International Association on Fire Safety Science, 2002: 333-344.

[3]　Kristiansson G H. On probabilistic assessment of life safety in building on fire[R]. Report 5006. Lund, Sweden: Department of Fire Safety Engineering, Lund University, 1997.

[4]　Robert J, Johan L. The Swedish case study different fire safety design methods applied on a high rise building[R]. Report 3099. Lund, Sweden: Department of Fire Safety Engineering, Lund University, 1998.

[5] Frantzich H. Uncertainty and risk analysis in fire safety engineering[R]. Report 1016. Lund, Sweden: Department of Fire Safety Engineering, Lund University, 1998.

[6] Hall J R. Sekizawa A. Fire risk analysis: general conceptual framework for describing models[J]. Fire Technology, 1991, 27: 33-53.

[7] Oberkampf W L, DeLand S M, Rutherford B M, et al. Error and uncertainty in modeling and simulation[J]. Reliability Engineering and System Safety, 2002, 75(3): 333-357.

[8] Quintiere J G. Scaling applications in fire research[J]. Fire Safety Journal, 1989, 1:3-29.

[9] 日本建筑省. 建筑物综合防火设计[M].孙金香, 高伟译. 天津科技翻译出版公司, 1994, 8.

[10] Klote J H, Milke J A. Design of smoke management system ASHRA[M]. Atlanta: 1992.

[11] Tewarson A. Generation of heat and chemical compounds in fire[M]// SFPE Handbook of Fire Protection Engineering, 2nd Edition. Society of Fire Protection Engineers and National Fire Protection Association, Boston, MA: 1995.

[12] Korhonen T, Hietaniemi J, Baroudi D, et al. Time-dependent event-tree method for fire risk analysis: tentative results[C]// Proceedings of the Seventh International Symposium on Fire Safety Science. International Association on Fire Safety Science: 2002, 321-332.

[13] Hietaniemi J. Probabilistic simulation of fire endurance of a wooden beam[J]. Structural Safety. 2007,29 (4):322 – 336.

[14] 霍然, 袁宏永. 性能化建筑防火分析与设计[M]. 合肥: 安徽科学技术出版社, 2003: 92~106.

[15] Nelson H E. An engineering analysis of the early stages of fire development-the fire at the Du Pont Plaza hotel and casino December 31 1986[R]. US National Bureau of Standards, NBSIR. Washington DC: 1987 87-3560.

[16] NFPA 92B. Guide for smoke management systems in malls, atria and large areas[M]. Quincy, MA: National Fire Protection Association, 1991.

[17] BSI DD 240. Fire safety engineering in buildings[M]. London: British Standards Institution, 1997.

[18] Holborn P G, Nolan P F, Golt J. An analysis of fire sizes, fire growth rates and times between events using data from fire investigations[J]. Fire Safety Journal, 2004, 39: 481-524.

[19] 霍然, 李元洲, 金旭辉, 等. 大空间火灾烟气填充研究[J]. 燃烧科学与技术, 2001, 7(3): 219-222.

[20] 李元洲, 霍然, 袁理明, 等. 中庭火灾中烟气充填特点的研究[J]. 中国科学技术大学学报, 1999, 29(5): 590-594.

[21] He Y P, Wang J, Wu Z K, et al. Smoke venting and fire safety in an industrial warehouse[J]. Fire Safety Journal, 2002, 37: 191-215.

[22] Proulx G, Sime J D. To prevent panic in an underground emergency: why not tell people the truth?[C]// Proceedings of the Third International Symposium on Fire Safety Science. New York: Elsevier applied science, 1991: 843-852.

[23] Sime J D. Escape behaviour in fires design against fire: an introduction to fire safety engineering design[M]. London: Chapman & Hall, 1994.

[24] MacLennan H A, Regan M A, Ware R. An engineering model for the estimation of occupant pre-movement and or response times and the probability of their occurrence[J]. Fire and Materials, 1999, 23(6): 255-263.

[25] Purser D A, Bensilum M. Quantification of behavior for engineering design standards and escape time calculations[J]. Safety Science, 2001, 38(2):157-182.

[26] Vistnes J, Grubits S J, He Y P. A stochastic approach to occupant pre-movement in fires[C]// Proceedings of the 8th International Symposium on Fire Safety Science. International Association on Fire Safety Science. Beijing: 2005: 531-542.

[27] Pires T T. An approach for modeling human cognitive behavior in evacuation models[J]. Fire Safety Journal, 2005, 40: 177-189.

[28] Mahmut B N, Horasan. Design occupant groups concept applied to fire safety engineering human behaviour studies[C]// Proceedings of 7th International Symposium on Fire Safety Science , Worcester, MA: 2002:953-962.

[29]   陈涛. 火灾情况下人员疏散模型及应用研究[D]. 中国科学技术大学, 2004: 71-72.

[30]   Peacock R D, Reneke P A, Jones W W, et al. A user's guide for fast: engineering tools for estimating fire growth and smoke transport[M]. Building and Fire Research Laboratory, NIST, USA. 2000.

[31]   Chow W K. Multi-cell concepts for simulating fires in big enclosures using a zone model[J]. Journal of Fire Sciences, 1996, 14: 186-198.

[32]   FCRC, Fire engineering guidelines. Fire code reform centre limited[M], Rockliffs Chambers, Sydney: NSW, Australia, 1996.

[33]   Evans D D, Stroup D W. Methods of calculating the response time of heat and smoke detectors installed below large unobstructed ceilings[M]. NBSIR, National Bureau of Standards, Gaithersburg. 1985: 85-3167.

[34]   Bukowski R W, Budnick E K, Schemel C F. Estimates of the operational reliability of fire protection systems[C]// Proceedings of the third International Conference on Fire Research and Engineering. Society of Fire Protection Engineering, 1999: 87-98.

[35]   Ohmiya Y, Tanaka T, Notake H. Design fire load density based on risk concept[J]. Journal of Architecture, Planning and Environmental Engineering, 2002, 551: 1-8.

[36]   公安部消防局. 中国火灾统计年鉴[M]. 北京: 中国人事出版社, 2006.

第 8 章　消防与保险互动的若干问题和保障措施

　　目前，我国的经济建设和社会发展进入了一个新的历史阶段。新形势对消防工作提出了更新、更高的要求。虽然全国消防工作者在不断努力，但导致火灾的因素在不断增加，加之消防工作者人数缺乏、经费不足、城市基础消防设施不完善、群众消防意识不强等因素，造成火灾形势日趋严峻，重特大以及群死群伤火灾时有发生。有些火灾造成了巨大的国际影响和政治影响。据统计，1996~2005年，全国共发生火灾 191 万起，造成 2.5 万人死亡、直接财产损失 145 亿元(以上统计数字还不含港、澳、台地区和森林、草原、军队、矿井地下发生的火灾)。

　　保险可以通过积极主动的风险管理，减少和防止火灾事故的发生。公众聚集场所的所有者或经营者投保了火灾公众责任保险后，一旦发生火灾事故，保险公司将在责任范围内向受害者提供赔偿。火灾保险不仅有利于保障公民和消费者的合法权益，转嫁经营者的风险，维护社会的稳定，而且有利于降低火灾事故的发生率以及火灾事故后果的严重性。因此，探索保险与消防互动协调发展的方法和措施，通过运用市场规律和经济手段，切实履行好社会管理和公共服务功能，是我国经济社会发展的需求，也是实现防灾减灾的有效手段。但是，在消防与保险的互动机制方面，目前在思想认识上还不到位，还缺乏有机联系和相互配合，值得大家思考。

8.1　消防与保险互动认识上的误区

　　首先有必要从不同角度认识保险。从经济角度看，保险首先是一种经济行为。从需求来说，由于存在着大量标的面临着同样的危险，与之有利害关系的社会主体希望获得保障，并通过成本比较的考虑，宁愿付出一定代价期望在损失后能够获得补偿，从而对保险产品产生需求；从供给来看，保险人用特殊的技术方法，确保凭借收取保费对保险人因危险事故造成的损失进行补偿并且获得盈利，于是保险产品有了供给，故保险是一种商业活动。其次，保险是一种金融行为。对社会而言，保险组织通过收取保险费聚集了大量的资金，再将这些资金运用出去，这里的保险组织通过金融中介机构形式，实际上在社会范围内起到了资金融通的作用。但由于保险资金的聚集不是以贷放为目的，其投资方向被严格限制，经营中被保险人和保险人主要以货币收支的形式进行，所以具备典型的金融行为特征。最后，保险还起到了国民收入再分配作用。保险运行机制是大家共同缴纳保费组成保险基金，当某一个被保险人受损失时，可在从保险基金中获得补偿。这样，保险就在被保险人之间起到了收入再分配的作用。从法律角度看，投保人购买保险和保险人出售保险，实际上是双方在法律地位平等的基础上，经过自愿的要约与承诺，达成一致意见并签订合同，故保险是一种合同行为。通过保险合同，规定了保险当事人双方的权利义务关系：这就是保险人的权利是向投保人收取保险费，其义务是当约定的危险事故发生后向被保险人进行赔偿或给付保险金；而投保人(被保险人) 的权利是当约定的危险事故发生后能够向保险人要求给付保险金，其义务是向保险人支付保险费并履行合同规定的其他义务(比如，遵守国家相关消防安全规定，维护保险标的消防安全)。从社会功能角度看，危险是客观存在的，包括火灾在内的各种自然灾害作为人类正常生产工作和生活秩序的威胁，是人力不可抗拒的自然规律；危险是伴随着损失性的，尽管危险是未来才发生的，但危险的后果必然是造成人们的某种损失；危险还是普遍性和不确定性共存的，危险无处不在，但损失是否发生、何时何地发生、损失的大小均是不确定的。对危险的处理有诸多方法，危险回避、危险自留、损失控制、危险转移都是可供选择的。保险就是使众多的单位和个人结合起来，变个体对付危险为大家共同对付危险、从整体上提高对危险事故承受能力的一种危险损失转移机制。从补偿的观点看，保险不同于损失防范，保险并不能减少损失财产的数额，它只是从包括财产损失的那些财产所有者在内的许多财产所有者那里汇集保费，以补偿财产不幸受到损失的所有者。

消防是消防部门运用国家赋予的行政手段，本着"预防为主、防消结合"的方针，执行消防法律、法规和规章制度，有着监督检查、建筑工程消防审核、验收、火灾原因调查、行政处罚、紧急处置、行政强制等职权，预防火灾事故发生。同时，有一支训练有素，善于作战的灭火救援队伍，在火灾和事故发生后调动消防部队和器材装备，迅速扑救，最大限度地减少灾害损失，以维护国家和人民生命财产安全。

其实保险和消防都是社会、经济发展的必然产物。1995 年 2 月 20 日，国务院批转了公安部制定的《消防改革与发展纲要》，首次提出了在消防工作中应更好地发挥商业保险的作用，要求重点企业、易燃易爆化学危险品场所和大型商场、宾馆、饭店、影剧院、歌舞厅等公共场所必须参加火灾保险和公众责任保险。2001年 5 月 9 日，国务院又批转了公安部关于"十五"期间消防工作发展的指导意见。公安部在指导意见中提出，要充分利用保险费率这一经济杠杆，使之与投保单位的消防安全挂钩，促使投保单位自觉改善消防安全条件，提高自身防范火灾的能力。公安部消防局与中国太平洋保险公司在山西省太原市联合召开了火灾预防和保险研讨会，就如何增强火灾保险在火灾预防中的功能以及拓宽消防与保险的协作领域，建立良好的协作制度与机制，共同搞好火灾预防，增强全社会消防安全意识等问题进行了广泛、深入的研讨。2004 年 6 月 30 日，安徽省人民政府办公厅发出了《关于加快全省保险业发展的通知》，要求加强防灾防损工作，运用保险手段应对可能发生的风险，为企业提供全方位的风险管理服务，从源头上帮助企业减少风险事故，有效化解经营风险，保护广大被保人利益，为经济建设和社会发展提供保障。由此看出，保险公司与公安消防机构虽然不属同一行业，同一经济领域，而且承担不同的社会职能，但二者在控制灾害、预防火灾发生方面都是一致的，这对公安消防机构来说是目的，对保险公司来说是达到目的的手段。建立保险公司与公安消防机构互动机制，促使保险公司介入消防工作成为消防监督的附加力量，将保险公司的防灾工作与公安消防机构的消防监督工作有机的结合，运用其经济手段来解决消防工作中的一些矛盾和问题，有效地预防和减少火灾的发生，共同创造良好的消防安全环境，对保险事业和消防事业的发展，实现保险与消防共赢，都会起到积极的促进作用。

由于多年来我国计划经济模式在人们思想中的潜在影响，人们对保险业与消防在认识上存在不少误区。

8.1.1　减灾防损上的认识误区

消防是对火灾损失的控制，包括火灾前对损失的预防(防火)和火灾时对损失的抑制(灭火)。前者是指在火灾损失发生之前，根据各种科学知识发现火灾隐患，并为消除或减少可能引起火灾损失的各项因素所采取的具体措施；后者是指在火灾发生时或发生后，采取措施减少损失发生的范围或损失程度的行为。保险是一种危险损失转移机制。所谓危险转移是通过合理的措施，将危险及其损失从一个主体转移给另一个主体。进一步说，保险的立足点是一种财务型的危险转移，即通过购买保险将可能发生的危险损失由保险人来承担，转移的是危险程度的不确定性。因此，从社会功能角度来看，消防与保险在对包括火灾在内的危险的处理方法上是不同的。明确了这一区别后，我们就知道，那种笼统的称消防和保险都是预防和减少包括火灾在内的危险损害的说法是不严谨的。但是实现消防和保险的良好互动，的确能起到减灾防损的作用。

8.1.2　目标上的认识误区

消防工作是政府统一领导下提供公共消防安全的公益事业，这在目前世界上无论何种制度的国家都大体如此。在我国，消防工作更是代表广大人民群众生命财产安全的根本利益的一项实践。由于这一基本定位，尽管消防服务于经济建设，消防安全状况也受制于经济发展水平，但消防界本身不会把追逐经济利益作为目标。而保险业通过危险财务转移获取商业利润，本质上就是一种经济行为，保险公司作为企业必然以追求利润最大化为目标。因而消防与保险业是有着完全不同的追求目标，绝不能混为一谈。此外，由于一些基本概念的混淆，在对许多问题的表述上，人们会发现消防界与保险业也颇多分歧。例如，多年来消防界一直希望保险公司根据保险标的消防安全状况"调整"保险费率。这"调整"二字，从汉语语法修辞角度并无问题。但在保险业涉及保险费率的时候，人们会发现保险业通常专用"厘定"一词。依据《现代汉语词典》，"调整"是指改变原有的情况，使适应客观环境和要求；而"厘定"一词中的"厘"字，则有如下意思：一，(某些计量单位的) 百分之一；二，计量单位名称，比如利率，年利率 1 厘是每年百分之一，月利率 1 厘是每月千分之一；三，整理，治理。从此可知，"厘定"这一词在保险业内是有着特定的经济性内涵的，不是调整一词可取代的。

8.2 火灾保险费率与消防分离的问题

随着社会经济的快速发展，消防工作遇到了许多新情况、新问题。在新形势下，只有充分发挥社会各个部门的作用才能保证消防社会化的实现，才能使消防工作适应形势发展的需要。消防与保险是两个性质、职能、手段都不同的部门，但两者都是整个社会防灾体系中重要的组成部分。研究消防与保险的关系，可以强化对火灾的预防与控制，减少社会财产的流失和维护社会稳定，进一步巩固和加强社会防灾体系。

火灾保险即 fire insurance。1951 年我国制定了新火灾保险条款，经修改后名称改为"财产保险"，又为了有别于广义的财产保险，名称前又加了指定实施范围的专称，如家庭财产保险、企业财产保险。因此，在我国人们通常所说的财产保险是在火灾保险的基础上不断扩大其保险责任并充实保险内容逐渐演变而成的。

消防与保险两个部门的合作，最初是西方发达国家中保险业获取最大利润的手段。而且此时的合作比较简单，一般仅限于在保险条款中规定与消防有关的制约条件。这种合作虽然在一定程度上减少了火灾的发生和损失，但其宗旨只是尽可能多的获取保险费，尽可能少的赔付损失。

自从我国在 80 年代恢复保险以来，许多地方的消防部门与保险公司就有了合作关系。近几年来，我国的火灾形势相当严峻。重、特大火灾在政治、经济及其他方面造成了许多影响。因此，两者间的合作逐渐得到重视，各种指导性文件相继出台。1993 年 6 月 2 日，公安部、中国人民保险公司联合发布了《关于加强协作、搞好安全防灾工作的通知》，提出了"逐步建立具有中国特色的灾害事故预防、处理和经济补偿体系"，为消防和保险两者间的合作指明了方向。而后公安部又在 1995 年 1 月把"充分发挥保险的作用"写进了《消防改革与发展纲要》。

但随着保险业的分立，消防与保险本来就松散的关系变得陌生。在很多地方，消防部门与保险公司基本上没有业务交流，保险公司基本上不对保险财产的火灾危险进行监督和管理，将这一部分工作实际上完全交给了消防部门；消防部门也不把保险财产的消防安全状况通报保险公司，不利于保险公司对保险财产进行风险评估、核定保险费率、开展灾后核损和理赔。这种情况使社会的财产安全缺少了市场经济条件下保险费率这一经济杠杆的约束，使消防安全状况长期得不到有效的改观；也使得保险财产风险增加，发生事故的可能性加大，扩大了保险金支出。消防界与保险业的这种陌生关系，使本来的"双赢"局面变成了"双损"的结果。究其原因，主要有以下两个方面的问题：

参保企业方的问题：政府部门减少了对企业的行政干预和指令，企业自主权扩大后出现了投了保不顾消防的现象，主要表现在：

1. 防火意识淡薄。有相当一部分干部及职工都以"投了保"作为忽视火灾预防的理由；防火安全责任制落实不到位；对于防火部门检查发现的火险隐患不重视整改。

2. 削弱消防组织。有不少投保企业在精简非生产人员时将原安全干部及防火干部并入其他部门；专职消防队员得不到更新，也有的成了"下岗"人员；不及时修复和更新过去购置的消防装备。

保险业的问题：在新形势下，保险业产生了一些错误倾向，即：

1. 单纯追求投保数量，良莠不分。保险市场的商业化竞争日趋激烈，"重赔偿、轻消防"，单纯追求业务量的上升。放松投保条件，致使一些明显存在重大火险隐患的单位还能安然处在"保险"的庇护之下，导致一部分人产生了"重保险、轻消防"的思想。

2. 认识片面，没有把防火当着自己职责。保险业一些人认为防火不是本部门的事，有的保险部门虽然也强调消防安全，但是不积极主动参与。

3. "利益刚性"导致防灾费拨付上的困难。防灾费本是用于提高防灾能力的，但拨付还停留在"规划"的阶段。

上述各种问题抑制了两者合作的发展，因此只有理顺某些环节，才能使合作发挥应有的效果。加大消防防灾费的投入，必将推动两者的合作进程，减少经济利益问题带来的阻力；同时对提高保险业的社会效益、经济效益也具有非常重要作用。随着社会的发展，两者间的合作将会更加广泛和具体。我们在探索我国消防与保险合作前景的同时，不妨借鉴西方发达国家的某些做法，使两者的合作更加深入、完善。

8.3　消防与保险互动机制的建立

消防与保险，说起来是两个互不相干的行业。消防是指消灭火灾和预防火灾。

保险就是使众多的单位和个人结合起来，变个体对付危险为大家共同对付危险，从整体上提高对危险事故承受能力的一种危险损失转移机制。在中国，消防灭火救援乃是社会公益事业，防火又是一种行政执法行为。而在一些发达国家，消防的行政手段逐渐在淡化，而逐渐转化为社会公益事业；但保险无论是中国还是外国均是商业行为。火灾，从消防的角度上讲是在时间和空间上失去控制的燃烧所造成的灾害，是一种与人类生产、生活相伴的灾害，是人类社会和经济发展过程中的客观现象。它既有自然灾害的一面，更有人为灾害的一面，是天灾人祸的汇集。随着我国社会经济的快速发展，物质财富的急剧增多和新能源、新材料、新设备的开发利用，火灾已成为最经常、最普遍威胁公共安全、经济建设和社会稳定的一种灾害。火灾保险是保险人对承保的财产因遇火灾而遭受的损失，或由此进行施救所造成的财产损失以及所支付的合理费用负责赔偿的一种保险。所以这两者存在千丝万缕的联系，而且联系越来越密切，据资料记载，1710 年，英国人查尔斯创办太阳保险公司，直到 1752 年，美国人本杰明富兰克在费城创办了第一家火灾保险社，开创了火灾保险与消防的结合。而消防是伴随着人类用火的历史而发展，随着人类用火、用电、用气的增多，火灾发生概率和损失也在增加，火灾已成为保险理赔的重要部分。因为火灾发生的次数及损失额已直接影响到保险事业的收益，而消防工作好坏又直接影响到火灾的发生和损失额的大小；保险行业对参保单位的消防工作的建议和推动，会促进整个社会消防事业的发展；消防又可利用行政手段推动保险事业的普及。消防与保险如果做到有机协调，将有利于双方工作的发展。

8.3.1　国外消防与保险互动的经验[1]

发达国家和地区，注重运用消防与保险的互相协作、渗透或融合来加强火灾的防范和处理。消防界一方面加强火灾预防监管，消除保险财产的不安全因素，化解风险；另一方面，加强装备建设、增加消防站布点、招募志愿消防人员、强化执勤训练，便于更有效地扑救火灾，减少危害和损失，从而减轻保险灾后赔付的负担。更突出表现在保险业主动加强防灾防损工作，减小保险财产风险，减少支付保险金的概率和数额，相应的减少了火灾危害。

一、用风险评估体系对企业风险水平进行调控

欧美，日本、新加坡等国家和中国香港地区的保险业已经形成了一套自有的风险评估体系，通过对参保企业的风险评估，提供相应的评估结果，显示企业的安全水平。如果企业降低了风险，则相应的降低保险费率；如企业未能按要求降低风险，则保险公司有权提高保险费率或中止合同。通过运用保险费率这一杠杆，调动企业加强自我防范。主动降低风险，不仅关系到企业自身的效益，也关系到

企业的生存和发展。只有降低风险，企业才能获得社会的认同，才能得到应有的经济、政治地位，才有可能在日趋激烈的市场竞争中取得先发的位置。

二、加强防灾防损工作，大力减少火灾危害

国外保险业为降低保险财产风险，减少保险金支出，下大力气加强防灾防损工作。保险公司根据保险合同的约定，结合被保险企业的规模大小，定期分配安全检查人员到各个单位进行检查，促使被保险企业不断检修、保养、维护设备，控制和降低风险水平。在美国，不仅公共建筑物甚至独立的住宅都装有消防报警器和水喷淋系统，这并不一定是消防部门的规定，很多是保险公司的要求。欧美、韩国的一些保险公司还大力资助火灾防范等安全技术研究，以减少火灾事故。近年来，国外保险公司竞相进入中国，带来了许多先进的防灾防损理念和措施。1997年，瑞士丰泰公司成为首家进入我国的欧洲保险公司，其拥有丰富专业知识的安全工程师随时免费为客户提供防灾防损服务。在客户投保前，进行现场查勘，风险评估，准确厘定合理的费率；承保后，对被保险方在有关设计、建造及运营中的各种风险提出书面改进方案，并根据被保险方的需要，提供其他诸如消防演习指导、建筑工程图纸的消防设施分布建议等等。

三、保险业直接缴纳消防税或从事消防科研开发

国外许多发达国家和地区消防经费充足，社会消防安全保障程度很高，一方面得益于它的经济发达，另一方面也因为它的消防经费来源多元化。德国、英国、澳大利亚等许多国家除政府拨款外，还向保险企业和个人征收消防税，补贴消防经费。美国一些保险商协会直接参与火灾标准的制定和火灾科学研究。美国保险商试验室有限公司(UL)是美国防火标准的主要来源之一，而工厂联合保险商协会(FM)不仅参与防火标准制定，还具体从事火灾科学的研究和开发经营，获取了巨大的利润。它拥有全球最大的火灾试验馆和设备齐全的检测中心，它有 2000 多名技术和科研人员从事评估、咨询和研究开发工作，它的 FM 标准成为通行全美、享誉世界的标准。

8.3.2　建立我国消防与保险互动机制的措施

我国保险业尚处于发展阶段，与发达国家相比，保险理念、风险评估、防灾防损措施等方面都很薄弱。我国保险业要想进一步拓展市场，挖掘发展潜力，除加强保险宣传、优化保险产品之外，提高服务意识、提升防灾防损水平也是重要措施，而这方面正是与消防部门合作的领域。

消防与保险的合作机制虽然在我国部分地区已经显现，并取得了良好的效果。现在还没有建立规范、统一的互动机制。无论从减少火灾损害的社会利益考虑，

还是从有利于双方防灾防损工作的需要出发，消防界与保险业的合作势在必行。

一、通过保险费率的杠杆提高消防安全水平

现在火灾保险费率主要是依据企事业单位被保财产或人员的数量来收取保费，仅考虑企业单位危险程度，而不是根据其单位实际安全状况，也就是单位的财产多、人员多，缴纳的保费就多，反之所缴的保费就少；危险品企业所缴的保费多，一般企业所缴的少，而不考虑危险品企业还是一般企业的消防设施如何、人员安全意识如何。单就参险这一件事，对单位而言，消防设施的先进与否、灭火器材的多与少好像是一件无关紧要的事，因此，只要消防行政机关不认真追究，也就万事大吉了。如果该企业是非安全重点单位，作为消防机构或派出所又无暇顾及，则该企业可以不做任何消防努力，照样可以办理火灾保险业务，可想而知，该企业的发生火灾概率是非常大的。相反，一些危险品的生产、经营和储存企业，对消防工作非常重视，虽然危险性很大，但其发生火灾的概率却很小。此种情况，作为保险公司风险很大，作为消防事业，又很难起到扩大消防的社会面。显然有失公允，我们可以吸取国外的一些先进做法。

1. 开展火灾风险评估，促进消防与保险健康发展

推行保前评估，也就是保前对消防安全状况进行打分，但在中国，消防与保险行业都没有对单位消防安全状况设立一个完整的评估体系，这就更需要消防与保险做到相互配合。目前消防安全管理通用做法是依据国家法律、法规和技术规范对单位来一个比对，如果存在欠缺，行政行为判定为火灾隐患，责令其整改，而不管其为重缺陷和轻缺陷，这就要求单位在消防安全上做到十全十美。往往对一个企业的评判由一两个监督者说了算。虽然这种评判体制缺乏一定的科学性，但保险行业又没有专门的机构和人才，如何做好单位消防安全状况评估，可以从以下方面开展工作。

1) 成立评估机构

保险公司应积极培养消防专业人才，设立评估机构，对单位保前评估由公司专家评估委员会认定；邀请消防机构进行评估，作为消防机构可以建立一套切实可行的评判体系，既可避免执法的随意性，又可避免执法人员的腐败。尤其是单位是否存在重大火灾隐患，应有一个评判标准，将是否存在重大火灾隐患作为判定单位消防安全是否合格的一个分界线。成立社会中介评估机构，如美国的 FM 咨询机构，多家保险公司对其的评估结论认可。评估机构的技术人员应经过专业培训和考核合格。其次评估机构应具有中立性，并对自己的评估行为承担法律责任。

2) 确定评估范围

评估范围应涵盖消防工作的方方面面，其主要有建筑物、构筑物的消防审批

和验收情况；平面布局情况；消防设施的完整和好用情况；疏散、逃生和防排烟设施情况；防火分隔、内装修情况；规章制度和消防组织的建立和落实情况；人员消防安全培训和消防安全意识情况；用火、用电、用气等安全情况；消防责任制和消防管理情况；消防经费的保障情况等等。

2. 合理收取保费

合理收取保费也体现一个公平原则，现在人寿都可做到重大疾病的人不许参加保险，甚至一些人寿保险的险种对年龄不同，其保费也不同。作为单位也可比照实行，一旦实行分级收取保费，必将大大推动单位的消防安全工作，如果单位不重视消防安全工作，它必将为此付出代价。

1) 评估结果较好以上的企业，在保费上可以分层次优惠或采取当场奖励。对消防不合格的企业，禁止其参加保险，或在保费上予以加收。

2) 对已参加火灾保险的企业，保险公司可以委托评估机构或每年进行 1~2 次检查，如果单位消防安全等级已上升，可以参照档次的优惠比例适当予以奖励，或保险公司以消防改进费名义予以资助。

3) 对多年无事故单位，一旦消防安全条件在不断改进，根据它的评估情况，每年保费可下降。如果消防安全条件没有改变，即使单位不发生火灾。其保费也不应当下降，以此促进单位不断改进消防安全条件。

二、消防与保险相互支持良性发展

1. 利用保险经济杠杆推动消防工作的社会化

多年来，我国的消防工作单靠消防机构一家实行监督与管理，往往顾此失彼，所以重特大火灾尤其是群死群伤恶性火灾事故不断发生。2002 年，公安部令第 61 号《机关、团体、企业、事业单位消防安全管理规定》的出台，实行"隐患自查，风险自担，责任自负"，才将消防机构彻底解放出来，为消防工作的社会化进程提供了法律依据，但由于人们对消防工作的认识程度不同，消防机构的监督面很难扩大，造成消防工作的社会化进程缓慢；这就需要社会各行各业的大力支持，这其中保险行业的经济杠杆将会起到有力的推动作用。一旦在社会上推行消防安全评估，必将推动有关单位消防安全条件的改善。也将是对整个社会消防安全工作起到一个极好的宣传作用。

2. 利用消防行政作用推动保险事业的普及

在当今社会，行政作用有着其巨大的能量，在经济领域、道德领域往往不能完成的事，通过行政干预能很顺利的完成。现阶段，消防仍然执行行政管理职能，建筑工程的施工和投入使用需要履行消防审核和验收，公共场所开业前、举办大型活动需要消防安全检查合格，对企事业单位实施的依法监督检查等等。在人们的保险意识还不是很强的今天，在一些高风险企业利用消防行政干预手段，将是否参加财产和人员伤亡火灾保险作为公共场所开业前检查和易燃易爆化学危险物品的生产、储存、使用和经营企业投入使用的前置条件，未参加火灾保险的，将不予办理消防行政审批。这样将会大大推动保险事业在社会的普及程度。

三、消防与保险应做到相互弥补

消防是人类社会永恒的话题，因为在人类社会发展的过程中，火灾危险是客观存在的，是人力不可抗拒的自然规律。火灾何时何地发生，火灾损失大小都是不确定的。但是火灾的发生、财产的损失、人员的伤亡都是消防与保险单位最不希望看到的，也是双方尽力工作希望予以克服的。因此可以通过弥补相互工作中的不足来达到控制火灾发生和减少火灾损失。

1. 完善法律规章制度，增加单位的法定消防安全责任

虽然我国 1998 年实施的《中华人民共和国消防法》和公安部令第 61 号《机关、团体、企业、事业单位消防安全管理规定》都对单位消防安全责任作了明确规定，但是由于国民认识的提高有一个漫长的过程，单位或被保险人对消防安全重视不够，在遵守国家消防安全规定上屡有漏洞，给人民生命财产带来了一定的损失，为弥补这一漏洞。政府、消防机构、保险公司、企事业单位均应完善自己的管理体系。

1) 政府应要求有关职能部门加强对消防工作的配合。在建、构筑物的管理上推行所有新建、改建、扩建、装修工程履行消防审批手续；工商行政管理部门在办理营业执照或营业执照年检时实行场所消防安全检查合格前置审批制。

2) 消防机构应加强监督检查。作为消防机构应做好单位的日常监督检查工作。为切实提高单位对消防安全工作的重视，可以推行单位定期申报检查制度，这对于老单位或新单位因生产经营而改变的消防条件非常有利。

3) 保险机构应加强抽样检查。即保险公司或社会中介评估机构也可定期或不定期对被投保企业进行抽样性检查，以弥补消防机构监督力量的不足。

4) 单位应增加消防安全责任意识。健全单位内部消防安全组织和规章制度并严格落实。对因维修或中断停止使用消防设施，单位应当根据停止使用时限及时向当地消防机构和保险公司汇报，并说出附加补救措施。

2. 提高单位整改火患力度

对单位的消防安全检查，消防与保险可互相弥补，消防机构对单位检查出的火灾隐患在督促整改的同时，可以抄送保险公司，保险公司或中介机构查出的火灾隐患可同时抄送当地消防监督机构；其次，为了加大检查力度，消防与保险可以开展联合检查，即双方的检查活动，可以互为邀请对方参加。其次针对检查出的火灾隐患，双方均可进一步督促单位整改。对保险公司抄送到消防机构的火灾隐患，消防机构应充分发挥行政监督的职能，视情况下发责令改正通知书，对消

防机构抄送到保险公司的火灾隐患，保险公司应视情况下发整改建议书，若单位不按要求去整改而发生的火灾事故，保险公司可以拒赔或减赔。对单位存在的整改难度较大火灾隐患或投入整改资金较多的火灾隐患，保险公司可以协助整改。

3. 消防机构应做好灾后的协调和管理工作

国家赋予消防机构对火灾事故调查处理权利，对火灾实行"三不放过"原则。单位一旦发生火灾损失，会积极申请理赔。在灾后事故处理方面，消防与保险往往互为独立，各行其道，最后造成在有的火灾上，消防机构核定的损失与保险赔付产生巨大差距，有的火灾事故消防机构认定为责任事故火灾，保险公司却不予参考，而全额赔付，对单位起不到警示教育作用。因此，消防与保险在火灾后应互通信息，互相沟通。

1) 消防机构要改革目前火灾损失计算和统计方法，制定科学、准确的火灾损失计算标准，尤其对火灾中的水渍损失，停产停业损失，应进行合理计算。既方便当事人主张财产权利，又便于开展保险企业理赔。

2) 保险公司应参照消防机构核定的火灾损失进行理赔，提高消防执法的权威性。同时对待要求设置的消防设施因非火灾造成的水渍或其他损失，保险公司应予以合理赔偿。增强单位完善消防设施的信心和决心。

3) 消防机构要将火灾情况与保险公司共享，也便于保险公司对火灾事故发生的原因，损失进行分析、研究并科学计算保险费率，减少保险单位经营风险。

4) 保险公司应根据消防机构的火灾事故责任认定，对保险赔付额进行调整。提高单位增强消防安全责任意识。

4. 保险公司应成为消防机构从事社会消防的有力助手

多年来，社会消防宣传，消防培训仅是消防机构一家独力支撑，受经费、人员、器材的限制，使得社会消防宣传、消防培训工作举步维艰。作为保险公司，火灾少、损失少就代表其利润大，现所当然应当加入社会消防这一行业。首先作为国家和地方政府可以考虑从当地单位火灾保费中抽出一定的比例，专项从事消防宣传、消防培训或基础消防设施建设，克服"重保费，轻投入"的错误观念，其次保险公司应充分利用其人力资源、器材资源等积极投入到社会消防工作中，与消防机构联手，组织各类消防宣传活动，定期或不定期对参保企业进行消防安全培训。

四、建立完善的消防与保险法规政策

火灾公众责任保险是社会公益性很强的险种，公众聚集场所的所有者或经营者投保了该险种后，一旦发生火灾事故，将由保险公司向受害第三方及时提供赔偿，这对保障公民和消费者的合法权益，维护社会稳定具有重要意义。中国保监会副主席吴小平说，我国需大力发展火灾公众责任保险，实质性地推动保险与消防的互动协调机制。他呼吁有关各方借消防法即将修改之机，共同探讨将公共场所火灾公众责任保险明确为法定保险的必要性和可行性。

他表示，建立健全保险与消防的互动协调机制，有利于实现消防事业与保险业的双赢。保险公司可以与消防部门建立信息资源共享，通过积极主动的风险管理，减少和防止火灾事故的发生。各级政府和行业主管部门应不断探索保险与消防互动协调发展的方法和措施，通过运用市场规律和经济手段，切实履行好社会管理和公共服务功能。

为充分利用保险业的经济补偿和辅助社会管理功能，进一步发挥保险在火灾防范和火灾风险管理方面的作用，1995 年以来，我国政府出台了一系列"意见"和"通知"，如国务院和国务院办公厅先后转发了公安部《消防改革与发展纲要》和《关于"十五"期间消防工作发展指导意见》，对推行火灾保险和建立消防与保险良性互动机制提出了要求。2002 年，全国人大常委会消防法执法检查组提出了"实行单位消防安全强制保险制度，鼓励保险公司介入消防工作，利用市场经济机制调节火灾风险"的建议。

2006 年 3 月 24 日，公安部、中国保险监督管理委员会联合发文《公安部、中国保险监督管理委员会关于积极推进火灾公众责任保险，切实加强火灾防范和风险管理工作的通知》(公通字[2006]34 号) 要求积极推进火灾公众责任保险，切实加强火灾防范和风险管理工作。"通知"的具体内容如下：

(一) 充分认识发展火灾公众责任保险的紧迫性和必要性

近年来，商场市场、宾馆饭店、歌舞娱乐场所等公众聚集场所火灾致使公众伤害的问题突出。由于这些场所的经营单位基本没有投保公众责任险，而发生火灾后经营单位又无力承担对火灾受害人的赔偿责任，最后往往是由政府"兜底包揽"对伤亡人员的灾后救助和经济赔偿。特别是一些火灾涉及群体利益，赔偿金额巨大，如果受害人得不到及时赔偿，极有可能引发群体性事件，甚至影响社会稳定。这一问题亟待解决。

保险是运用市场机制进行社会管理的重要方式。火灾公众责任保险是以被保险人因火灾造成的对第三者的伤害所依法应付的赔偿责任为保险标的的保险。发展火灾公众责任保险，通过市场化的风险转移机制，用商业手段解决责任赔偿等方面的法律纠纷，可以使受害企业和群众尽快恢复正常生产生活秩序，对于切实保护公民合法权益，促进社会和谐稳定具有重要的现实意义。

积极发展火灾公众责任保险，是建立完善社会主义市场经济对协调经济社会安全发展的必然选择，是完善消防安全监管和建设社会保障体系的重要举措，有利于充分发挥保险的经济补偿和辅助社会管理功能，提高社会的火灾风险管理水平；有利于预防和化解社会矛盾，减轻政府灾后救助负担，促进政府职能转变。各级公安消防部门和保险监管部门要充分认识发展火灾公众责任保险的重要意义，认真研究制定相关政策，积极引导保险公司创新火灾公众责任保险产品的设计、销售和服务，努力为群众提供可靠的火灾风险保障。

(二) 认真开展防灾防损工作，加强火灾防范和风险管理

(1) 保险业要着力提高火灾风险管理水平。各级保险监管部门要加强对保险市场的监督指导，引导保险公司开发适合市场需求的火灾公众责任险和火灾财产险产品，结合保险标的的消防安全特点，制定切实有效的防灾防损方案，提高火灾风险管理水平。承保前，保险公司应对保险标的的火灾风险进行严格评估，出具火灾风险及消防安全状况评估意见书，根据承保条件和风险评估状况厘定费率水平。承保后，应定期对保险标的的消防安全状况进行检查，及时指出不安全因素和隐患，并提出书面整改建议。对被保险人未按约定履行消防安全责任的，保险公司应增加保费或依法解除保险合同；对被保险人加强消防安全管理，保险标的的危险程度明显减少的，保险公司应降低或退还相应保费。出险后，保险公司应当快速做好勘查、定损、理赔等灾后服务工作，切实保障当事人的合法权益。

保险行业协会要充分发挥协调、交流作用，在保险监管部门指导下，组织开展火灾公众责任保险调研和信息交流，并积极与政府和有关部门沟通，反映情况，协调行动。

(2) 公安消防部门要加强对公众聚集场所和易燃易爆场所的消防监督检查。公众聚集场所和易燃易爆场所发生火灾极易造成重大人员伤亡和财产损失，是消防监督检查的重点。各级公安消防部门要切实加强对这两类场所的日常监督管理，严格实施建筑工程消防设计审核、验收和开业前检查，把好火灾预防源头关；要会同有关部门积极开展联合执法，坚决查处违反消防法律法规的行为。对存在重大火灾隐患，不能保障消防安全的，要依法查处；对发生火灾事故的，要严格追究有关单位和责任人员的责任。同时，各地公安消防部门在日常监督检查和宣传教育中，要积极引导公众聚集场所和易燃易爆场所参加火灾公众责任保险。

(3) 公安消防部门和保险业要加强配合，积极推动建立消防与保险的良性互动机制。各级公安消防部门和保险监管部门要按照各自职责，加强协调配合，运用法律手段和经济手段，共同促进单位做好消防安全管理工作，积极参加火灾公众责任保险，提高预防和抵御火灾危害的能力。公安消防部门和保险业在火灾风险评估、消防安全检查及防灾防损科研等方面要密切合作，建立信息交换制度，制定火灾风险评估标准和消防安全评价体系，及时沟通情况，研究预防对策；要鼓励探索支持消防公益事业的新途径，促进消防与保险良性互动发展，共同推进火灾风险防范。保险公司要加强对防灾防损、核保和理赔定损人员的消防安全知识和技能培训，公安消防部门对保险公司理赔人员进入火灾现场开展损失勘查应依法提供条件。同时，要积极发挥保险行业协会和中介机构在火灾风险评估、防灾防损以及理赔定损方面的作用，进一步提高防灾防损和评估定损的科学性和公

信力。

(三) 积极促进开展火灾公众责任保险

各地要按照"政府领导、多方参与、齐抓共管、商业运作"原则,积极、稳妥地推动开展火灾公众责任保险,并在有条件的地方先行开展试点。火灾公众责任保险的范围要以商场市场、宾馆饭店、歌舞娱乐场所等公众聚集场所和易燃易爆化学危险品场所为重点,具体标准和条件等由各地确定。各地要紧紧依靠政府领导,认真研究促进火灾公众责任保险发展的政策措施,力争在体制、机制方面取得创新,尤其要积极推动地方立法工作,为开展火灾公众责任保险提供必要的法律、政策保障。要制定具体工作方案,建立完善公安消防部门和保险监管部门的工作交流制度,加强与相关部门的协调配合,充分发挥行业协会的作用,加强宣传教育引导,切实推进火灾公众责任险的开展。各地在实施中遇到的情况和问题,要及时报告公安部和中国保监会。公安部和中国保监会将对各地尤其是已开展试点工作的上海、深圳、天津、吉林、重庆、山东等地的工作情况进行调研,不断总结经验,适时提出指导性意见。

2006 年 8 月 17 日,在《安全生产"十一五"规划》的第二个主要任务"深化重点行业和领域专项整治与监督管理"中,关于消防的部分指出:"编制实施城乡消防规划,加强公共消防基础设施、消防装备和消防力量建设。落实消防安全责任制。提高特种消防能力,防止消防救援中产生次生灾害。强化对建设工程和人员密集场所的消防监督,加强农村和城市社区消防工作,及时预防、发现和消除影响公共消防安全的问题。建立社会消防安全宣传教育培训体系,提高全民消防素质。充分发挥社会组织和市场机制的作用,建立消防中介技术服务组织和消防职业资格制度,形成消防与保险良性互动机制"。

为贯彻落实国务院《关于进一步加强消防工作的意见》和公安部与中国保险监督管理委员会联合下发的《关于积极推进火灾公众责任保险切实加强火灾防范和风险管理工作的通知》,充分利用保险业的经济补偿和辅助社会管理功能,进一步发挥保险在火灾防范和火灾风险管理方面的作用,许多省、直辖市的公安厅(局)与中国保险监督管理委员会各省直辖市的监管局联合发出通知,部署在全省(直辖市)推进火灾公众责任保险工作。如上海市在 2006 年 12 月发布了《关于本市开展火灾公众责任保险试点工作的实施意见》,具体工作的实施意见如下:

为了充分发挥保险业在火灾防范和火灾风险管理方面的作用,切实落实全国人大常委会消防法执法检查组有关建议和 2006 年全国保险工作会议以及上海保险工作会议精神,根据国务院《关于进一步加强消防工作的意见》(国发〔2006〕15 号)、《关于保险业改革发展的若干意见》(国发〔2006〕23 号),公安部和中国保监会《关于积极推进火灾公众责任保险切实加强火灾防范和风险管理工作的通知》(公通字〔2006〕34 号),中国保监会和中央社会治安综合治理委员会办公室

《关于保险业参与平安建设的意见》(保监发〔2006〕44 号),市政府《关于贯彻国务院文件精神大力推进本市保险业改革发展的实施意见》(沪府发〔2006〕23号),本市在商场市场、宾馆饭店、影剧院、网吧、歌舞娱乐、浴场、医院、机场、公交车站、客运码头、地铁车站、磁浮车站、体育场馆、会展及大型活动场馆等公众聚集场所和易燃易爆场所,开展火灾公众责任保险试点工作。现就本市开展火灾公众责任保险试点工作提出如下实施意见:

(一) 充分认识发展火灾公众责任保险的重要意义

保险是运用市场机制进行社会管理的重要方式。火灾公众责任保险是以被保险人因火灾造成的对第三者的伤害所依法应负的赔偿责任为保险标的的保险。发展火灾公众责任保险,通过市场化的风险转移机制,用商业手段解决责任赔偿等方面的法律纠纷,可以使受灾企业和群众尽快恢复正常的生产生活秩序,对切实保护公民合法权益,促进社会和谐稳定,具有重要的现实意义。积极发展火灾公众责任保险,是完善消防安全监管和建设社会保障体系的重要举措。它有利于促进投保单位管理者自觉加强消防安全管理,协助公安消防部门及时查找消防安全隐患,降低火灾事故发生概率;有利于预防和化解社会矛盾,减轻政府灾后救助负担,提升上海城市综合管理水平。各级公安消防部门和保险监管部门要从构建社会主义和谐社会的高度出发,充分认识发展火灾公众责任保险的紧迫性和必要性,充分利用保险的市场化风险预防机制和辅助社会管理功能,着力建立起火灾风险识别、预警、控制等防灾防损机制,努力为群众提供可靠的消防安全保障。

(二) 积极发展火灾公众责任保险,加强火灾防范和风险管理

(1) 着力提高火灾风险管理水平。上海保监局要加强对本市保险市场的监督指导,引导保险公司开发适合市场需求的火灾公众责任险和火灾财产险产品;指导保险公司制定切实有效的防灾防损方案,落实防灾防损措施,提高火灾风险管理水平;指导市保险行业组织开展火灾公众责任保险市场研究和信息交流。保险公司在承保前,要委托具有专业资质的评估单位,对被保险人进行火灾风险辨析和消防安全评估,并根据评估情况厘定费率。

(2) 大力加强对公众聚集场所和易燃易爆场所的消防监督检查。各级公安消防部门要以公众聚集、易燃易爆等场所、单位为重点,加强日常消防监督检查,严格实施建筑工程消防设计审核、验收和开业前检查,把好火灾预防源头关。要会同有关部门开展联合执法,坚决查处违反消防法律法规的行为。对存在重大火灾隐患、不能保障消防安全的,要坚决查处;对发生火灾事故的,要依法追究有关单位和人员的责任。同时,要结合日常消防检查和宣传教育,积极引导公众聚集、易燃易爆等重点场所、单位参加火灾公众责任保险。

(3) 积极推动建立消防与保险的良性互动机制。各级公安消防部门和保险监管部门要按照各自职责,加强协调配合,充分运用法律和市场手段,共同推进火

灾公众责任保险工作。要加强信息交流，研究制订火灾风险评估标准和消防安全评价体系，并积极引入第三方风险评估机构，建立以风险为基础的费率浮动机制。要联合开展消防安全检查、火灾查勘定损以及专业人员培训，大力探索支持消防公益事业的新途径，促进消防与保险的良性互动发展。

(三) 搞好重点领域火灾公众责任保险试点，逐步完善火灾风险管理制度

各区、县政府及有关部门要根据公安部和中国保监会公通字〔2006〕34 号文的精神，结合实际，按照"政府推动、多方参与、齐抓共管、商业运作"的原则，积极稳妥地开展火灾公众责任保险试点工作。各重点场所、重点单位的上级主管部门以及行业监管部门要积极支持、鼓励所属企业和监管对象参加火灾公众责任保险。经过一段时间的试点，要及时总结经验、做法，为在全市范围内逐步推广、完善奠定扎实基础。要进一步建立健全公安消防部门和保险监管部门的信息交流制度，搭建信息共享平台，并完善各项政策、制度和措施，在体制、机制方面进行创新，促进本市火灾公众责任险工作长效发展。

各省(直辖市) 政府部门的通知要求，各级公安消防部门和保险业要充分认识发展火灾公众责任保险的重要意义，按照"政府领导、多方参与、齐抓共管、商业运作"的原则，认真研究制定相关政策，采取各种切实可行的措施，积极、稳妥地推动火灾公众责任保险，为各省(直辖市) 的平安建设提供可靠的火灾风险保障。各地公安消防部门和保险业要加强配合，建立消防与保险良性互动机制，确保火灾公众责任保险顺利开展。保险公司要树立全局意识和责任意识，积极开展火灾公众责任保险，拓宽服务领域。要加大火灾公众责任保险产品的创新；要科学厘定保险费率；要不断提高保险服务水平。公安消防部门要加强对重要场所的消防监督检查，严格实施建筑工程消防设计审核、验收和开业前检查，把好火灾预防源头关，要会同有关部门积极开展联合执法，坚决查处违反消防法律法规的行为。公安消防部门和保险业在推动火灾公众责任保险过程中，要积极探索建立消防安全宣传联动、消防保险信息交换等工作机制。

这些"通知"、"意见"的出台，为我国开展火灾公众责任保险进一步明确了投保场所范围和工作要求，是切实加强火灾防范和风险管理工作新途径的有益探索，将不断地促进我国消防与保险良性互动发展。

五、建立防灾减灾宣传联动机制[2]

火灾保险的宣传，就是提高人们对火灾风险的认识，增强防灾意识，掌握防灾技能，促使投保人采取措施预防火灾事故的发生，它与公安消防机构的防火宣传无论在形式上、内容上还是在目的上都是一致的。建立防灾减灾宣传联动机制，就是要改变目前消防与保险防灾宣传各自为政，资金分散，效果不明显的状况，将公安消防机构政府行为的宣传与保险企业防灾的宣传有机地结合，把有限的人

力、物力、财力、技术资源集中起来，联合组织，协同开展防灾宣传工作，达到社会影响大，消防安全系万家，防灾工作深入人心的目的。具体措施：一是创办全国性消防与保险刊物，印发消防宣传手册，对全民进行火灾保险、防灾减灾知识的宣传，推广防灾减灾先进经验，普及防灾减灾科学技术；二是在每一个中心城市建立防灾教育培训基地，定期对全社会成员进行消防与保险防灾的教育和培训；三是充分利用互联网络，建立消防保险防灾宣传网络，开展针对性宣传；四是定期组织大型宣传活动，加强对投保人火灾保险的宣传和风险教育，让投保人了解自己购买的保险产品的功能及可能面临的风险。只有全社会成员对防灾的认识到位，掌握了防灾的技能和措施，也才能达到减灾的目的。

六、建立火灾保险防灾检查与消防监督检查联动机制[2]

火灾重在预防，而预防火灾的关键在于及时发现和消除火灾隐患。火灾保险防灾工作的要求是及时、尽快地把各项预防措施落实在灾害事故发生之前，做到早组织，早宣传，早发动，早检查，早发现隐患、早采取措施，防患于未然。从目前我国保险业防灾的力量、技术水平、技术手段和技术装备等方面考察，要达到防灾的上述要求，在短时间内很难达到。按照《消防法》规定，我国县级以上人民政府都建立了公安消防机构，公安消防机构开展对机关、团体、企业、事业单位和个人的消防监督检查是法定的职责，而且消防监督检查的频次非常高。同时，消防监督队伍分布面广，队伍庞大，消防监督人员接受过专业训练，具有丰富的消防理论知识和监督检查经验。笔者认为，保险公司应合理利用公安消防机构这一专业性、权威性的防灾资源，与公安消防机构建立防灾检查互动机制，定期开展各种联合防灾检查，督促单位及时整改火灾隐患，减少火灾的发生，实现保险与消防的共赢。

七、建立消防与保险合作调查火灾的机制[2]

消防与保险合作调查火灾条件已具备。首先，我国保险业发展迅速，迫切需要与消防密切合作，随着保险业的迅速发展，相关法规的健全，投保者越来越多，投保的金额越来越多，一方面各种事故的频繁发生，保险公司职工工作量繁重，另一方面赔偿款数字越来越大，公司赢利就相对减少，保险迫切需要消防合作，可以实现资源共享，避免重复劳动，提高工作效率，减少社会财产流失和维护社会稳定。其次、可以实现互惠互利的目的。消防与保险的密切合作，保险公司可以在承保过程中配合消防部门针对不同行业存在的不同特点，进行有针对性的风险防范检查，提高保险业务的质量，减少保险部门不必要的赔付，提高保险效益，同时还可以减少消防部门的工作量，对于投保人的财产存在安全隐患，消防部门运用行政手段，对投保人提供切实可行的整改意见，减少安全隐患，提高被保险人和投保人的消防意识，减少火灾的发生。第三、有效地解决保险公司与投保人之间的矛盾。发生火灾后，消防与保险合作调查火灾，核定火灾损失，认定火灾原因，可以丰富灾情资料掌握灾害发生的规律性，还可以解决与投保人之间的矛盾，投保人上报火灾损失往往与消防部门核定的火灾损失不符，保险关系双方的这一矛盾，就可以得到有效地解决。

参 考 文 献

[1]   陈平生. 基于商场火灾危险性分析的火险费率厘定[D]. 中国科学技术大学，2006.

[2]   李涛. 消防与保险互动中的若干问题研究[D]. 中国科学技术大学，2007.